信号通路是什么"鬼"？5 精编

右 哉　小野菊 著

图书在版编目（C I P）数据

信号通路是什么“鬼”？. 5 / 右哉，小野菊著. --
哈尔滨 ：黑龙江科学技术出版社，2023.4
ISBN 978-7-5719-1839-2

Ⅰ. ①信… Ⅱ. ①右… ②小… Ⅲ. ①基因 - 普及读
物 Ⅳ. ①Q343.1-49

中国国家版本馆 CIP 数据核字(2023)第 050073 号

信号通路是什么“鬼”？5
XINHAO TONGLU SHI SHENME“GUI”？5
右哉　小野菊　著

责任编辑　王　姝
封面设计　林　子　右　哉
出　　版　黑龙江科学技术出版社
　　　　　地址：哈尔滨市南岗区公安街 70-2 号　邮编：150007
　　　　　电话：（0451）53642106　传真：（0451）53642143
　　　　　网址：www.lkcbs.cn
发　　行　全国新华书店
印　　刷　哈尔滨市石桥印务有限公司
开　　本　787 mm×1092 mm　1/16
印　　张　14.5
字　　数　200 千字
版　　次　2023 年 4 月第 1 版
印　　次　2023 年 4 月第 1 次印刷
书　　号　ISBN 978-7-5719-1839-2
定　　价　98.80 元

简介

不知不觉地，信号通路的讲解已经进入了第五季。前四季的《信号通路是什么“鬼”？》已经涵盖了大部分主流研究的经典信号通路，但由于科研永不止步，还是有一些新的研究不断地涌现出来。

《信号通路是什么“鬼”？5》主要补充了与焦亡相关的信号通路的解读，以及如 cGAS-STING、铜死亡、钙离子、细胞衰老等信号通路的讲解和相关文献的解读。所有的信号通路其实都是有机的整体，在熟悉了之前的信号通路后，再看这些新的通路，就会觉得驾轻就熟。如果你们能在这本书里获得一点点知识或者灵感，那么夏老师也就达到目的了。祝你们心明眼亮……

目录 Contents

钙离子信号通路

焦亡（详解）

cGAS-STING 信号通路

T 细胞受体信号通路

铜死亡

铜死亡番外

细胞衰老

钙离子信号通路都讲了些什么？那得先看看这篇41.582分的*Cell*怎么说

前四季各种死亡、自噬的信号通路，基本上已经讲得差不多了。夏老师看了一下，重要的信号通路其实还有一些，比如钙离子信号通路，第五季就从这个信号通路开始吧。钙离子 (Ca^{2+}) 几乎影响细胞生命的方方面面：兴奋性、胞吐作用、运动性、细胞凋亡和转录中的特定作用……为了讲这个，夏老师特地去看了篇*Cell*的综述：

> **Cell**
>
> **Calcium Signaling**
>
> Calcium ions (Ca(2+)) impact nearly every aspect of cellular life. This review examines the principles of Ca(2+) signaling, from changes in protein conformations driven by Ca(2+) to the mechanisms that control Ca(2+) levels in the cytoplasm and organelles. Also discussed is the highly localized nature of Ca(2+)-mediated signal transduction and its specific roles in excitability, exocytosis, motility, apoptosis, and transcription.

光看信号通路图，是有点儿乱乱的，我们可以将其分成三块：

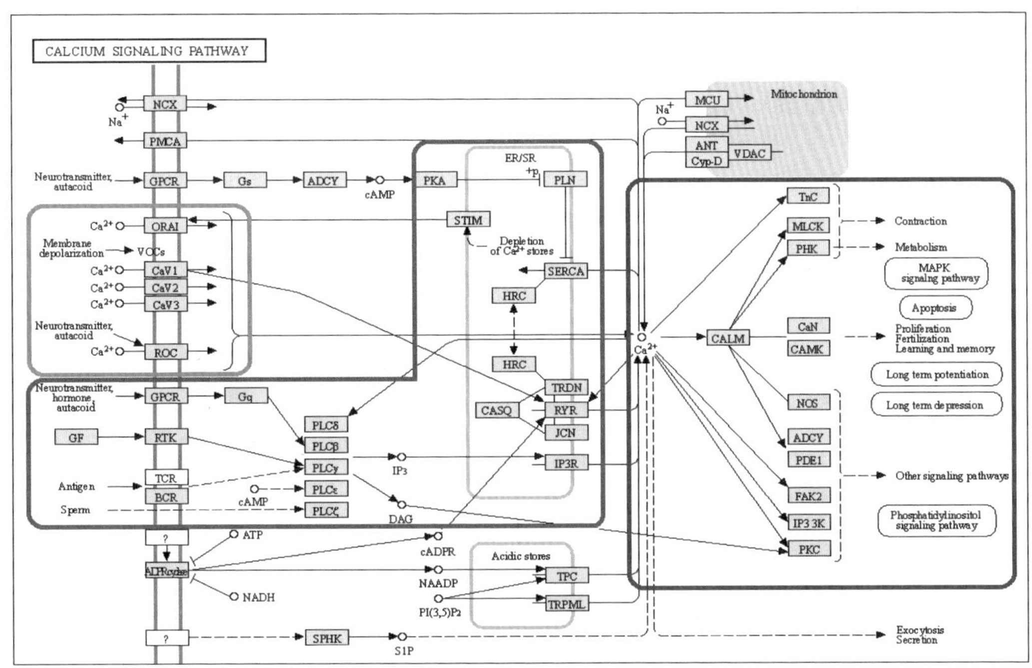

蓝框和红框是细胞的Ca^{2+}调节，紫框则是Ca^{2+}作为第二信使的调控功能。我们拆开看看，首先是细胞内、外的Ca^{2+}浓度变化调节。

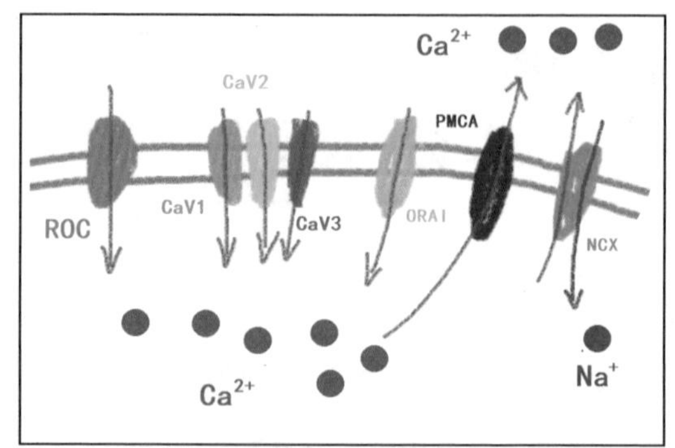

ROC、CaV1/2/3以及ORAI，都是将细胞外的Ca^{2+}泵入细胞的膜蛋白。这些膜蛋白主要用于提高细胞内Ca^{2+}浓度。ATP 酶泵，如PMCA，是将细胞内的Ca^{2+}泵出膜外的膜蛋白。Na^{+}/Ca^{2+}交换剂（NCX或 SLC8A1-3）和 Na^{+}/Ca^{2+}-K^{+}交换剂（NCKX或SLC24A1-5）将一个Ca^{2+}交换为三个 Na^{+}（NCX）或共转运一个 K^{+}和一个Ca^{2+}以换取4个Na^{+}(NCKX)。

这些膜上的Ca^{2+}泵，主要维持了细胞内的Ca^{2+}浓度。其实细胞质内的Ca^{2+}也会储存在内质网中，所以释放内质网中的Ca^{2+}也是调控细胞内Ca^{2+}浓度的途径。这就要从细胞膜信号开始说起，首先GF（表皮生长因子）结合膜上的RTK（受体酪氨酸激酶），RTK激活PLC（磷脂酶 C），PLC能将细胞膜上的磷脂（PIP2）进行水解，变成DAG（甘油二酯）和IP_3（三磷酸肌醇）：

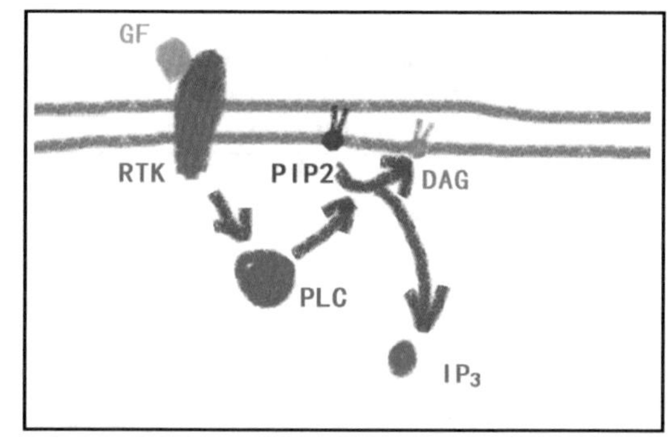

IP_3游离出来后，结合到内质网膜上的IP_3R（IP_3受体）上，激活IP_3R将内质网内部的Ca^{2+}泵到细胞质中。细胞膜上的CaV3（记得刚才往细胞内泵钙离子的膜蛋白吗？），也能激活内质网膜上的RyR（雷诺丁受体），同样RyR也是将Ca^{2+}泵出内质网的。SERCA 泵则是一种ATP酶泵，主要是将Ca^{2+}泵入内质网，作为内质网的Ca^{2+}储存方式：

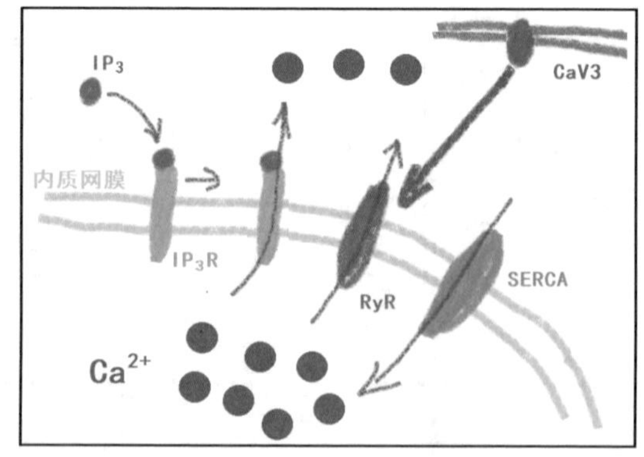

Ca^{2+}通过前面两种途径，实现了在细胞内浓度的调节，而Ca^{2+}的主要功能则是作为第二信使来实现的。Ca^{2+}一方面可以调节一些信号通路；另一方面则是结合CALM（钙调蛋白），对下游信号通路产生影响：

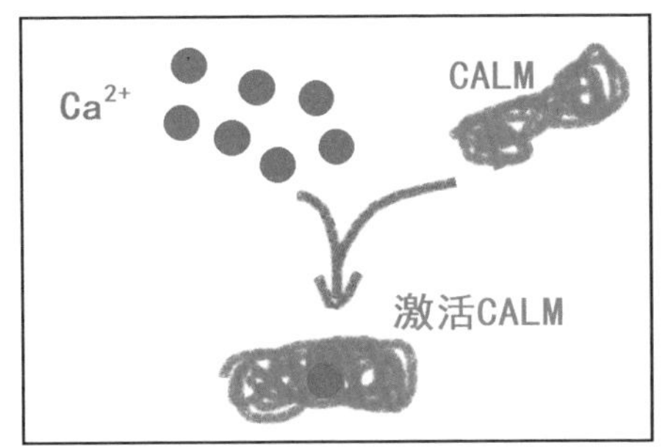

其实，增殖、凋亡、MAPK等信号通路，都能涉及Ca^{2+}调控的下游：

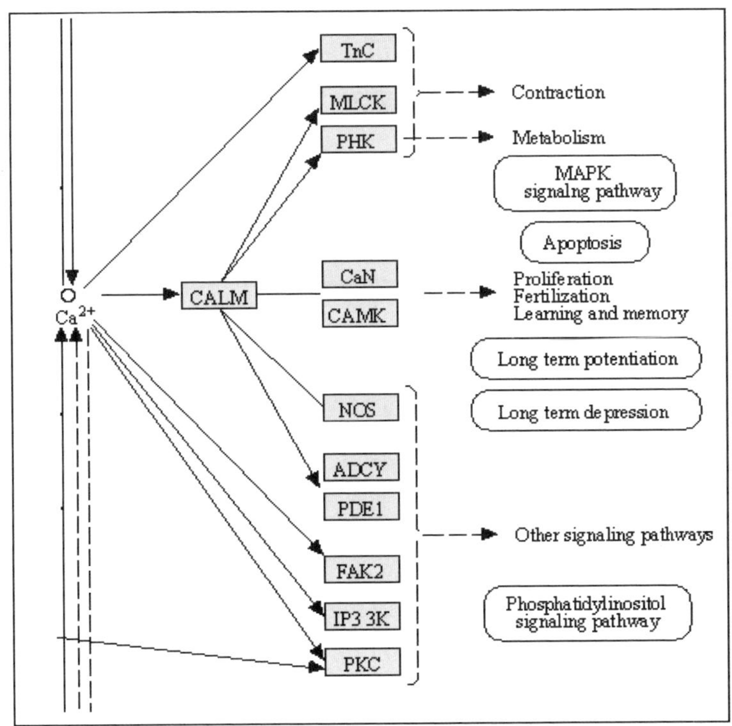

这样看有点儿复杂，我们分开看看。比如，还记得《信号通路是什么“鬼”？》给你们讲过的Wnt信号通路吗？Wnt的一个旁路就是Wnt-钙离子信号通路：

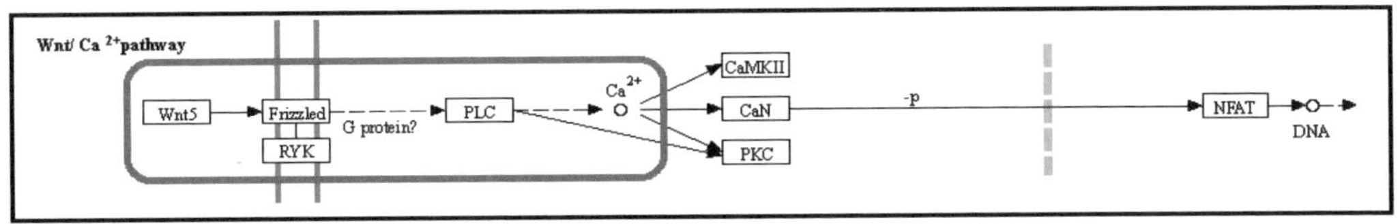

这也是通过Wnt5激活PLC，导致内质网Ca^{2+}释放，引起下游的通路激活。

MAPK信号通路中，PIP2水解成了IP_3和DAG，DAG和Ca^{2+}都能激活PKC。PKC就是一种MAPKKKK（没打错，是有4个K）……同时能激活Ras和Raf，以激活下游的ERK通路：

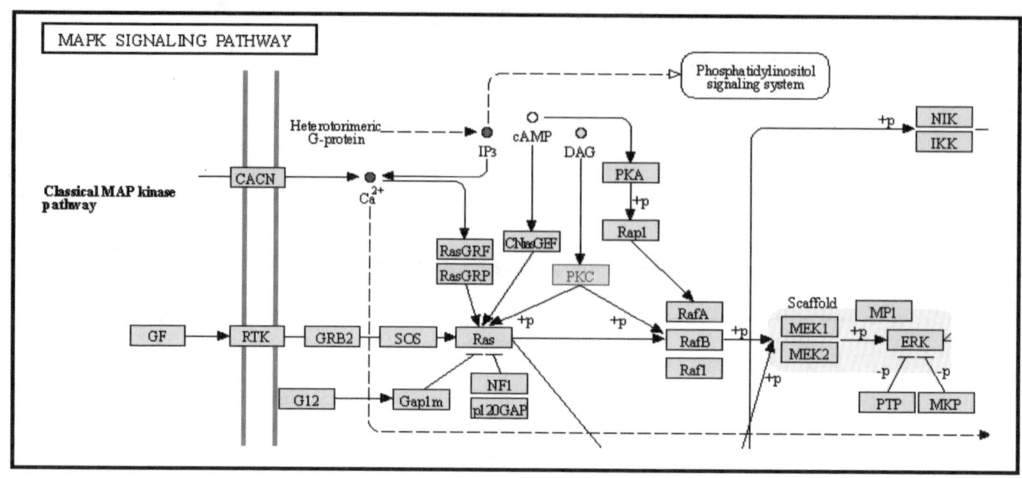

在凋亡中，内质网释放的Ca^{2+}则能通过Calpain激活Caspase12，再由Caspase12激活Caspase3/7，促进凋亡……

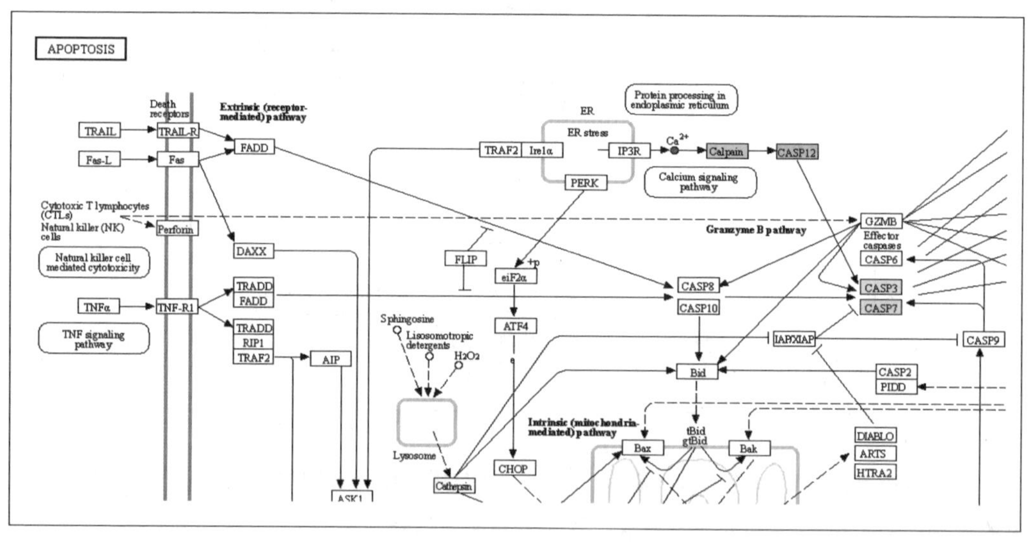

其实Ca^{2+}信号通路研究得比较多的方向还是在运动上，比如对肥胖的研究。

Int J Mol Sci

Calcium Signaling Pathways: Key Pathways in the Regulation of Obesity

Abstract

Nowadays, high epidemic obesity-triggered hypertension and diabetes seriously damage social public health. There is now a general consensus that the body's fat content exceeding a certain threshold can lead to obesity. Calcium ion is one of the most abundant ions in the human body. A large number of studies have shown that calcium signaling could play a major role in increasing energy consumption by enhancing the metabolism and the differentiation of adipocytes and reducing food intake through regulating neuronal excitability, thereby effectively decreasing the occurrence of obesity. In this paper, we review multiple calcium signaling pathways, including the IP_3 (inositol 1,4,5-trisphosphate)-Ca^{2+} (calcium ion) pathway, the p38-MAPK (mitogen-activated protein kinase) pathway, and the calmodulin binding pathway, which are involved in biological clock, intestinal microbial activity, and nerve excitability to regulate food intake, metabolism, and differentiation of adipocytes in mammals, resulting in the improvement of obesity.

有兴趣的就先看看这两篇综述吧，作为第二信使，Ca^{2+}其实也是多种信号通路之间的一个纽带，还是相当重要的。好了，有兴趣看这篇文章的话，可以自己去PubMed上搜一下。就给你们讲到这里吧，祝你们心明眼亮。

用钙离子调控铁死亡，这篇5分多的文章做得挺好，下次不许再这么做了

讲完了钙离子信号通路，可能大家对于钙离子信号通路并没有什么感觉，都会觉得：什么玩意儿，一个钙离子还能弄出什么花样来吗？实际上钙离子信号通路并不是孤立的信号通路，它会和很多其他信号通路有交集和连接。所以夏老师给你们找了一篇钙离子信号通路和铁死亡相关的文献，分不高，凑合看看吧：

> **Front Mol Biosci**
>
> PIEZO1 Ion Channel Mediates Ionizing Radiation-Induced Pulmonary Endothelial Cell Ferroptosis via Ca^{2+}/Calpain/VE-Cadherin Signaling

这篇文章讲的是渗透性钙离子泵对于铁死亡产生影响。首先他们发现放疗后肿瘤细胞产生了铁死亡的现象。（这里做了ROS的染色、电镜分析，以及铁死亡相关蛋白的表达分析，比如GPX4，SLC7A11。）

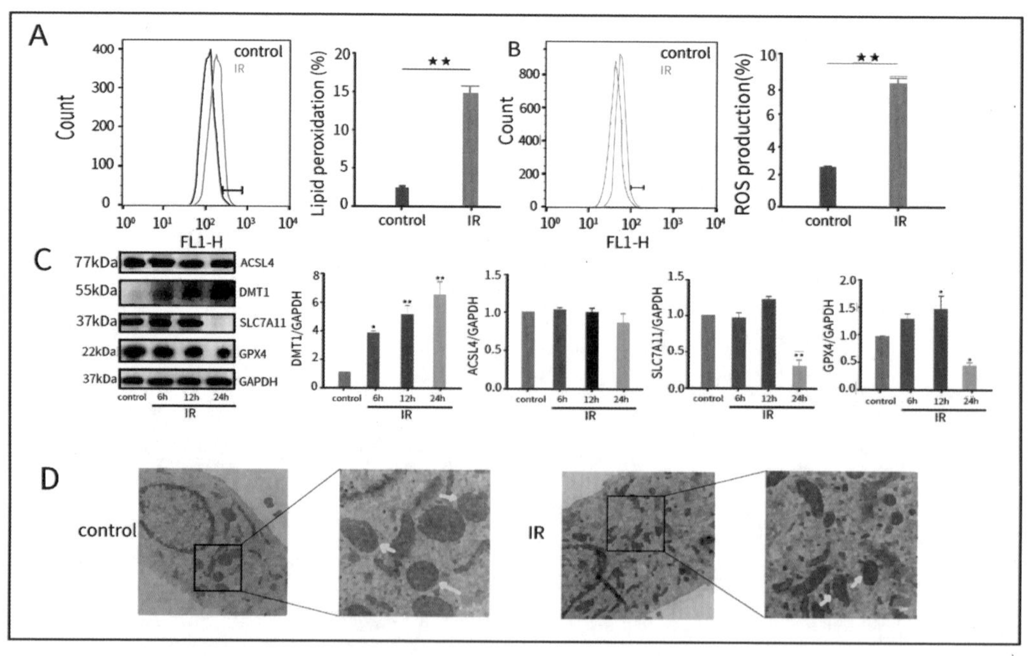

并且在铁死亡过程中还伴随着PIEZO1蛋白的高表达：

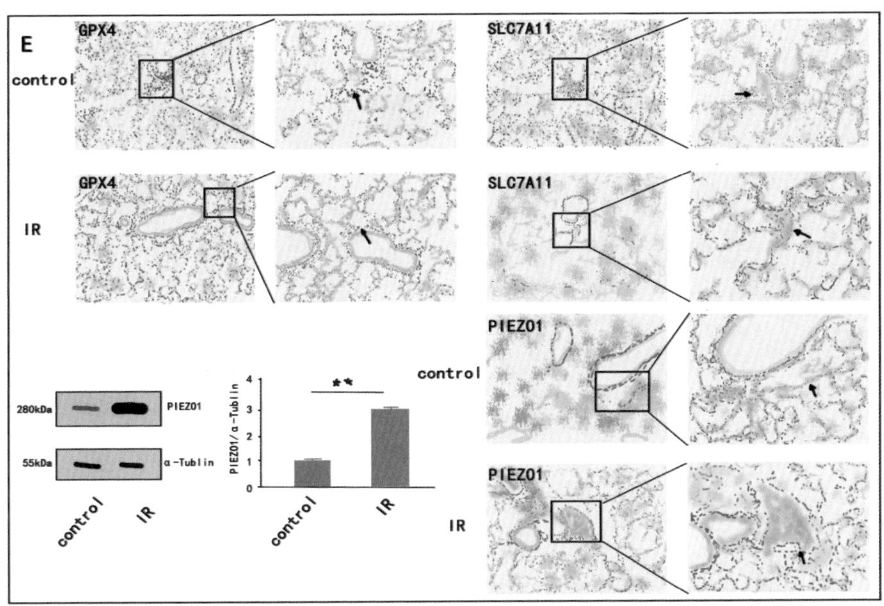

这个PIEZO1蛋白是渗透性的钙离子泵，与铁死亡相关，所以他们假设PIEZO1可能会影响铁死亡。于是他们使用PIEZO1的促进剂Yoda1和抑制剂GsMTx4来验证非放疗处理下PIEZO1是否会影响细胞的铁死亡：

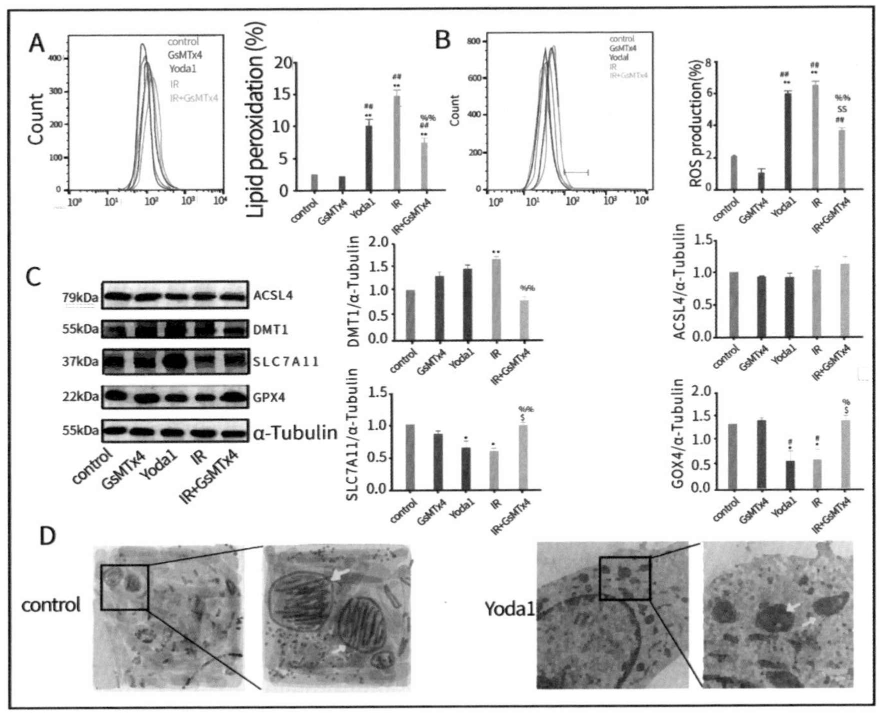

结果确实PIEZO1的促进剂Yoda1能模拟出放疗引起的细胞铁死亡。既然PIEZO1是钙离子泵，那放疗引起的PIEZO1表达升高是否会导致钙离子在细胞内的变化呢？于是他们做了Fluo-8E染色，这主要是对细胞内钙离子进行染色的：

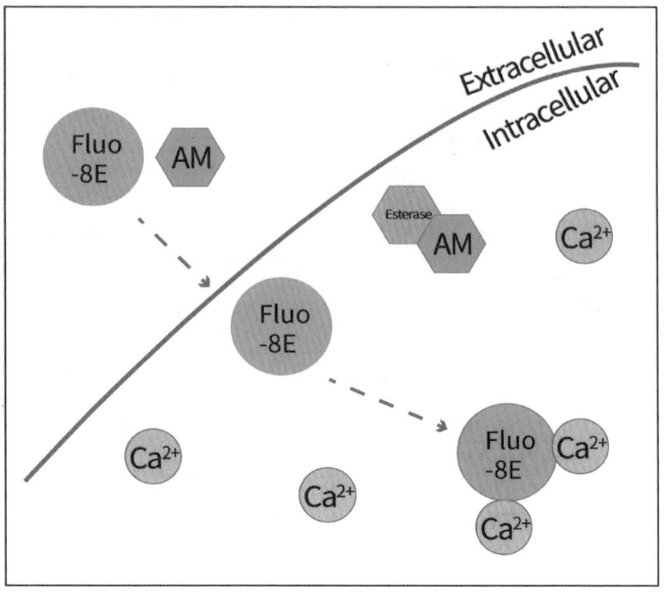

结果发现，确实放疗会影响细胞内钙离子的变化，同时也会影响钙调蛋白Calpain的活性：

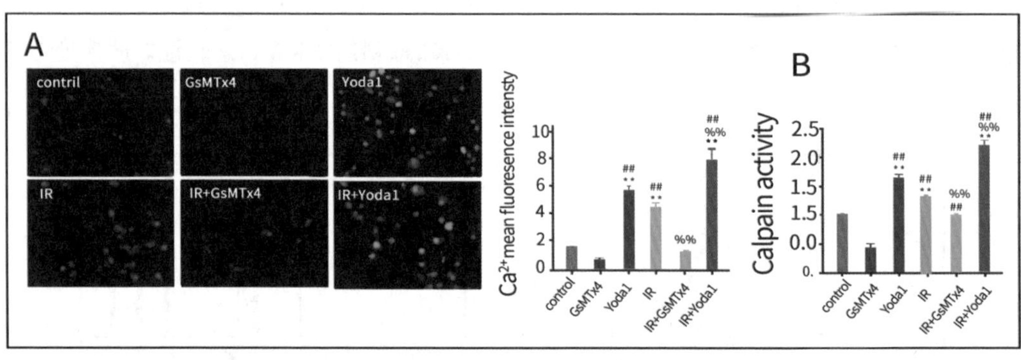

Calpain就是钙离子调控的一种蛋白（在凋亡信号通路里）：

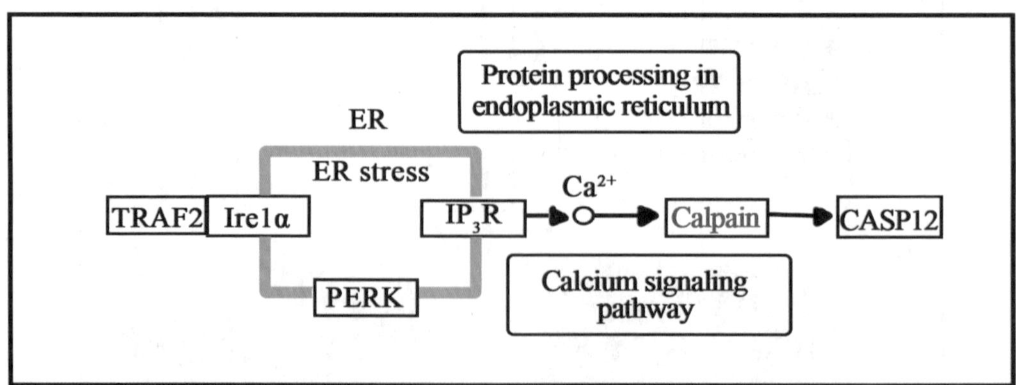

于是他们假设，PIEZO1通过调节钙离子，影响Calpain活性，导致了细胞的铁死亡。为了验证这个假设，他们使用了Calpain的抑制剂。结果确实是放疗后，抑制Calpain能降低铁死亡的产生。

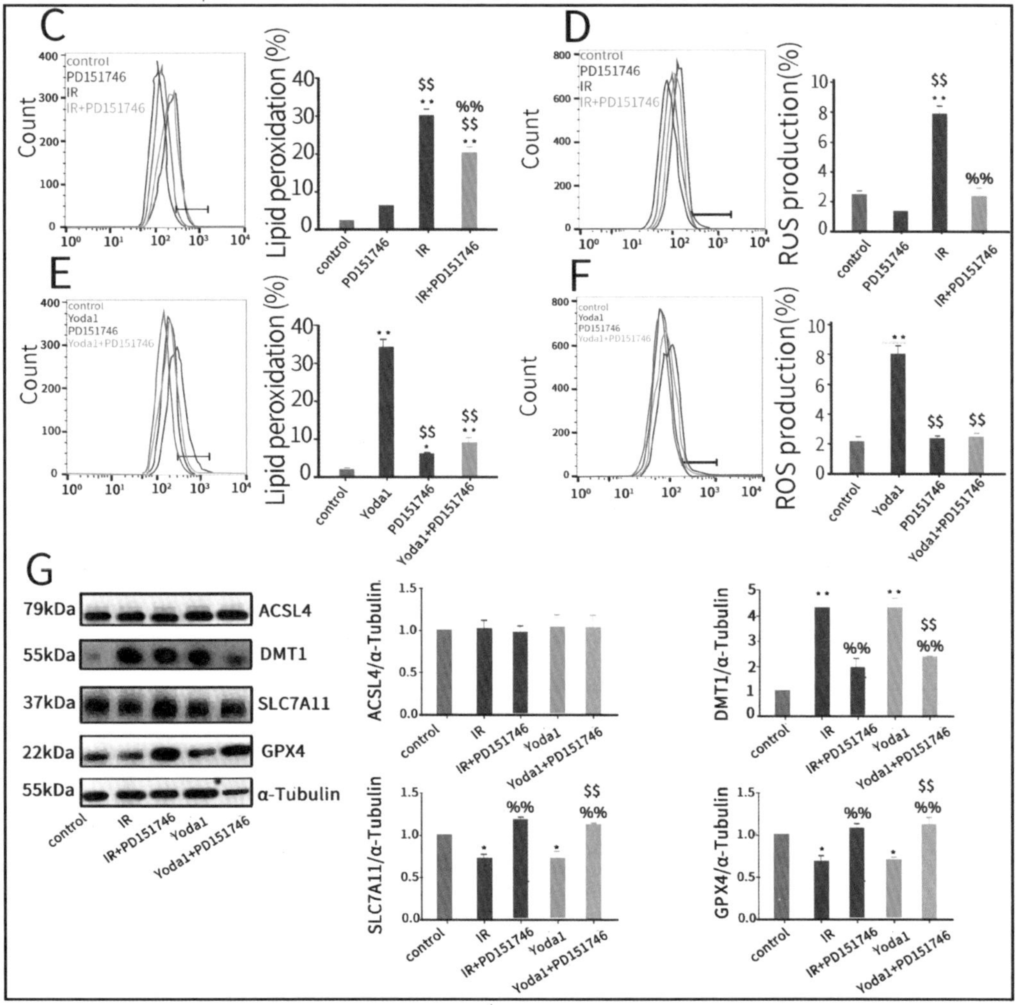

他们的思路差不多就是这样吧：

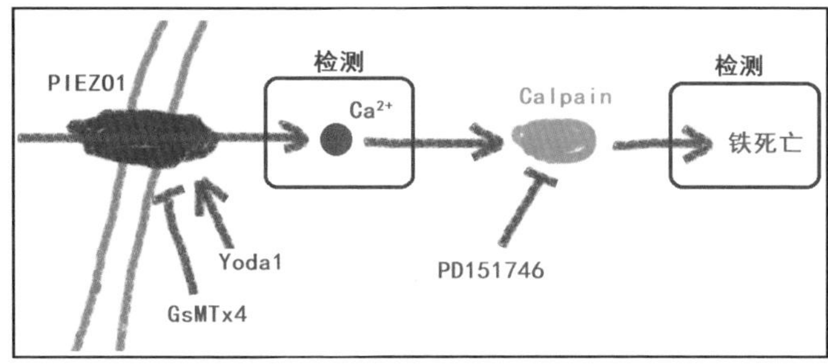

由于PIEZO1调控的是钙离子信号通路，所以他们还分析了一下钙黏蛋白VE-Cadherin的表达，发现在放疗诱导铁死亡的过程中，VE-Cadherin的表达明显下调。

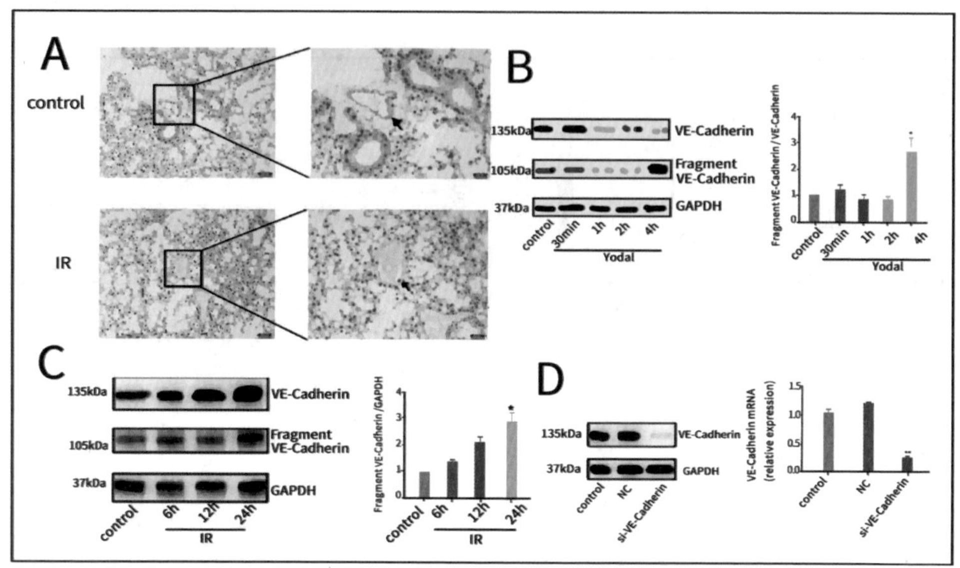

而PIEZO1的激活剂Yoda1能更进一步促进VE-Cadherin的降解。他们使用了VE-Cadherin的敲减和过表达，敲减VE-Cadherin后，细胞内部ROS（活性氧）明显升高，出现了铁死亡的状态：

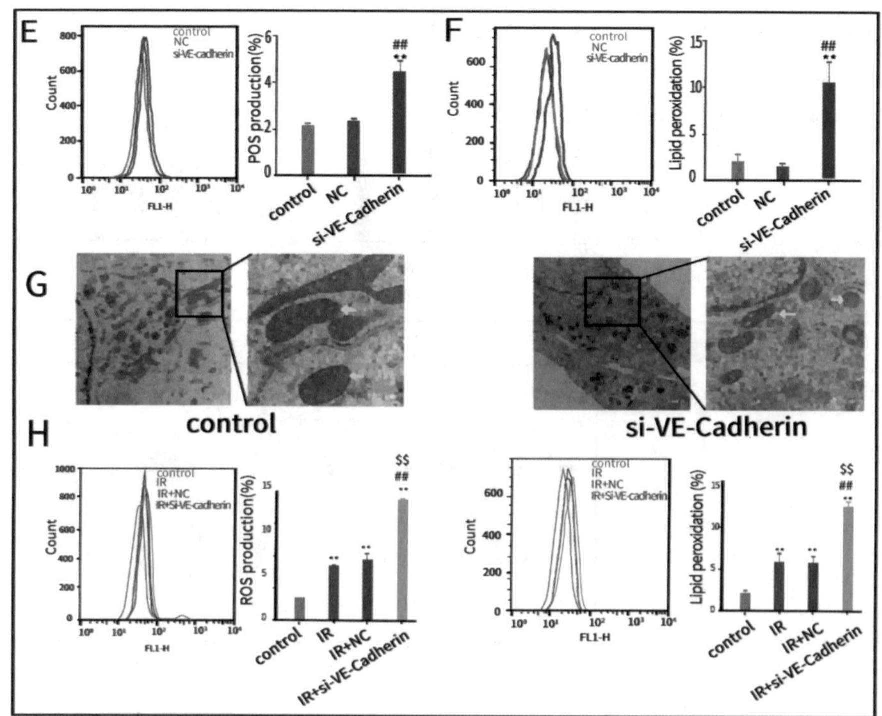

而过表达VE-Cadherin后，放疗引起的铁死亡被有效地抑制住了：

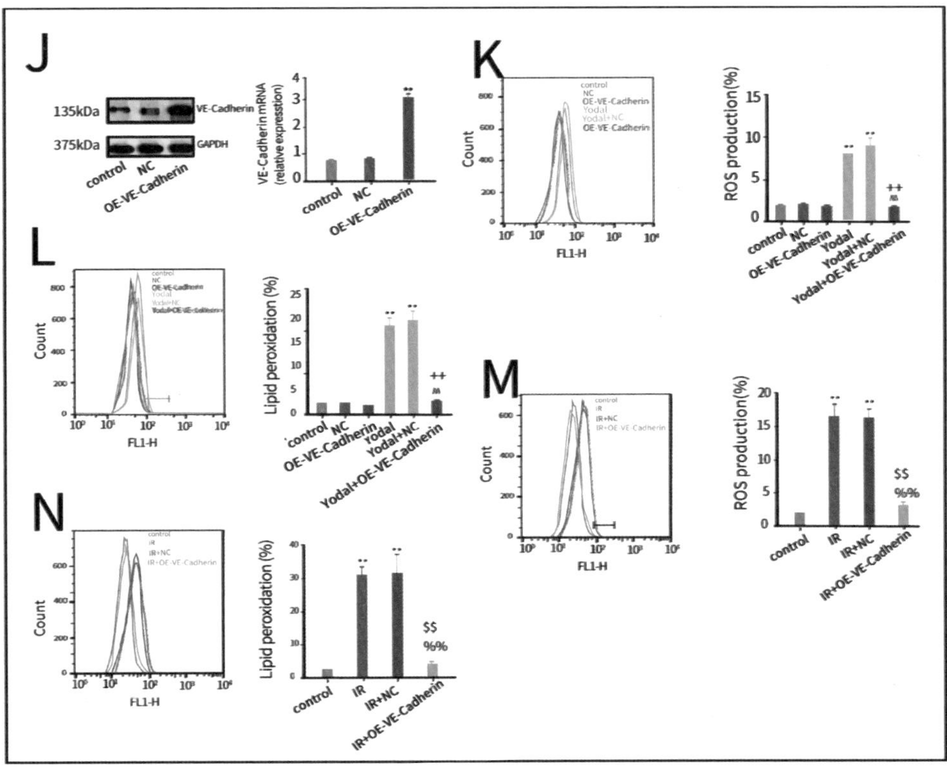

其实钙离子信号通路这条线，他们理得还是挺清楚的，但归根结底没有把这条线与铁死亡的产生机制联系上。所以最后的示意图多半是脑补出来的：

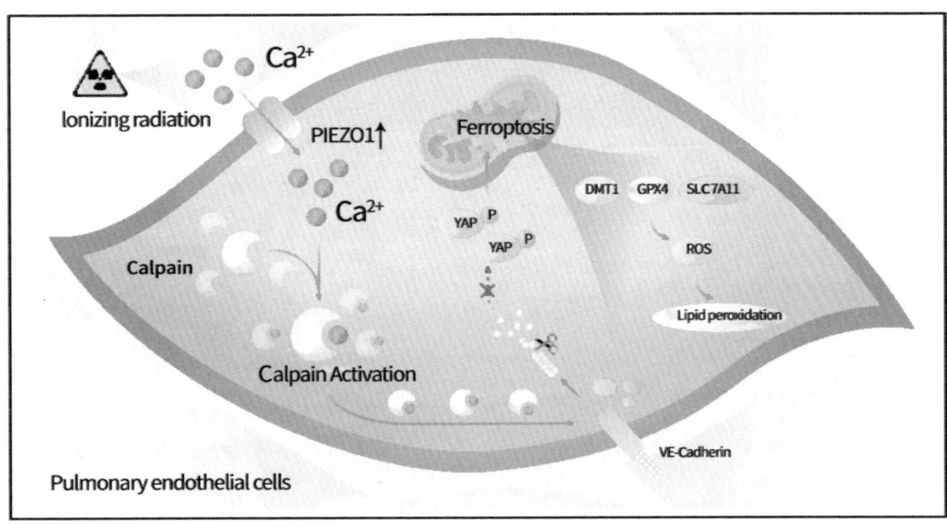

信号通路是什么“鬼”？ 5

他们参考了这篇*Nature*，这篇其实是讲肿瘤细胞失巢后引起的铁死亡的：

> Nature
>
> Intercellular Interaction Dictates Cancer Cell Ferroptosis Via Merlin-YAP Signalling

这篇主要分析的是E-Cadherin通过Hippo信号通路导致铁死亡的过程。由于VE-Cadherin和E-Cadherin都算是钙黏蛋白，所以最后的示意图中，他们也就随便假设了一个VE-Cadherin通过降解后影响Hippo信号通路导致了铁死亡，并没有实际论证，所以这个结论属实没什么底气……好了，有兴趣看这篇文章的话，可以自己去PubMed上搜一下。先给你们讲到这里吧，祝你们心明眼亮。

这篇6.600分的*Cells*，竟做出了*Cell*的感觉

为了给你们讲讲钙离子信号通路——说实话，夏老师没想讲得太深——于是就找了篇6.600分的*Cells*看了一下。不看不知道，一看，真的是……

> **Cells**
>
> TRAIL Triggers CRAC-Dependent Calcium Influx and Apoptosis through the Recruitment of Autophagy Proteins to Death-Inducing Signaling Complex

这篇文章真的是会整活儿，如果没有认真学过看过之前的各种信号通路，我相信你们看这篇文章肯定会特别吃力……首先他们做的是肿瘤坏死因子（TNF）相关的凋亡诱导配体（TRAIL），但是做TRAIL这个配体，就需要先考虑这个配体对应的受体在各个不同肿瘤中的表达情况。于是他们首先把TRAIL的28个配体分成了四类，然后再用数据挖掘来看不同肿瘤中这四类配体的表达模式：

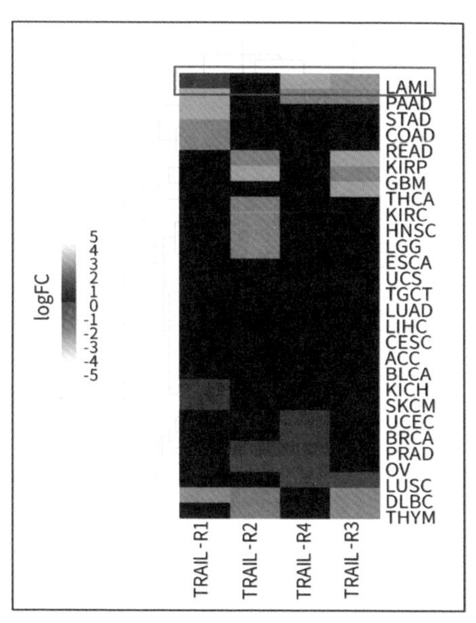

他们发现在白血病中TRAIL-R的表达模式不太一样，所以他们接着研究了白血病对应的TRAIL-R。这组TRAIL-R不光是和细胞凋亡相关，还可能涉及细胞的钙离子调节（他们去查了对应的文献）：

> **PANS**
>
> TRAIL-Death Receptor Endocytosis and Apoptosis are Selectively Regulated by Dynamin-1 Activation

这篇*PNAS*表示，这个TRAIL-R能调节内质网上的RyR，卸载内质网中的钙离子储存：

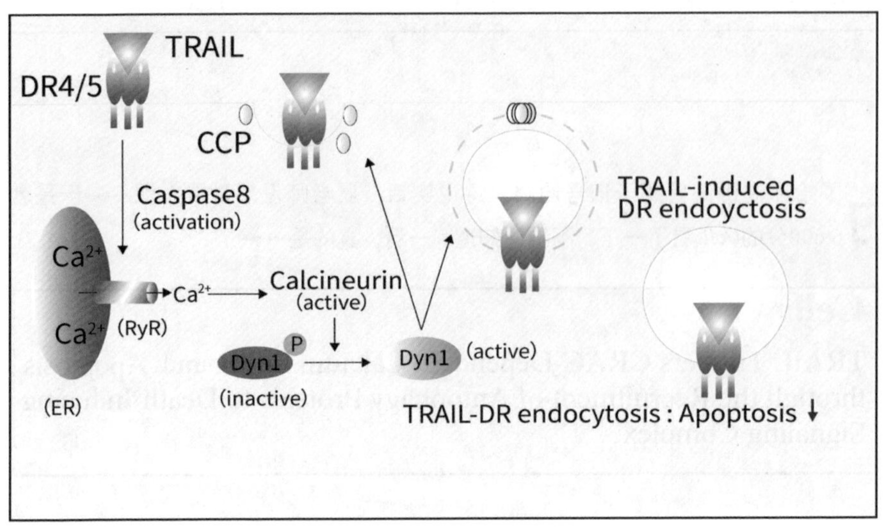

还记得第一节讲过的钙离子信号通路吧，内质网中储存的钙离子会在被刺激后泵出内质网，进入到细胞质中，调节细胞质中的钙离子浓度：

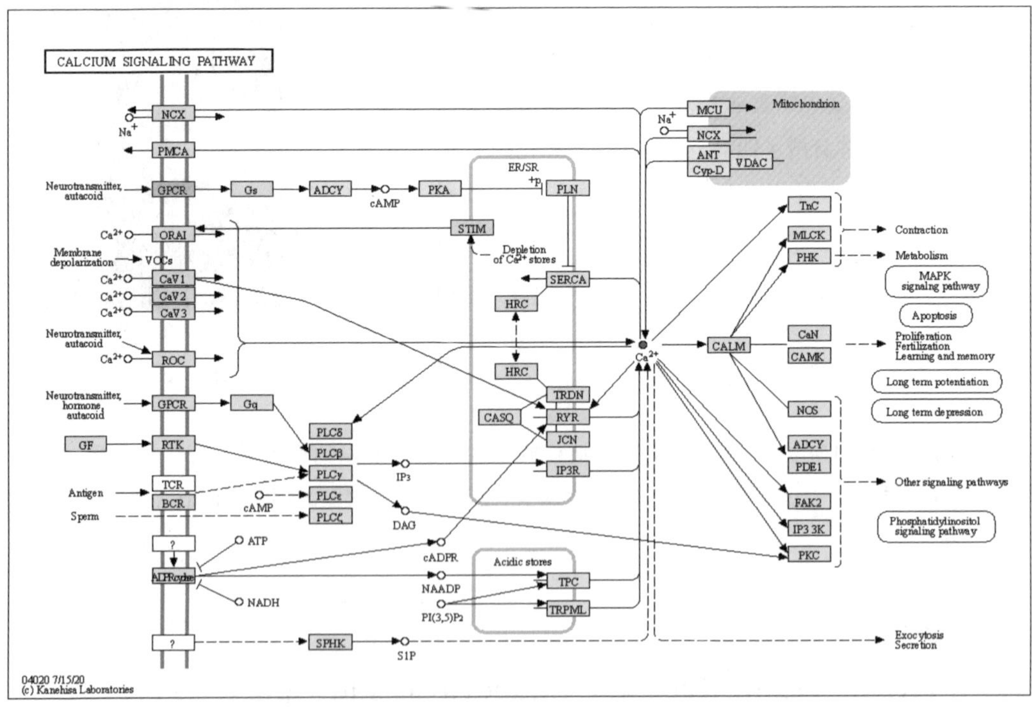

内质网中的钙离子调节，之前也给你们介绍过，是通过IP_3以及IP_3R来完成的。而IP_3是由PLC水解PIP2获得的，所以他们用TRAIL刺激后，发现钙离子浓度明显增加，而在抑制了PLC后，则细胞质内钙离子浓度恢复：

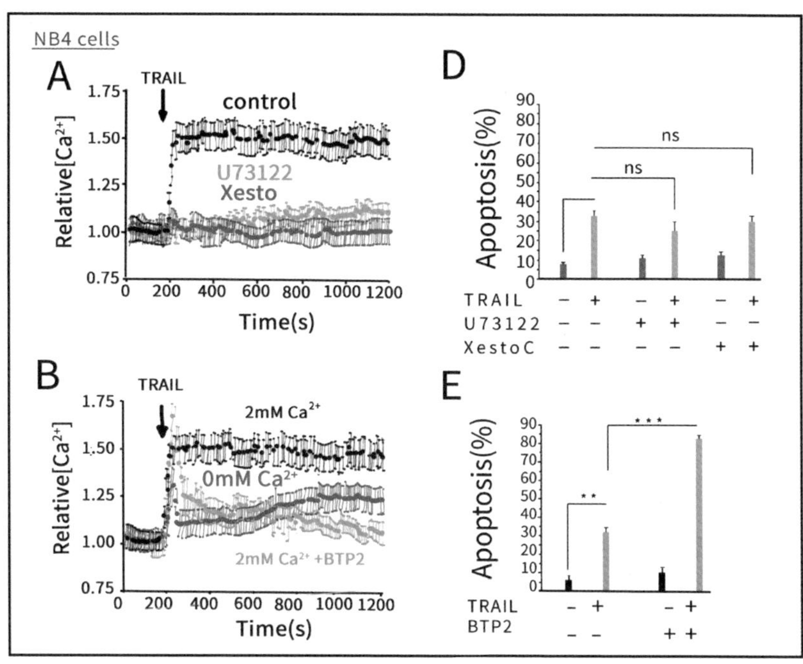

也就是说TRAIL是通过内质网中钙离子的卸载来调节钙离子浓度的。接着他们引用了另一篇文章，表示自噬和钙离子浓度的调节也密切相关：

The Journal of Immunology

Autophagy Regulates Endoplasmic Reticulum Homeostasis and Calcium Mobilization in T Lymphocytes

思路有点儿快，这里涉及的是ATG7和p62，这两个蛋白之前在讲巨自噬的时候讲过。

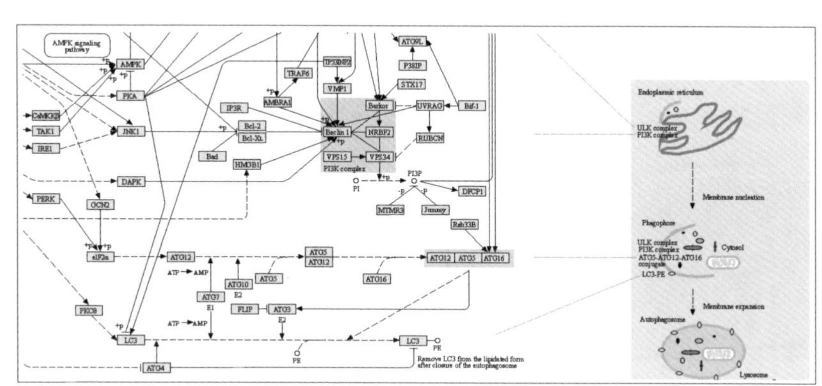

于是他们在分别敲除了ATG7和p62的情况下，用TRAIL进行刺激，发现细胞质钙离子浓度明显又回落了。

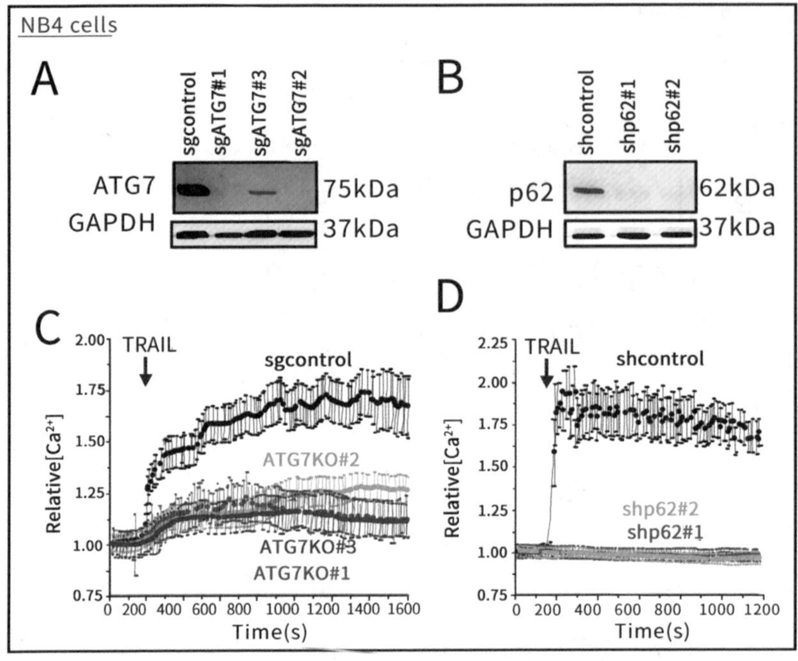

这也就是说，TRAIL刺激内质网释放钙离子，是需要通过自噬相关的这两个蛋白来进行调节的。而ATG7和p62，又能与TRAIL-R的死亡诱导信号复合体（Death-inducing signaling complex，DISC）结合：

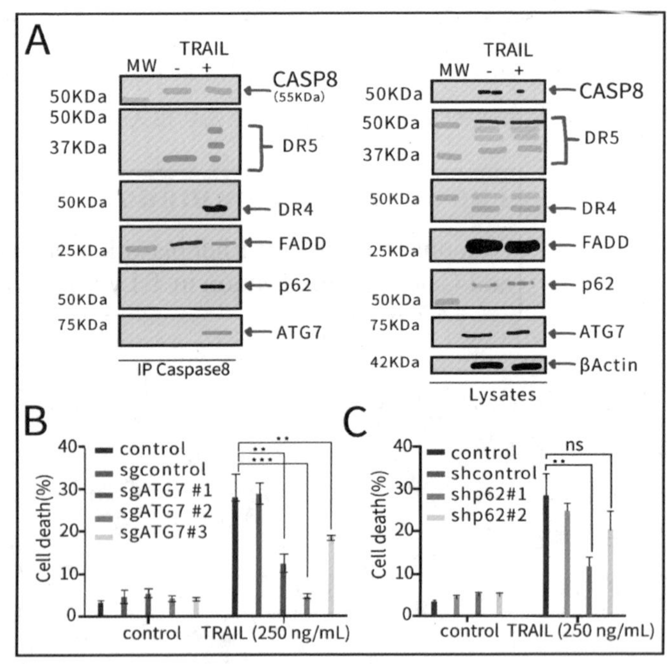

关于这个DISC复合体，要是记得《信号通路是什么“鬼”？3》中凋亡信号通路的话，应该还有印象吧：

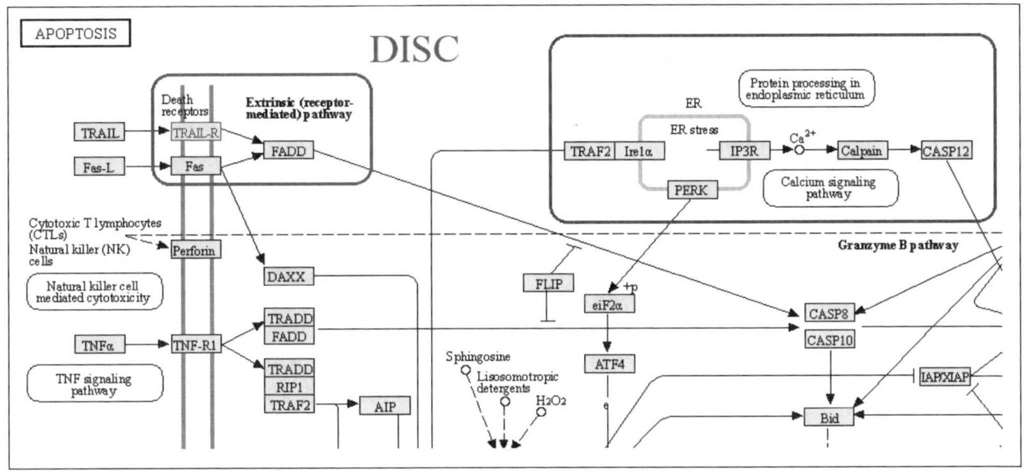

这一步论证也就是为了说明DISC通过对 ATG7和p62的招募，实现了对内质网钙离子的调控。

接着他们用胡萝卜毒素（TG）对细胞进行处理，TG会阻断SERCA泵（还记得SERCA泵吗？刚刚讲过，是向内质网中泵入钙离子的），降低内质网钙离子储存。敲减了ATG7后，细胞质内钙离子水平明显上升，也就是说，自噬能调节内质网的钙离子稳态：

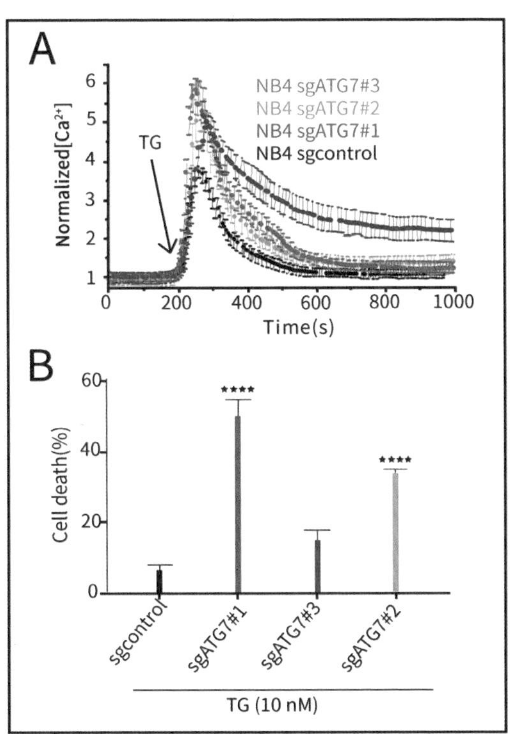

最后他们又看了文献，表示TRAIL-R结合ATRA（全反式维甲酸）后，ATRA会对DISC有一定的辅助稳定效果，于是他们又验证了一下：

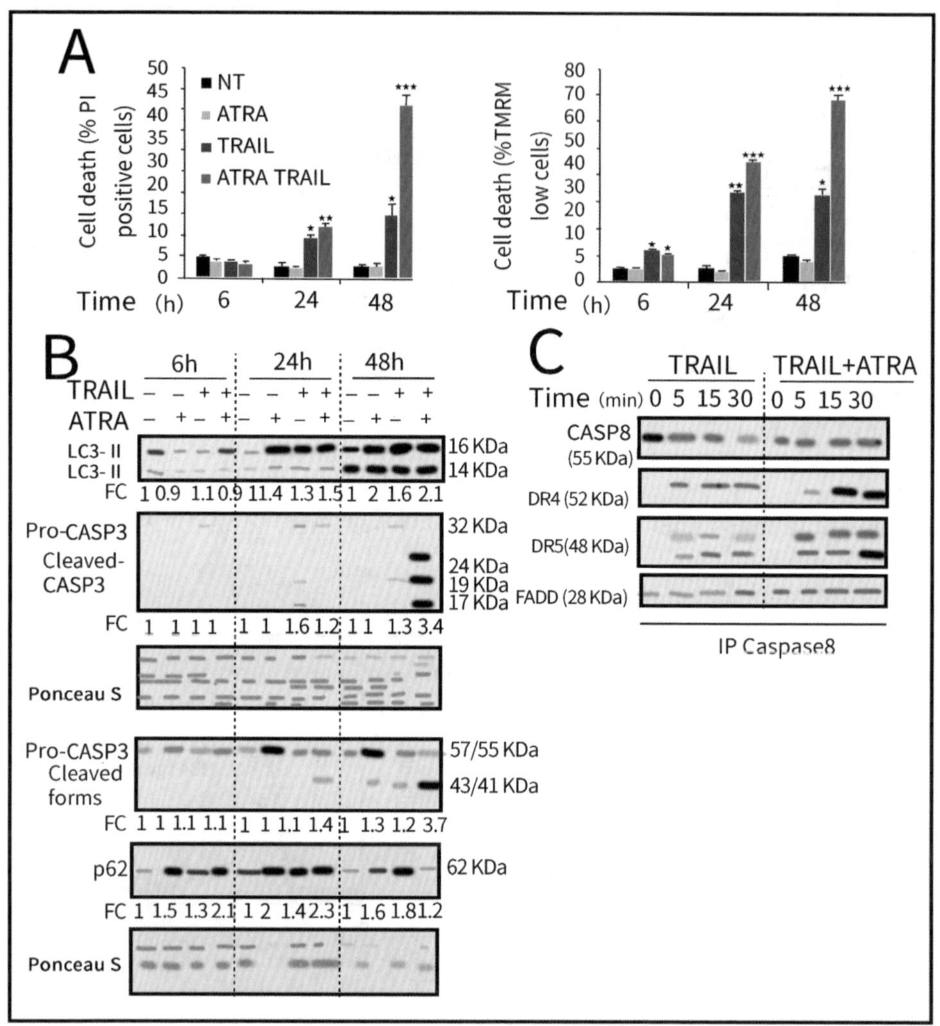

总的来说，这篇文章涉及的面特别广，全部用引文堆砌起来，然后进行验证。看完起码能给你复习三四个信号通路了……好了，有兴趣看这篇文章的话，可以自己去PubMed上搜一下。就给你们讲到这里吧，祝你们心明眼亮。

这篇18.187分的细胞焦亡综述，知识点有些密集

不知道你们还记不记得夏老师给你们讲过的焦亡信号通路了。也是时候复习一下，顺便看看有什么新内容了。于是夏老师找了一篇18.187分的*Signal Transduction and Targeted Therapy*上的综述：

Signal Transduction and Targeted Therapy

Pyroptosis: Mechanisms and Diseases

就看一下焦亡吧，其实之前夏老师讲焦亡的时候，是把焦亡作为坏死性凋亡的一个番外进行讲解的，因为焦亡的经典途径确实是在坏死性凋亡信号通路中的：

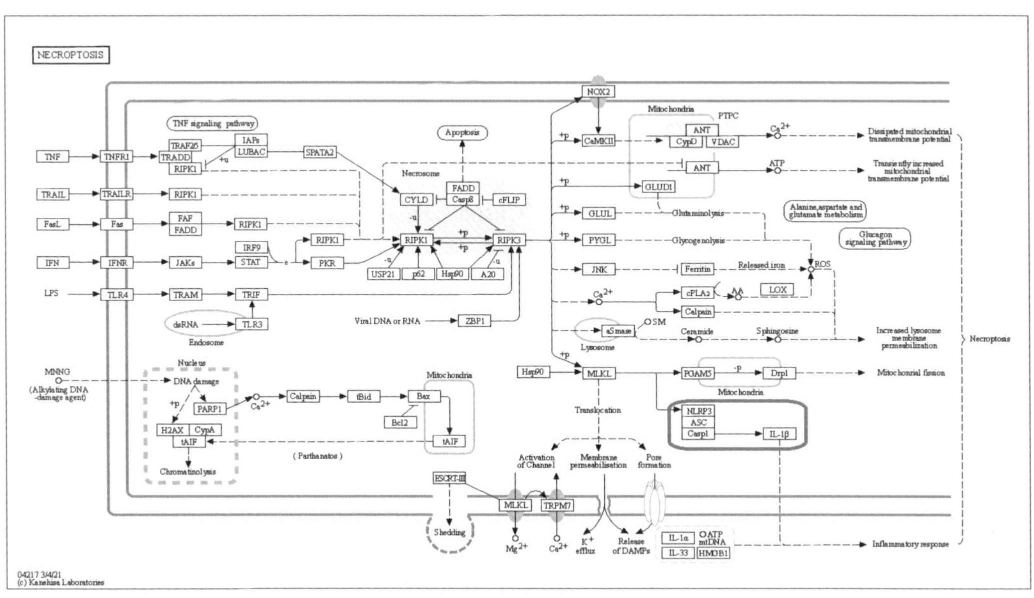

但实际上，经典焦亡的主要参与者是炎性小体，也就是NOD样受体信号通路中的NLRP3这块：

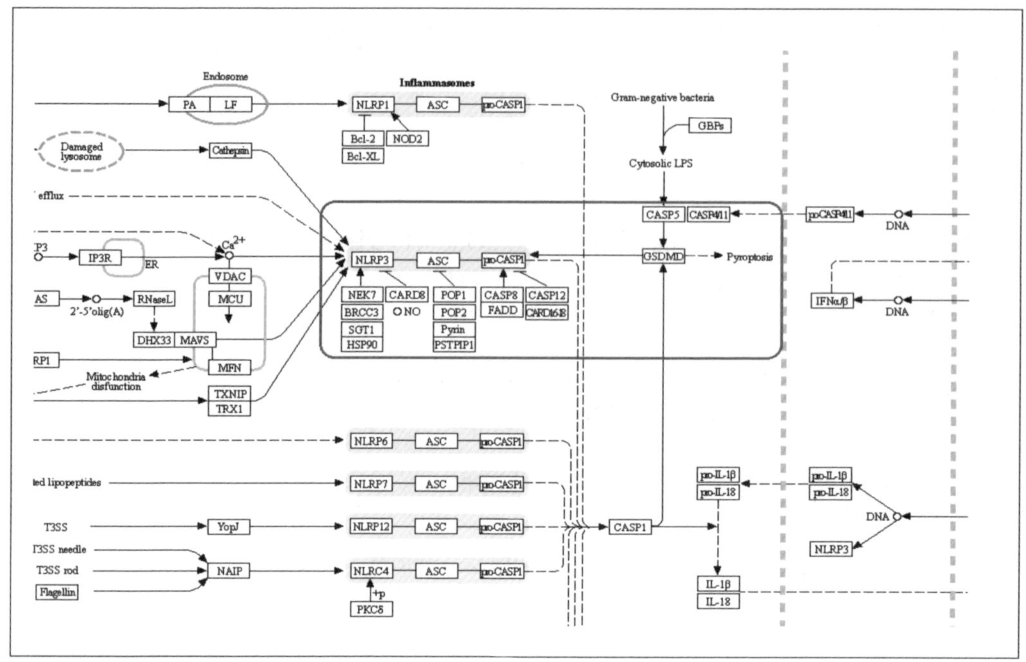

对于焦亡最早的描述可以追溯到1986年，研究炭疽致死毒素处理小鼠巨噬细胞导致细胞死亡的过程。2001年才确定了pyroptosis（细胞焦亡）这个术语，描述细胞的促炎性程序性死亡。最早的经典焦亡途径，关键蛋白就还只是Caspase1的，2012年的时候，发现了Caspase4/11也参与的焦亡，2017年发现了Caspase3也能诱导细胞焦亡。2020年，报道了GzmB直接诱导的细胞焦亡：

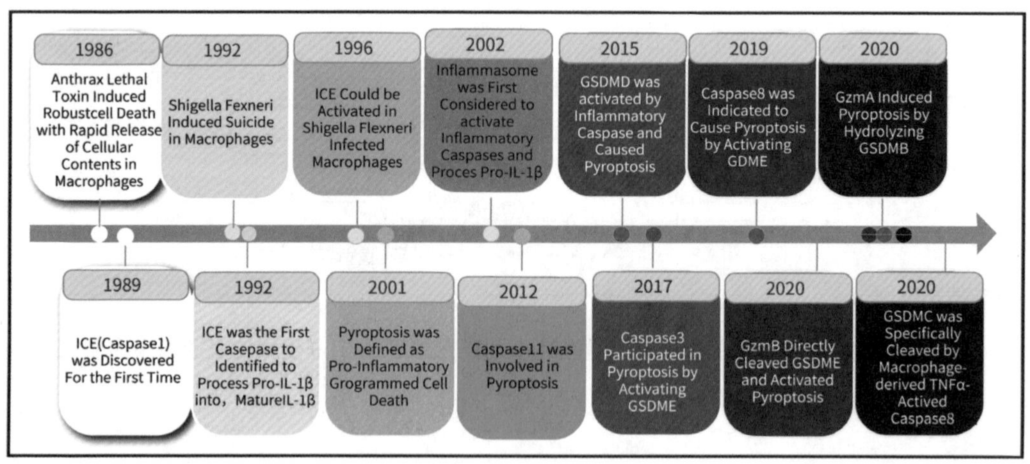

细胞焦亡和细胞凋亡之间还是有异同点的，焦亡和凋亡同样都是程序性细胞死亡，都有DNA损伤，都有Caspase3、Caspase6、Caspase8、Caspase9的激活。但焦亡的细胞核完

整，凋亡过程中细胞核不完整。焦亡过程中，细胞会由于膜的不完整引发通透性问题，导致细胞肿胀，而凋亡则是细胞收缩。焦亡过程中Caspase1、Caspase4、Caspase11会被激活，而凋亡过程中不会。

Table 2. Differences between pyroptosis and apoptosis

Characteristics	Pyroptosis	Apoptosis
Inflammation	Yes	No
Apoptotic bodies	No	Yes
Pyroptotic bodies	Yes	No
Intact nucleus	Yes	No
Pore formation	Yes	No
Cell swelling	Yes	No
Cell shrink	No	Yes
Osmotic lysis	Yes	No
Membrane integrity	No	Yes
7-AAD staining	Yes	No
PI staining	Yes	No
EtBr staining	Yes	No
Caspase1 activation	Yes	No
Caspase4 activation	Yes	No
Caspase5 activation	Yes	No
Caspase11 activation	Yes	No
Caspase2 activation	No	Yes
Caspase7 activation	No	Yes
Caspase10 activation	No	Yes
PARP cleavage	No	Yes
Gasdermin cleavage	Yes	No

并且，细胞焦亡的关键是对于Gasdermin（一种蛋白家族，GSDM）的裂解，使其聚合上膜。另一方面，炎性小体会剪切Pro-IL-1β，使其成熟，释放出因焦亡破损的细胞。

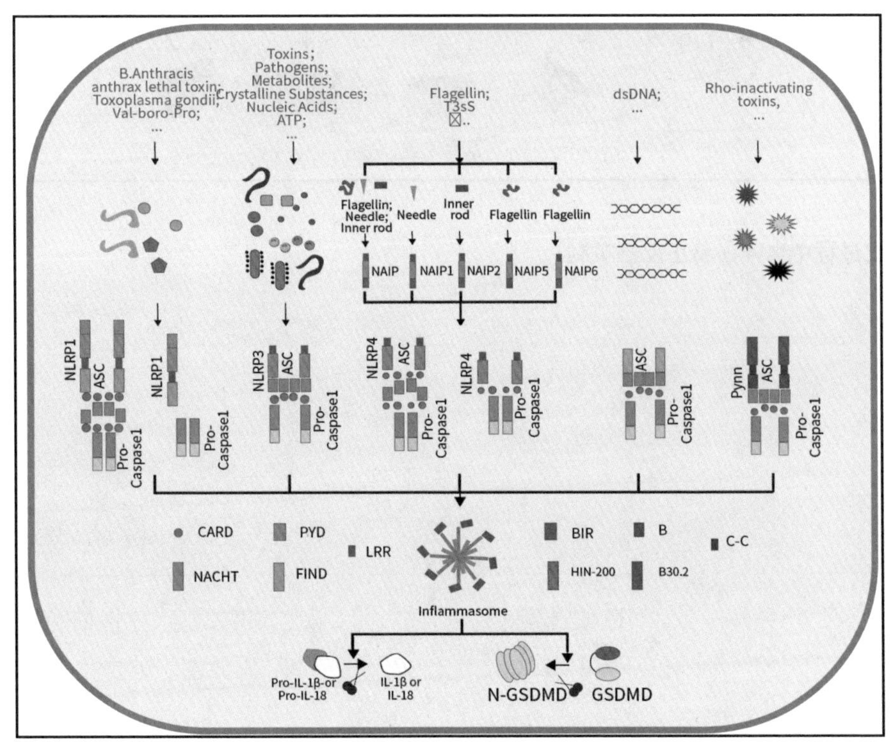

焦亡通路差不多可以这样来看，经典焦亡信号通路上游是Caspase1，对于GSDMD的剪切（下图蓝框），非经典途径是指Caspase4/5/11对于GSDMD的剪切，但是Caspase4/5/11不能切割 Pro-IL-1β/Pro-IL-18（还是蓝框）。Caspase3介导的通路（下图玫红框），主要是对GSDME进行裂解，造成凋亡。而Caspase8会通过对GSDMC的降解，实现细胞焦亡（下图紫框）。颗粒酶GzmB不但能促进Caspase3的作用，还能直接对GSDME进行降解，诱导细胞焦亡（下图玫红框）。同样属于颗粒酶的GzmA则能直接裂解GSDMB来实现细胞焦亡（下图绿框）：

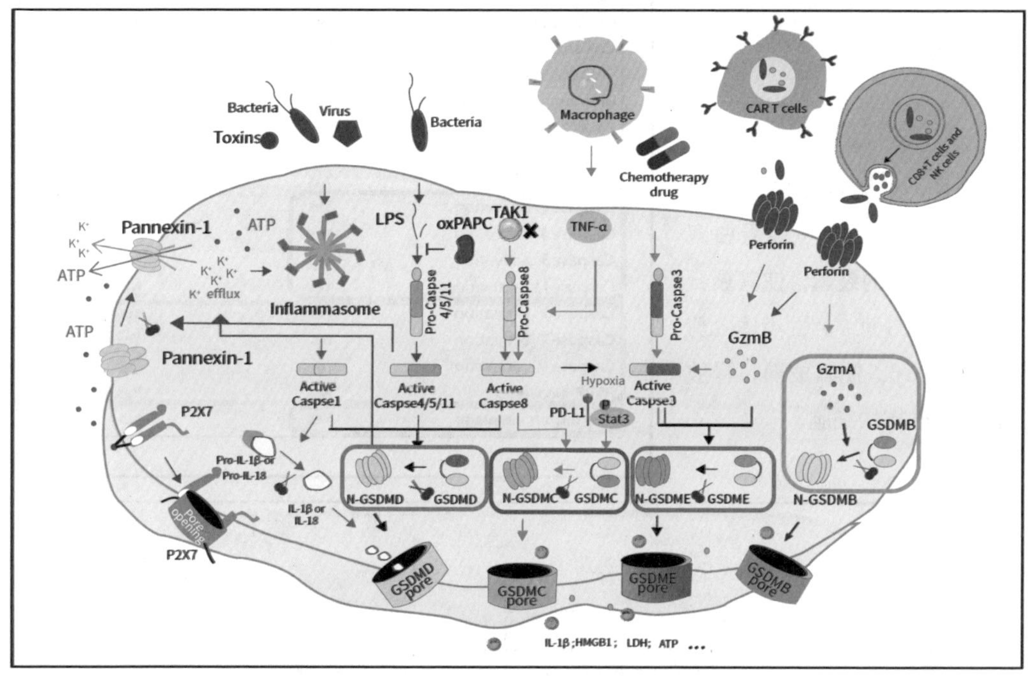

焦亡过程中也存在着正反馈机制：

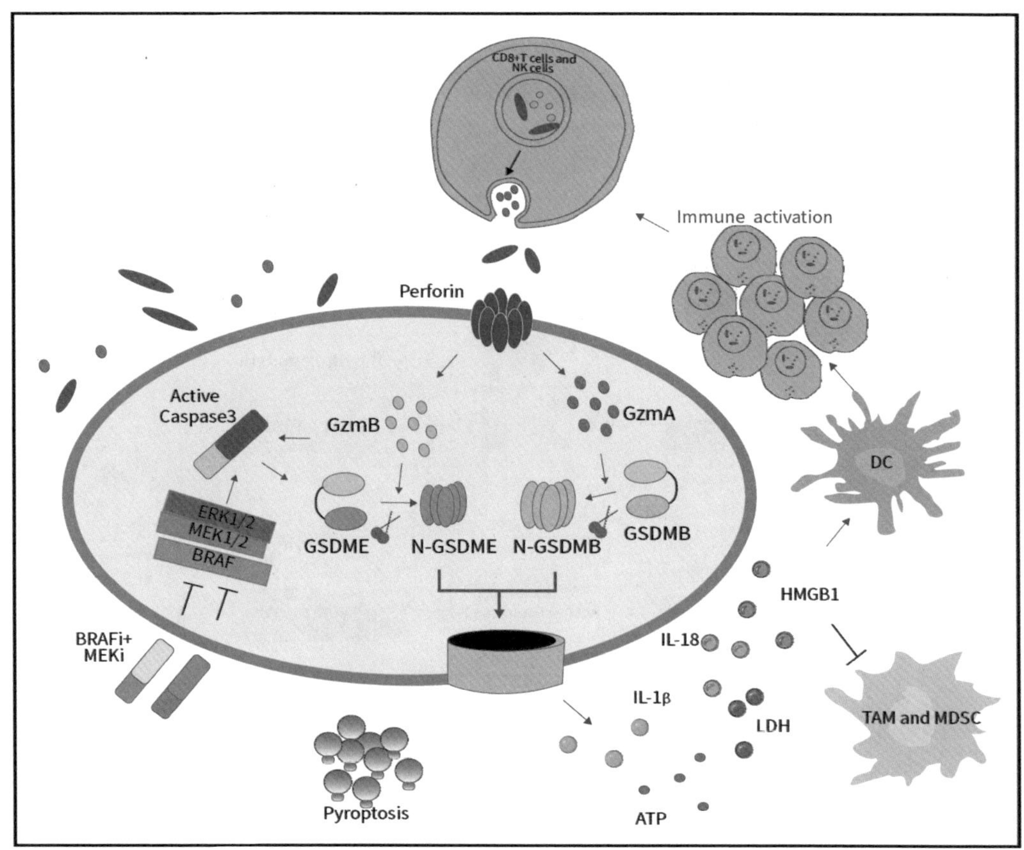

Caspase3介导的GSDME依赖性细胞焦亡，通过DAMP的释放，导致CD4⁺T细胞和CD8⁺T细胞浸润增加。CD8⁺T细胞释放穿孔素和颗粒酶，穿孔素在肿瘤细胞中形成孔。颗粒酶通过这些孔进入肿瘤细胞。颗粒酶GzmB又会通过裂解GSDME进一步诱导细胞焦亡。

细胞焦亡中常用的抑制剂主要是抑制Caspase1的，而Bay 11-7082这种抑制剂主要是抑制炎性小体的。

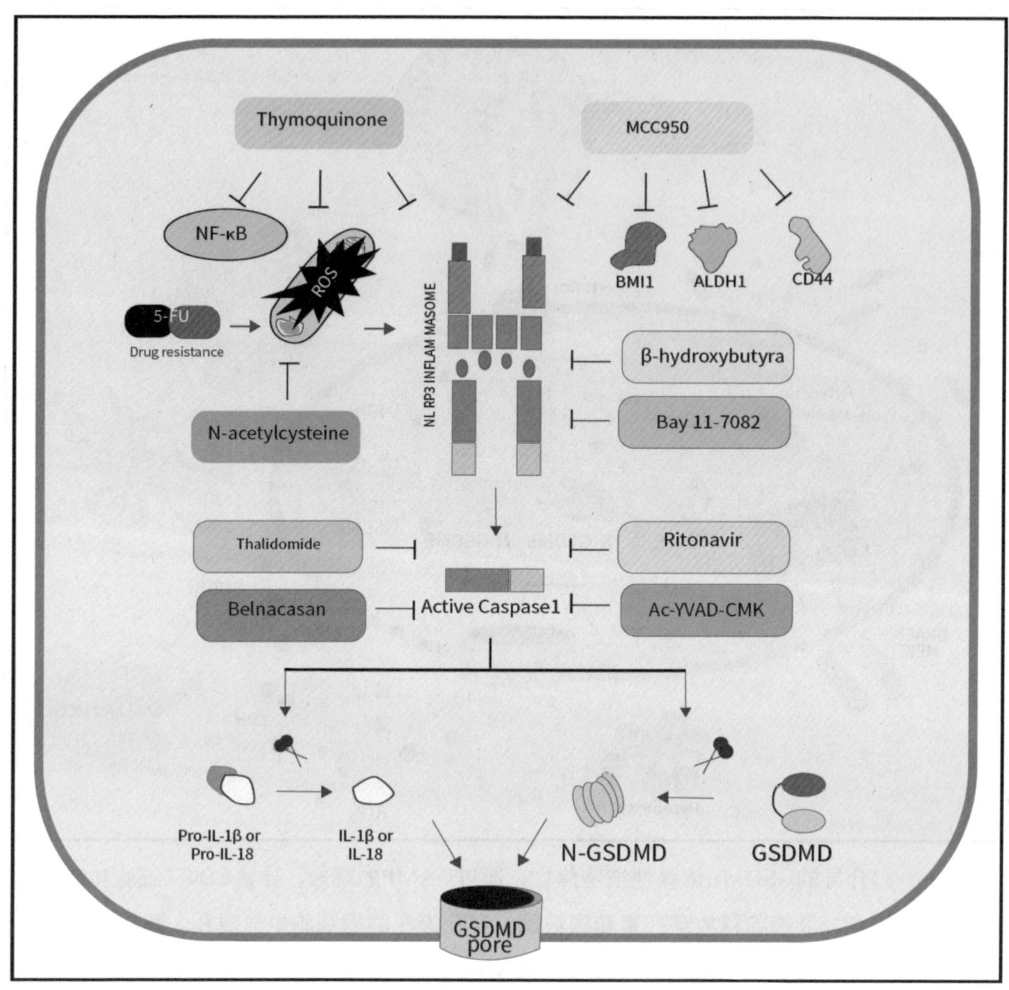

但实际上对焦亡各种途径的研究，还需要进一步选择该途径所适用的抑制剂才行。毕竟焦亡的通路不只是Caspase1一条……好了，要看这篇文献的话，可以自己去PubMed上搜一下。先给你们讲到这里吧，祝你们心明眼亮。

就用这几篇SCI文章来告诉你细胞焦亡的主要研究方法都有些什么

讲完焦亡大概的情况后，就应该讲讲焦亡的具体实验方法了。其实焦亡的实验方法比铁死亡简单一点儿。夏老师看了一下这篇综述：

Cancer Biol Med

Methods for Monitoring Cancer Cell Pyroptosis

和之前的综述差不多，这篇首先讲了焦亡基本情况，也就是具体的焦亡机制。这个我想不用再赘述了，上一节都复习过了。

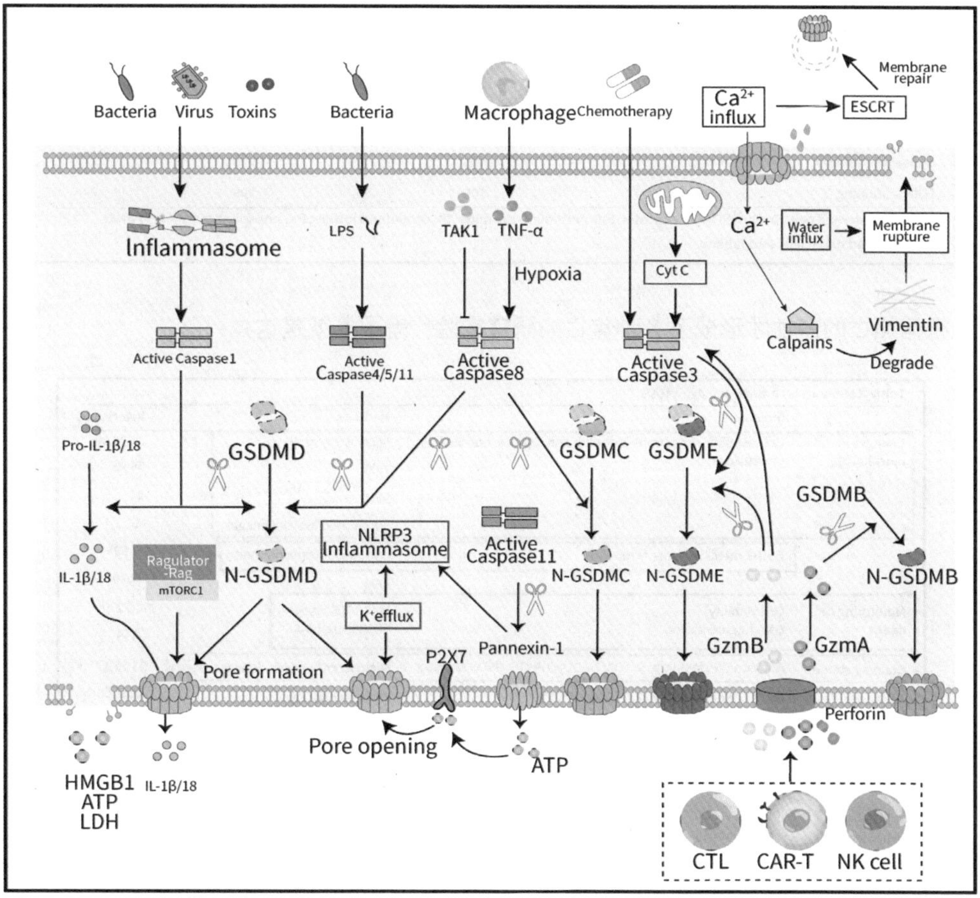

和上节不太一样的是，他们还描述了焦亡和坏死性凋亡以及细胞凋亡之间的区别。坏死性凋亡的过程中，膜并不会起泡，但坏死性凋亡的染色和焦亡相似：

Table1 The differences between pyroptosis, apoptosis, and mecroptosis

	Pyroptosis	Apoptosis	Necroptosis
Character	Active PCD	Active PCD	Passive PCD
Inflammation	Yes	No	Yes
Morphology of cell membrane	Cell sweling, membrane rupture, bubble-like protrusions	Cell shrinkage, intact membrane, many vesicles of various sizes	Cell rounding and swelling, membrane rupture
Membrane blebbing	Yes	Yes	No
Membrane integrity	No	Yes	No
DNA damge	Yes	Yes	Yes
Chromatin condensation	Yes	Yes	No
Intact nucleus	Yes	No(fragmented)	Yes
Organelle morphology	Deformation	Intact	Swelling
Special constructions	Pyroptotic bodies	Apoptotic bodies	No
Release of intracellular contents	DAMPs, inflammatory molecules	No	DAMPs, inflammatory molecules
Associated molecules	Initiation: Caspase1,3,4,5,11. ExECUTION: GSDMD, GSDME	Initiation: Caspase8,9,10. Execution: Caspase3,6,7. Pro-apoptotic menbers: Bax, Bak,Bok. Anti-apototic menbers: Bcl-2, Bcl-xl, Mcl-1.	Initiation: RIPK1/RIPK3. Execution: MLKL. Inhibitory members: Caspase8.
7-AAD staining	Yes	No	Yes
EtBr staining	Yes	No	Yes
PI staining	Yes	No	Yes
PS exposure	Yes	Yes	Yes
Annexin V staining	Yes	Yes	Yes
TUNEL staining	Yes	Yes	Yes

PCD, programmed cell death; GSDM, gasdermin; EtBr, ethidium bromide; PI, propidium iodide; PS, phpsphatidylserine; TUNEL. Tdt-mediated dUTP nick end labling.

根据焦亡的特性才形成了各种焦亡的研究实验，差不多就是这样：

Table 2 Methods for monitoring pyroptosis

	Indicators	Methods	References
Changes in cell morphology	Cell swelling, membrane blebbing and rupture, bubble-like protrusions	Microscopy analysis	23,27,48
		TEM	64,65
		SEM	21
		Automated live cell imager	66
	GSDM-mediated pore formation	Lipsome leakage method	67,68
		AFM	69,70
Monitoring cell death	Cell viability	MTT/MTS assay	71,72
	DNA fragmentation	TUNEL method	73,74
Staining statue	Annexin V/PI staining, SYTOX/7-ADD/EtBr/TO-PRO3 staining	Microscopy analysis,Flow cytometry	23,25,53
Molecular biomarkers	Cleavage of GSDM family(GSDMB/C/CE)	Western blotting	23,51,53,75,76
	GSDM-Flag	Immunohistochemistry	
		Immunofluorescence	
	Activation of Caspase1/3/4/5/11	Q-PCR	
	GzmA and GzmB		
	Released substances: IL-1β，IL-18,HMGB1,ATP,LDH	ELISA, ELISPOT	27,72,77
Other methods	The dynamic process of pyroptosis in vivo	Two-photon imaging technology	78

TEM, transmission electron microscopy; SEM, scanning electron microscope; GSDM, gasdermin; AFM, atomic force microscopy; GzmA, granzyme A; GzmB, granzyme B.

比如焦亡外观是细胞肿胀、膜上起泡等，通过电镜（前表蓝框）即可发现细胞的焦亡过程：

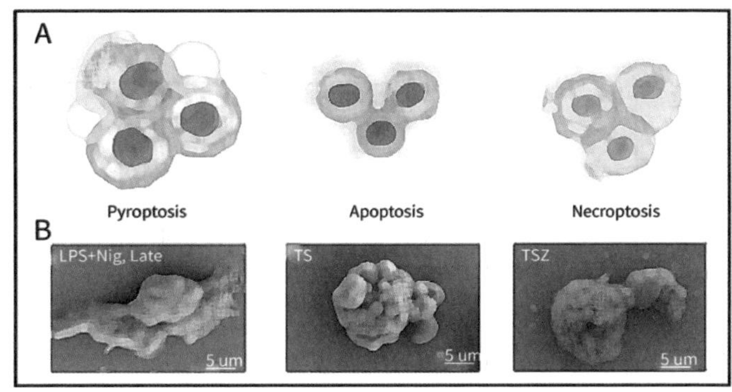

GSDMD在膜上形成管腔，可以使用脂质体渗漏实验来进行。为了看看这个实验是什么，夏老师找到了这篇25.606分的*Nature Immunology*：

Nat Immunol

FDA-Approved Disulfiram Inhibits Pyroptosis by Blocking Gasdermin D Pore Formation

这个实验是这样的，把Tb^{3+}包裹到脂质体泡里，加入Caspase和GSDMD，一旦形成焦亡，则因为GSDMD形成的管腔泄露，脂质体包裹的Tb^{3+}会和原来在脂质体外的DPA结合发出荧光：

GSDMD
NT
CT
Caspase-cleavage site
+Caspase11
+ Liposome
GSDMD-NT pore
Tb^{3+}
Liposome leakage
DPA
Fluorescent
Tb^{3+}/DPA chelate

根据焦亡的特性，染色的流式实验也比较常用（下图红框）。由于焦亡和坏死性凋亡染色情况近似，PI阳性、Annexin V阳性的细胞则会作为焦亡或坏死性凋亡细胞。焦亡过程中Gasdermin的裂解是肯定的，所以一般会用WB实验进行检测（下图蓝框）。此外焦亡过程中，焦亡的细胞会释放DAMPs，也就是类似IL-1β，IL-18，LDH，HMGB1，S100之类的蛋白，一般会用ELISA或者WB进行检测验证（下图绿框）：

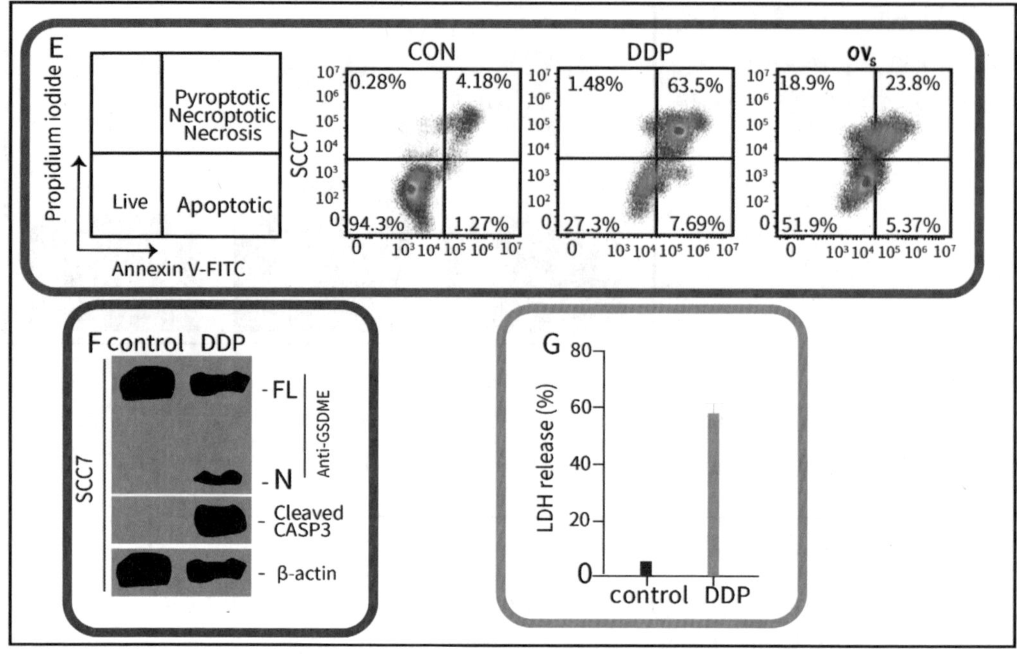

除了PI、Annexin V染色，还有类似SYTOX Green的染色，这篇13.491分的*Nature Protocals*就用了这样的方法：

Nature Protocols

A Real-time Fluorometric Method for the Simultaneous Detection of Cell Death Type and Rate

Abstract

Several cell death assays have been developed based on a single biochemical parameter such as caspase activation or plasma membrane permeabilization. Our fluorescent apoptosis/necrosis (FAN) assay directly measures cell death and distinguishes between caspase-dependent apoptosis and caspase-independent necrosis of cells grown in any multiwell plate. Cell death is monitored in standard growth medium as an increase in fluorescence intensity of a cell-impermeable dye (SYTOX Green) after plasma membrane disintegration, whereas apoptosis is detected through caspase-mediated release of a fluorophore from its quencher (DEVD-amc). The assay determines the normalized percentage of dead cells and caspase activation per condition as an end-point measurement or in real time (automated). The protocol can be applied to screen drugs, proteins or siRNAs for interference with cell death while simultaneously detecting cell death modality switching between apoptosis and necrosis. Initial preparation may take up to 5 d, but the typical hands-on time is ~ 2 h.

活细胞不可渗透染料SYTOX Green，会随着焦亡和凋亡过程中膜通透性增强渗入细胞。另一种荧光标记是DEVD-amc，这里的DEVD是淬灭剂，Caspase会切断DEVD-amc，使得amc荧光增强。用这个方法可以检测出焦亡或者细胞凋亡：

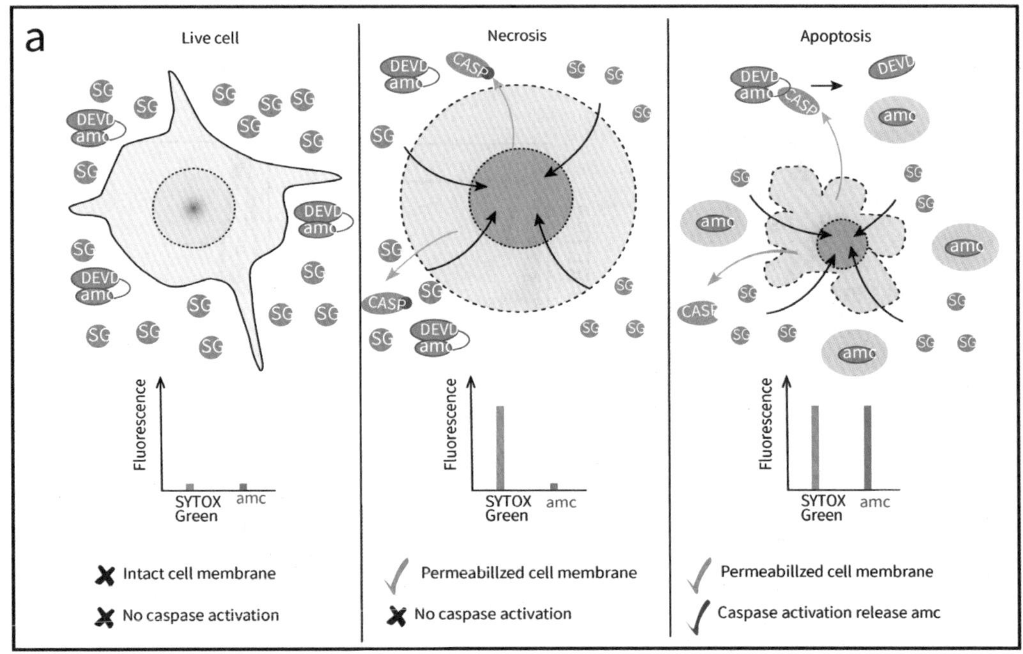

双光子荧光显微镜主要用在活体的焦亡验证中，比如这篇9.423分的*Cell Reports*中的实验：

Cell Reports
Dissecting T Cell Contraction in Vivo Using a Genetically Encoded Reporter of Apoptosis

用DEVD连接CFP（青色荧光蛋白）和YFP（黄色荧光蛋白），这里的DEVD是用来被Caspase裂解的。CFP和YFP离得近的时候，激发CFP后，CFP不会发出青色荧光，发射光会去激活YFP，显示黄光。

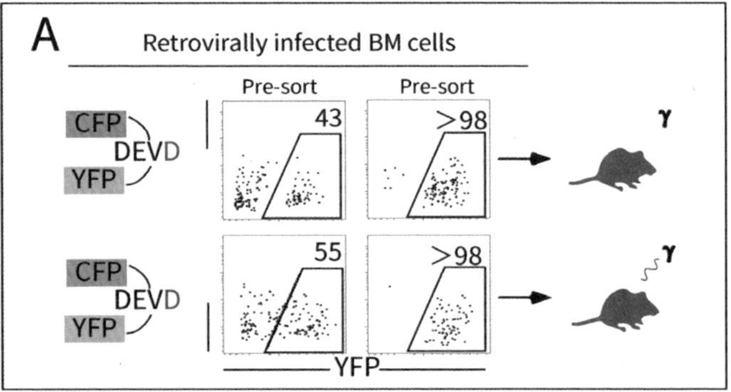

体内焦亡产生后，DEVD被Caspase裂解，两种荧光蛋白分离，YFP无法被激活，CFP能发出青光。双光子荧光显微镜可以进行活体成像，直接观察活体内部的荧光变化情况。

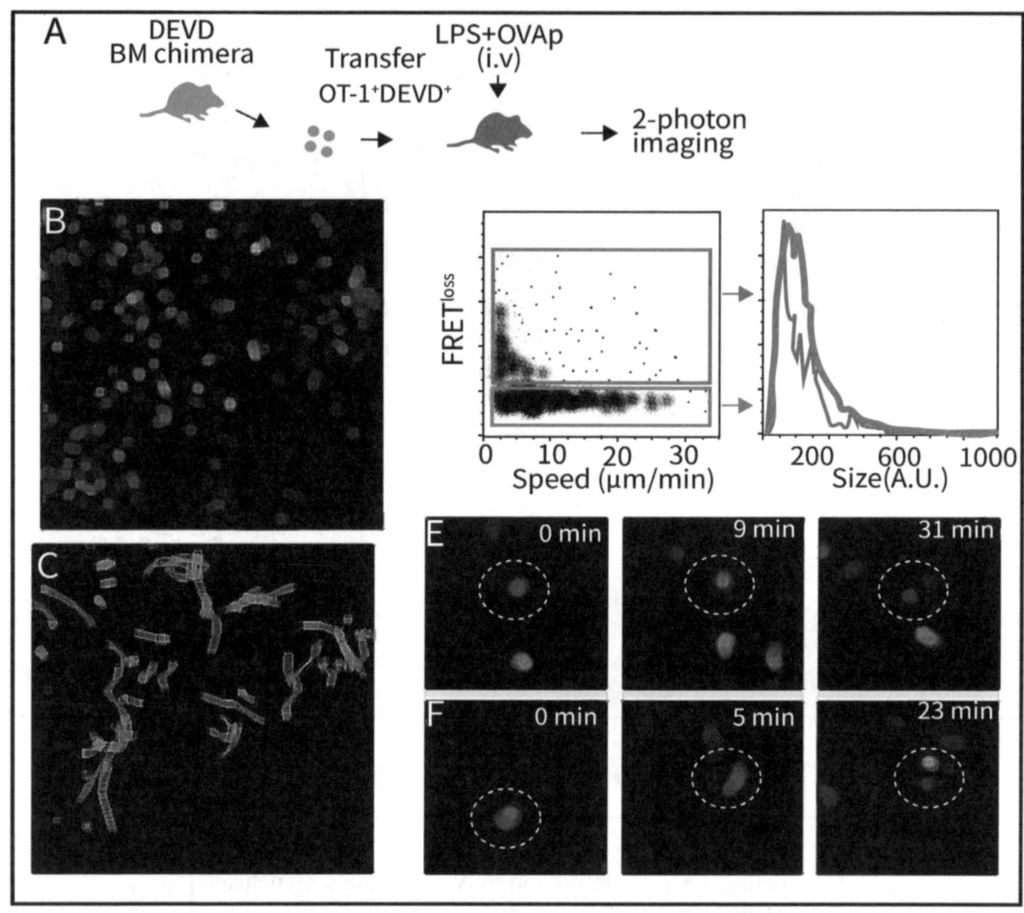

不过这种技术并不是特别常见，毕竟设备有限。焦亡相关的实验也就差不多是这些了，感兴趣的可以自己去看看这几篇文章中的方法，还是蛮有意思的。好了，要看这篇文献的话，可以自己去PubMed上搜一下。好了，先给你们讲到这里吧，祝你们心明眼亮。

从这篇2.441分的文章开始，给你们讲讲细胞焦亡都研究些什么

这节来讲讲细胞焦亡都研究些什么，就从这篇2.441分的*Experimental and Therapeutic Medicine*上的文章开始吧。肯定很多人会觉得：哇，夏老师，讲这么低分的文章，没什么意义啊……但是，要是不熟悉焦亡过程的话，估计2分多的文章也就是你们的极限了……

> **Exp Ther Med**
>
> **DDX3X deficiency alleviates LPS-induced H9c2 cardiomyocytes pyroptosis by suppressing activation of NLRP3 inflammasome**
>
> **Abstract**
>
> Increasing evidence suggest that NOD-like receptor protein 3 (NLRP3) inflammasome-mediated pyroptosis may be the underlying pathological mechanism of sepsis-induced cardiomyopathy. DDX3X, an ATP-dependent RNA helicase, plays a vital role in the formation of the NLRP3 inflammasome by directly interacting with cytoplasmic NLRP3. However, whether DDX3X has a direct impact on lipopolysaccharide (LPS)-induced cardiomyocyte injury by regulating NLRP3 inflammasome assembly remains unclear. The present study aimed to investigate the role of DDX3X in the activation of the NLRP3 inflammasome and determine the molecular mechanism of DDX3X action in LPS-induced pyroptosis in H9c2 cardiomyocytes. H9c2 cardiomyocytes were treated with LPS to simulate sepsis in vitro. The results demonstrated that LPS stimulation upregulated DDX3X expression in H9c2 cardiomyocytes. Furthermore, Ddx3x knockdown significantly attenuated pyroptosis and cell injury in LPS-treated H9c2 cells by suppressing NLRP3 inflammasome activation. Taken together, these results suggest that DDX3X is involved in LPS-induced cardiomyocyte pyroptosis, and DDX3X deficiency mitigates cardiomyocyte damage induced by LPS treatment.

之所以选这篇文章，关键就是它结构简单，相对来说容易理解。首先他们用LPS（脂多糖）处理心肌细胞，然后发现了DDX3X表达增高：

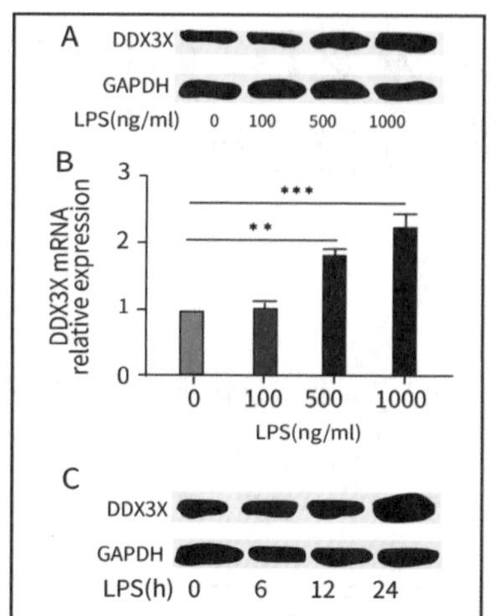

且这个增高是和LPS浓度增加成正比的，这就是穆勒五法中的共变法。虽然突然就研究筛选出了DDX3X有点儿突兀……

为什么要用LPS刺激来分析焦亡呢？其实很简单(要是记得《信号通路是什么“鬼”？3》的话，就会记得在坏死性凋亡的番外篇中讲过焦亡)，病原体或外部损伤后，会形成NLRP-ASC-Pro-Caspase1复合体，然后促进Caspase1成熟，使得GSDMD被剪切：

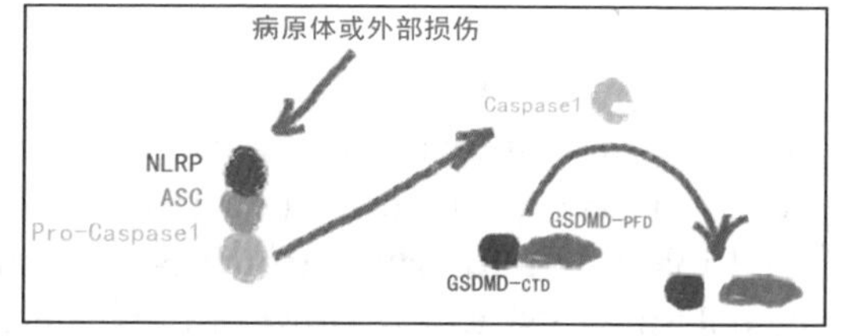

GSDMD剪切后，上膜，然后引起焦亡。而细胞外刺激是通过细胞内ROS累积传导到NLRP复合体形成的，所以他们又分析了LPS刺激后细胞内部的ROS变化情况，确实经过LPS处理后，ROS产生累积，下游的Caspase1成熟体增多：

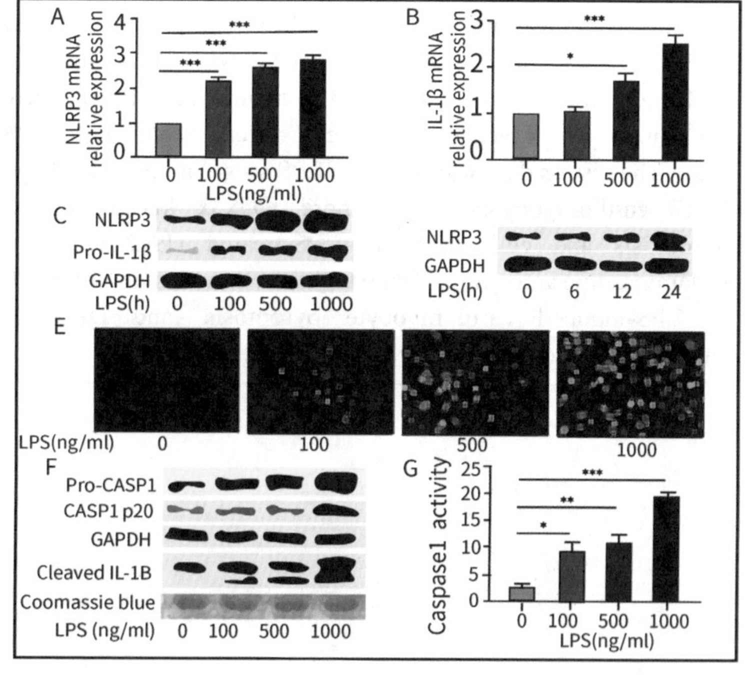

这样引起的焦亡过程中，DDX3X的高表达起到了什么作用呢？如果是DDX3X在焦亡中起到作用，且位于NLRP复合体的上游，那敲除了DDX3X则会影响焦亡。于是他们对DDX3X做了敲减：

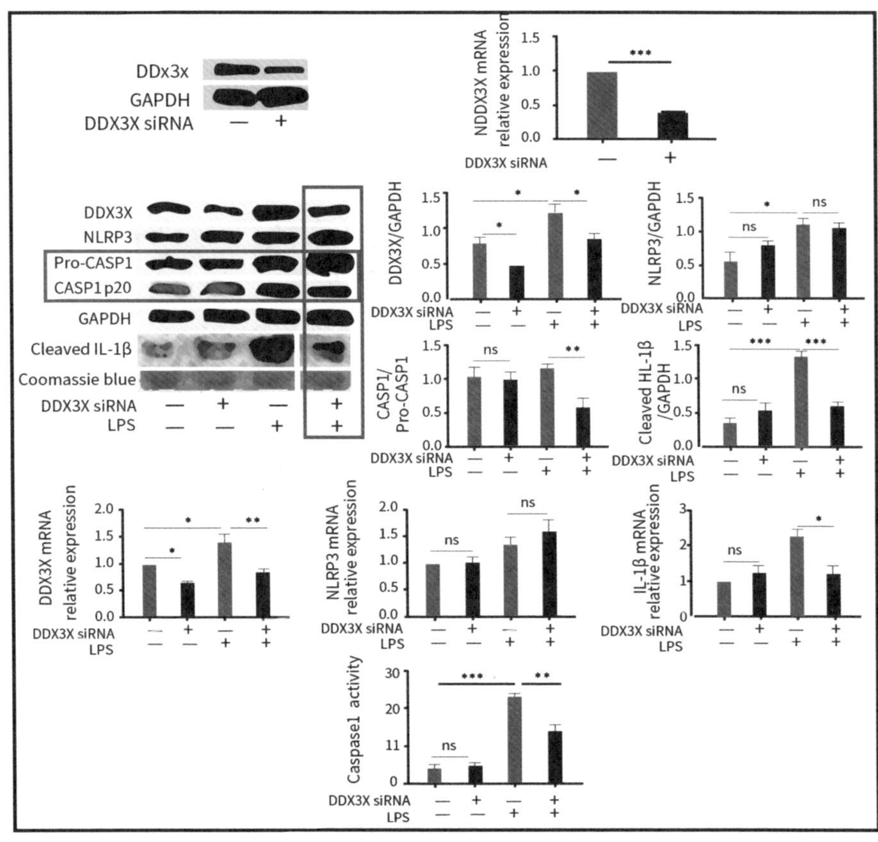

发现用LPS刺激后，敲除了DDX3X能有效抑制Caspase1的成熟，也同时抑制焦亡……

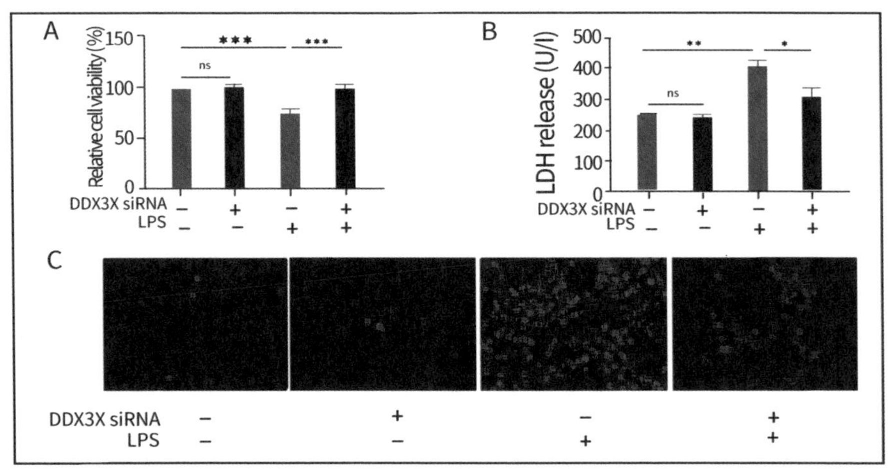

但最后的模式图就有点儿给自己加戏了……

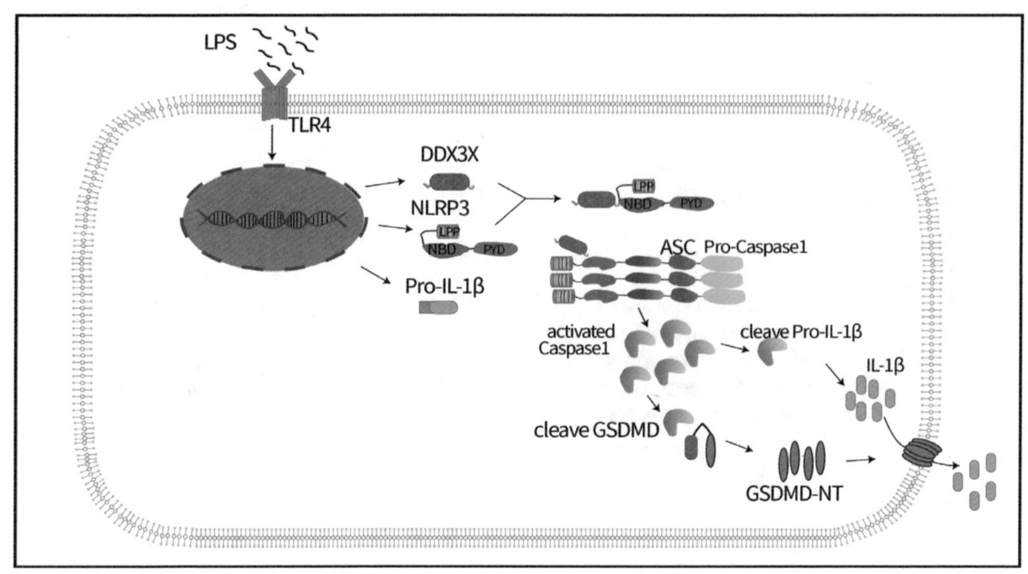

虽然这样，但大致的结果是正确的，DDX3X确实可能参与了LPS诱导的焦亡，它可能也位于NLRP复合体的上游……要看这篇文献的话，就自己去PubMed上搜一下吧。就给你们讲到这里吧，祝你们心明眼亮。

查了篇11.202分的*PNAS*，只为了看看这篇5.813分的焦亡文章做得对不对

上节讲了一篇2.441分的焦亡文章，主要就是领你们复习一下焦亡的关键因素，也就是NLRP3-ASC-Caspase1这个炎性小体。这次就继续扩展一下，找了一篇5.813分的焦亡相关文章：

> **Front Pharmacol**
>
> Disease-Modifying Anti-rheumatic Drug Prescription Baihu-Guizhi Decoction Attenuates Rheumatoid Arthritis via Suppressing Toll-Like Receptor 4-mediated NLRP3 Inflammasome Activation

这居然还是一篇中药抗类风湿性关节炎的研究。首先他们用关节炎小鼠模型进行药物治疗，小鼠的关节炎得到了缓解：

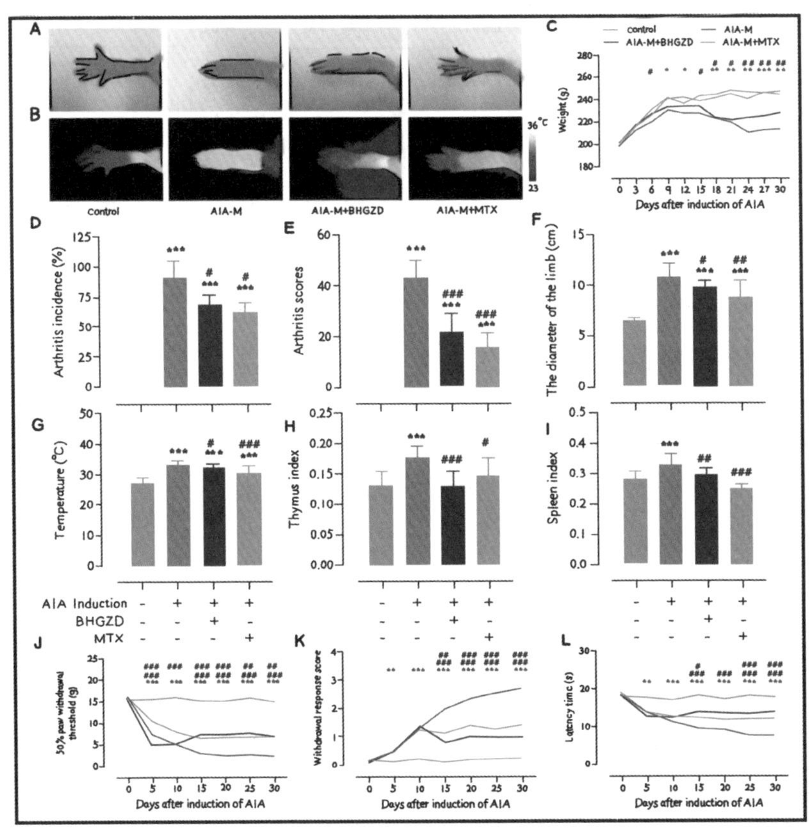

这首先说明了药物能起到正向的表型作用，也就是能对抗疾病。接着他们分析了加药后，LPS诱导焦亡时，相关炎性小体蛋白的表达情况：

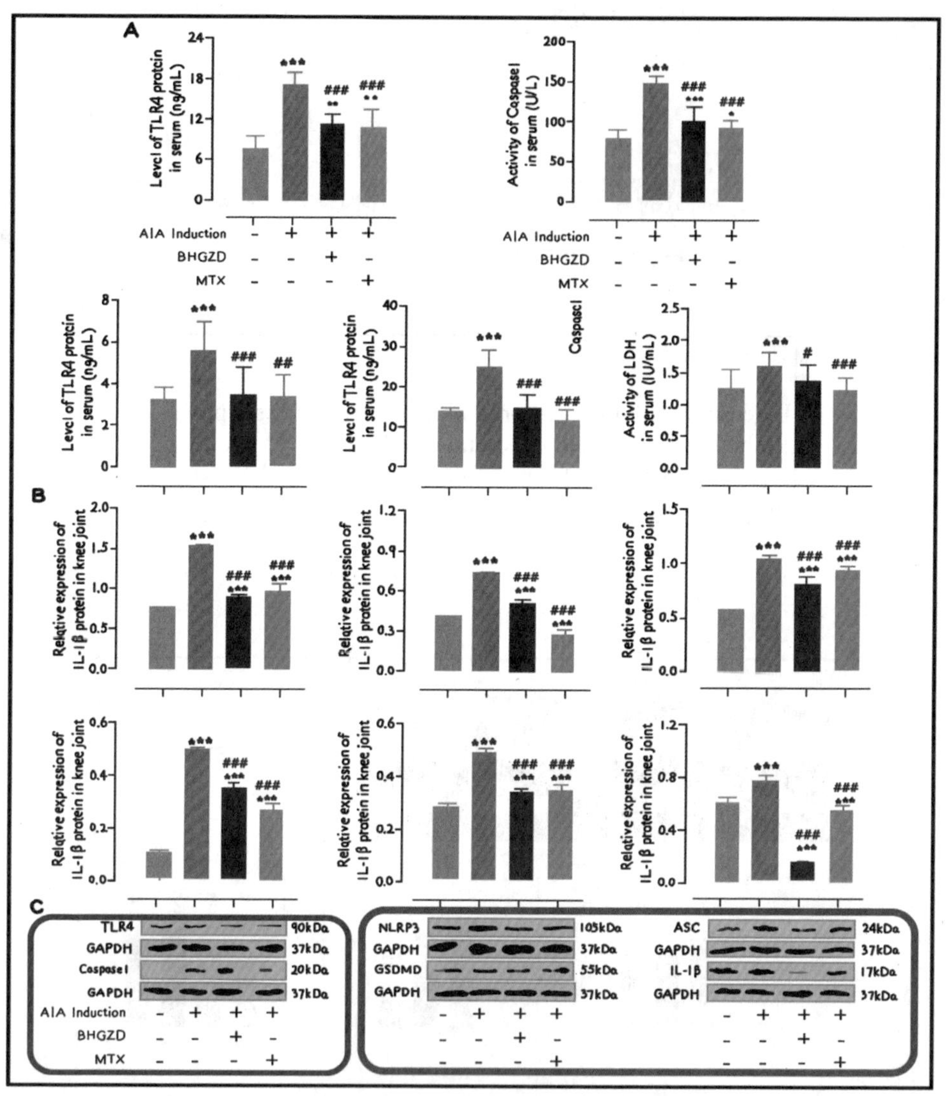

TLR4，NLRP3以及ASC的表达，在加药后，都受到了抑制……

这里为啥除了分析NLRP3，ASC，还看了看TLR4的表达情况呢？（是不是对TLR4还有点儿印象？没错，就是在《信号通路是什么“鬼”？3》里Toll样受体信号通路中）这个我们就要回到坏死性凋亡通路上，焦亡其实是坏死性凋亡的一个分支（《信号通路是什么“鬼”？3》中坏死性凋亡的番外篇里），LPS诱导激活TLR4后通过MLKL激活NLRP3-ASC-Caspase1复合体：

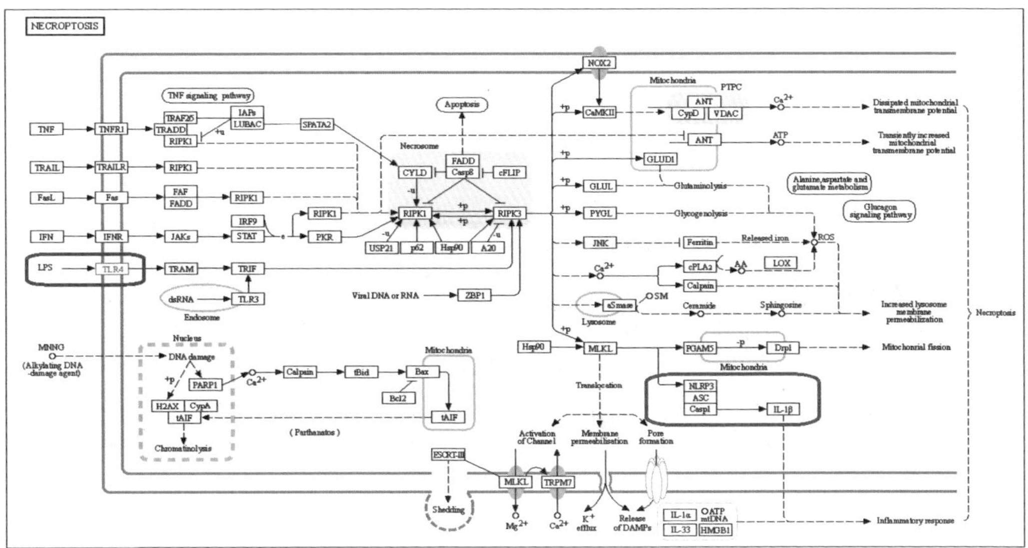

接着他们验证了加药对于LPS诱导焦亡的抑制……

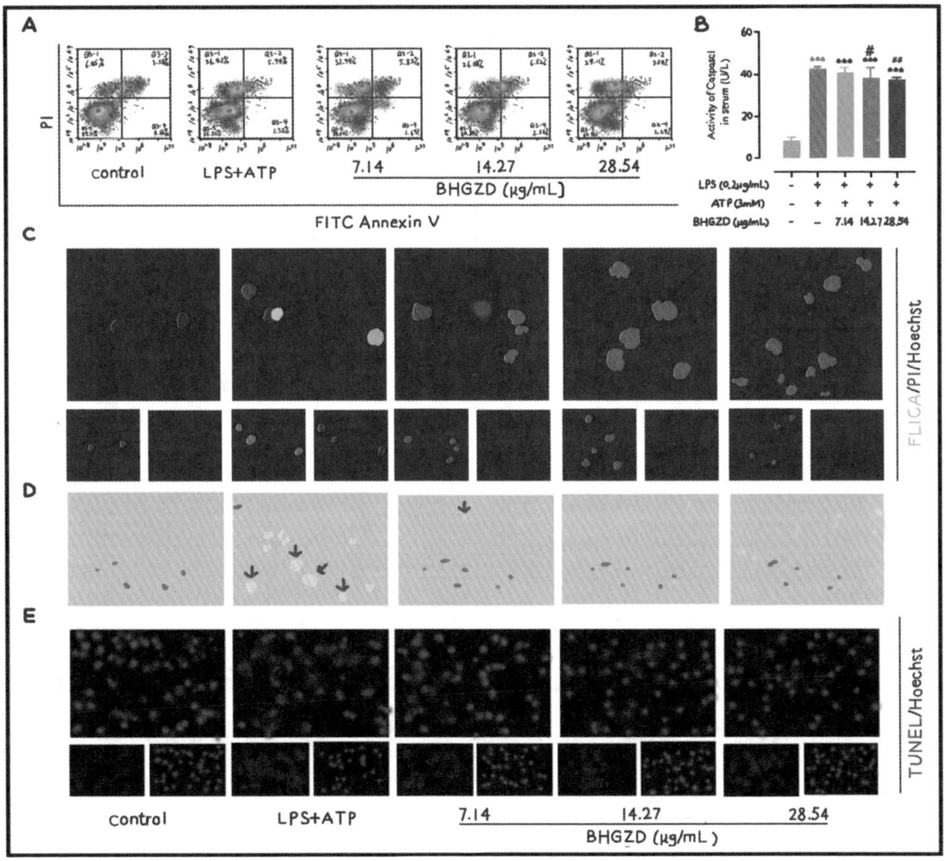

其实看上去，就还是坏死性凋亡……

为了确定药物抑制的细胞凋亡是通过NLRP3-ASC-Caspase1引起的焦亡，他们还用了NLRP3抑制剂进行分析……

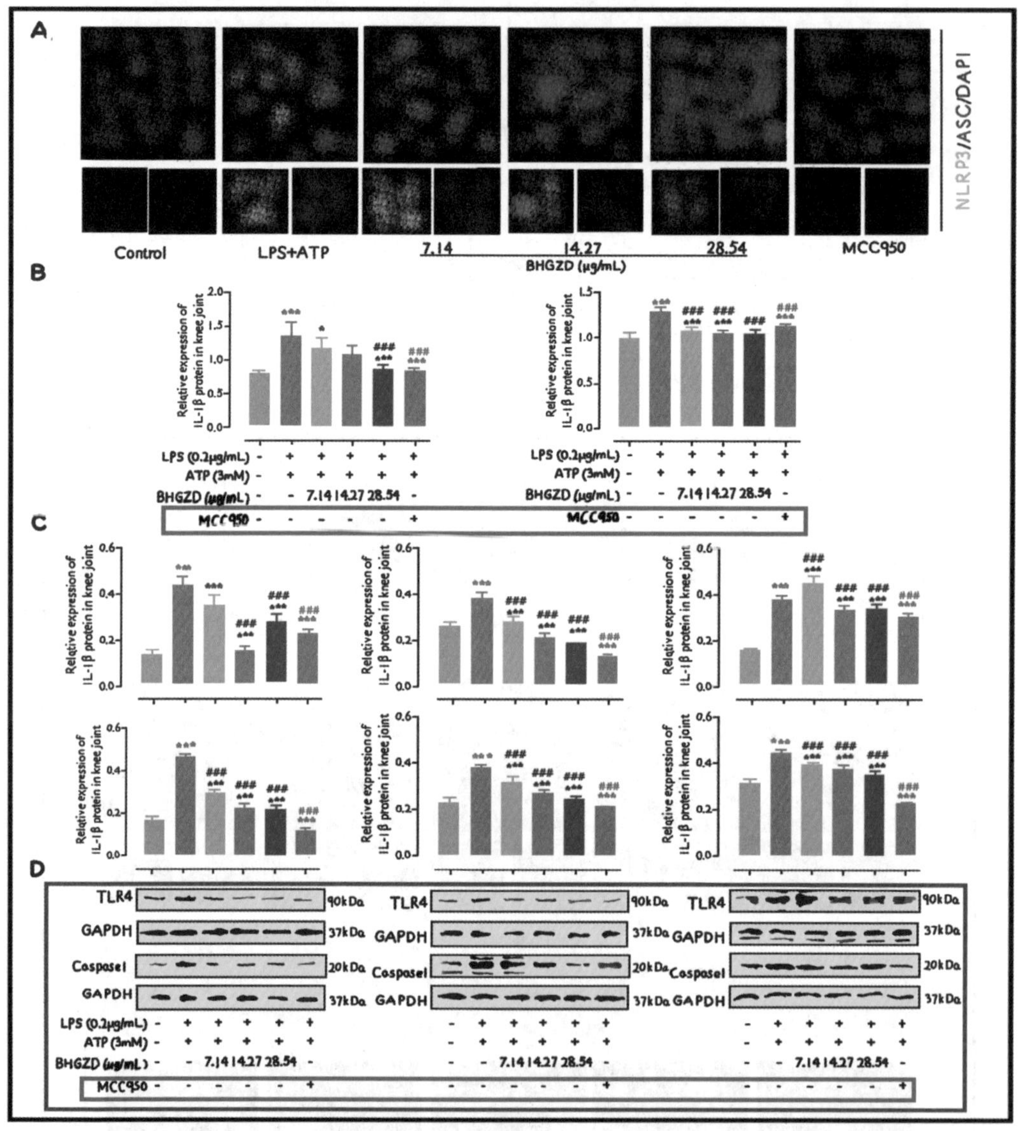

也可以看到他们还分析了加药后的GSDMD表达（实际上应该分析的是GSDMD的剪切情况，还记得焦亡通路的话，应该知道这是什么意思）……

由于是关节炎研究，所以他们不光分析了药物对于巨噬细胞的焦亡影响，同时也分析了对滑膜成纤维细胞的永生化细胞系（MH7A 细胞）的影响：

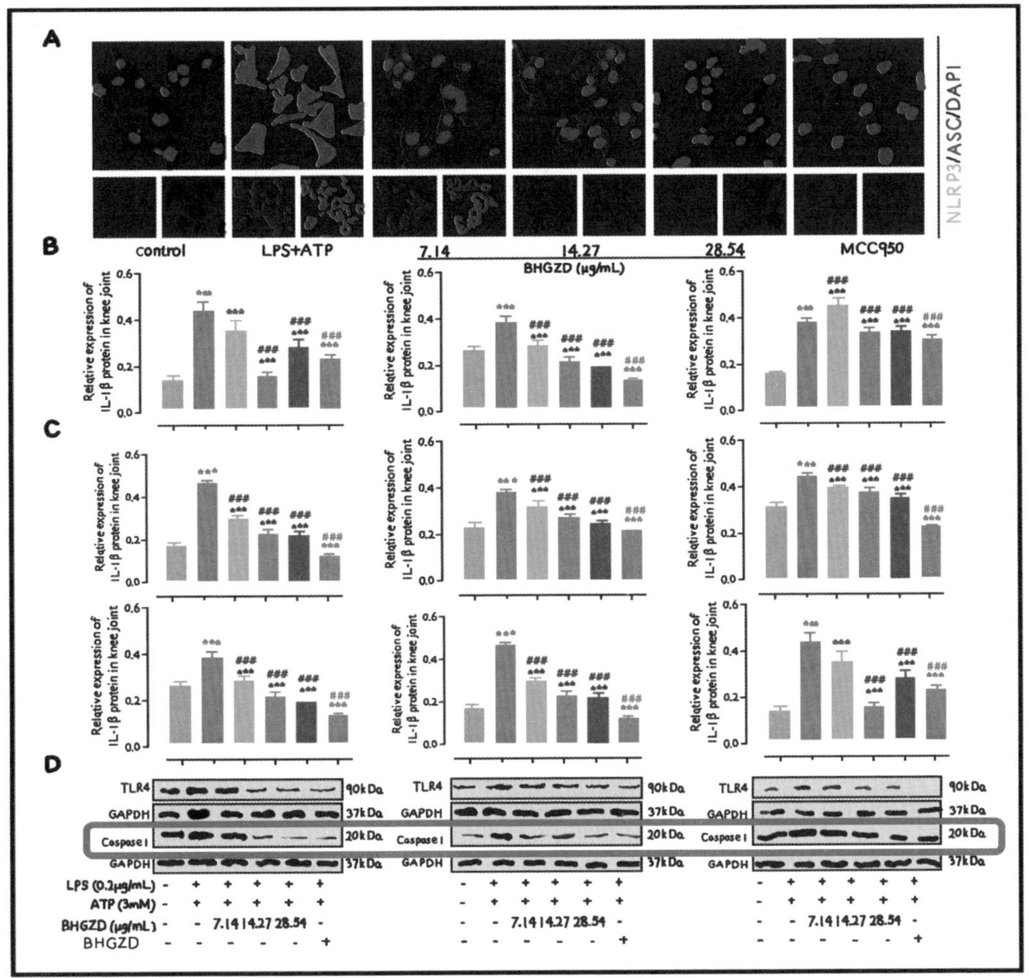

最后形成了这么一个药物抑制类风湿性关节炎的大致示意图：

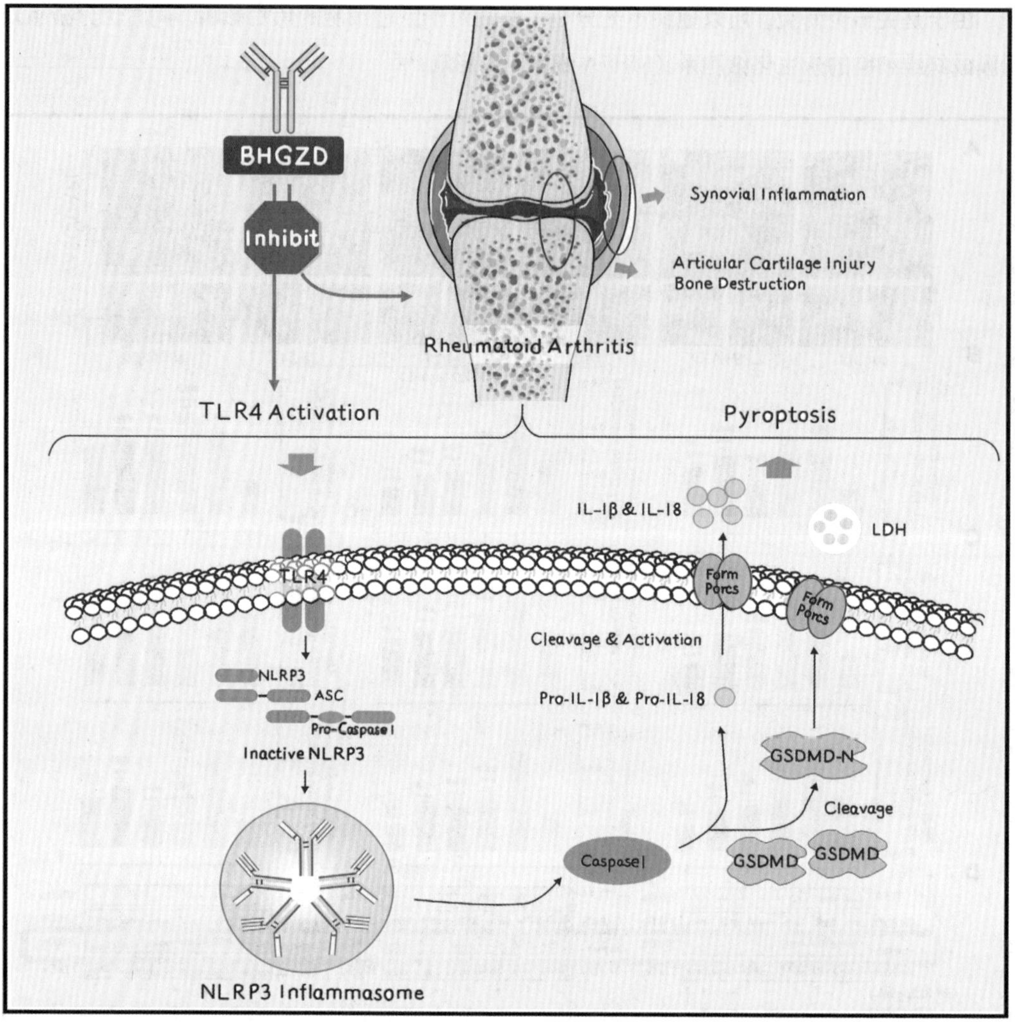

只能说验证的药物虽然有效，但机制研究极尽糊弄了。为什么呢？因为这个图：

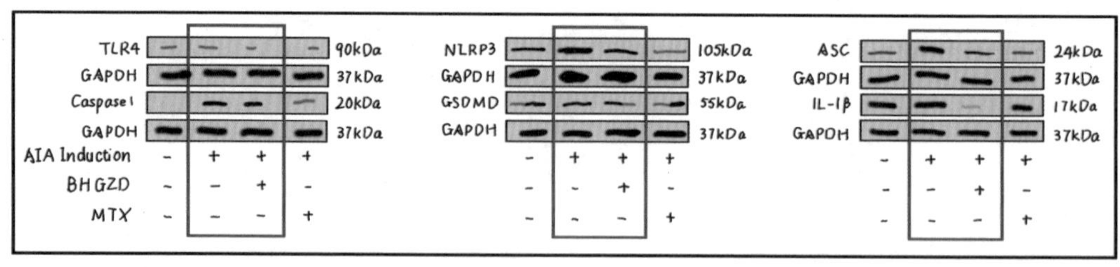

在这里加药后，明显抑制的是TLR4，NLRP3，ASC的表达，也就是说可能完全不是通过TLR4介导到NLRP3引起的焦亡，可能对于抑制是各管各的……加NLRP3抑制剂，当然能抑制焦亡咯（这种肯定后件的逻辑谬误，就不赘述了），可药物的机制可能和示意图没多大关系。

比如在KEGG上激活NLRP3-ASC-Caspase1复合体的是MLKL：

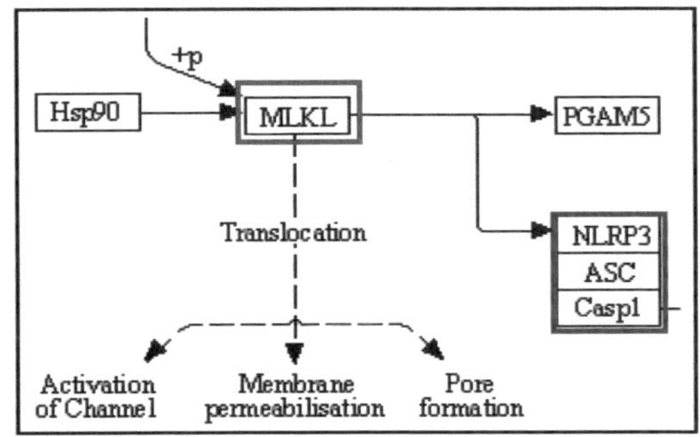

为了明确是不是MLKL通过蛋白表达稳定性激活NLRP3-ASC-Caspase1复合体，夏老师还去查了一下11.202分的*PNAS*。

Proc Natl Acad Sci U S A

Active MLKL triggers the NLRP3 inflammasome in a cell-intrinsic manner

Abstract

Necroptosis is a physiological cell suicide mechanism initiated by receptor-interacting protein kinase-3 (RIPK3) phosphorylation of mixed-lineage kinase domain-like protein (MLKL), which results in disruption of the plasma membrane. Necroptotic cell lysis, and resultant release of proinflammatory mediators, is thought to cause inflammation in necroptotic disease models. However, we previously showed that MLKL signaling can also promote inflammation by activating the nucleotide-binding oligomerization domain (NOD)-like receptor protein 3 (NLRP3) inflammasome to recruit the adaptor protein apoptosis-associated speck-like protein containing a caspase activation and recruitment domain (ASC) and trigger caspase-1 processing of the proinflammatory cytokine IL-1β. Here, we provide evidence that MLKL-induced activation of NLRP3 requires (i) the death effector four-helical bundle of MLKL, (ii) oligomerization and association of MLKL with cellular membranes, and (iii) a reduction in intracellular potassium concentration. Although genetic or pharmacological targeting of NLRP3 or caspase-1 prevented MLKL-induced IL-1β secretion, they did not prevent necroptotic cell death. Gasdermin D (GSDMD), the pore-forming caspase-1 substrate required for efficient NLRP3-triggered pyroptosis and IL-1β release, was not essential for MLKL-dependent death or IL-1β secretion. Imaging of MLKL-dependent ASC speck formation demonstrated that necroptotic stimuli activate NLRP3 cell-intrinsically, indicating that MLKL-induced NLRP3 inflammasome formation and IL-1β cleavage occur before cell lysis. Furthermore, we show that necroptotic activation of NLRP3, but not necroptotic cell death alone, is necessary for the activation of NF-κB in healthy bystander cells. Collectively, these results demonstrate the potential importance of NLRP3 inflammasome activity as a driving force for inflammation in MLKL-dependent diseases.

人家的研究结果差不多是：MLKL泵出钾离子，导致NLRP3-ASC-Caspase1复合体聚合，才引起的焦亡。

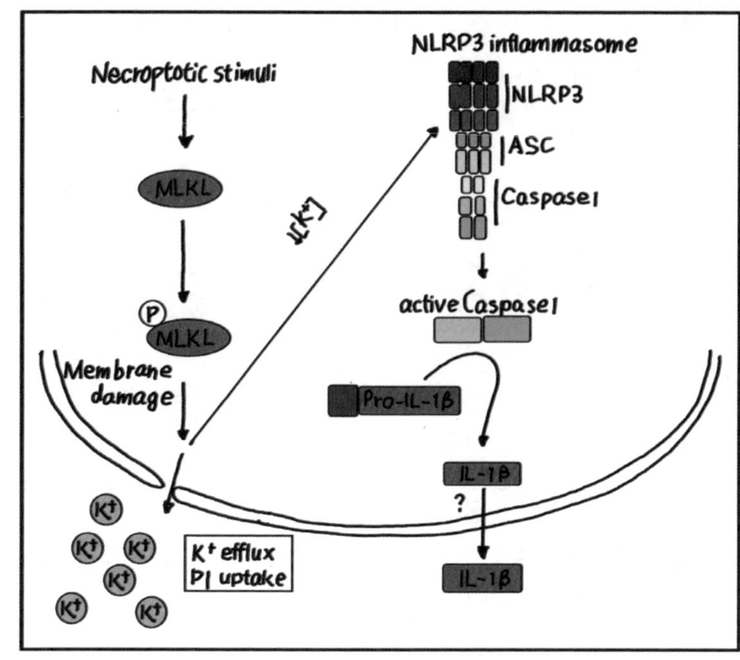

既然和蛋白表达没啥关系，那机制可能就完全不一样了……看到这里，不知道你们理解了多少。要看这篇文献的话，就自己去PubMed上搜一下。好了，就给你们讲到这里吧，祝你们心明眼亮。

这样6.922分SCI文章里的焦亡，差不多就是把焦亡作为一种表型

我们继续来看看焦亡的文献讲了些什么，就从这篇6.922分的*Journal of Inflammation Research*文章开始吧：

Journal of Inflammation Research

Ginsenoside Rg1 Inhibits Microglia Pyroptosis Induced by Lipopolysaccharide Through Regulating STAT3 Signaling

这篇文章其实做得很简单，焦亡在这里可以理解为是一种表型。首先是人参皂苷Rg1能抑制LPS诱导的胶质细胞坏死性凋亡：

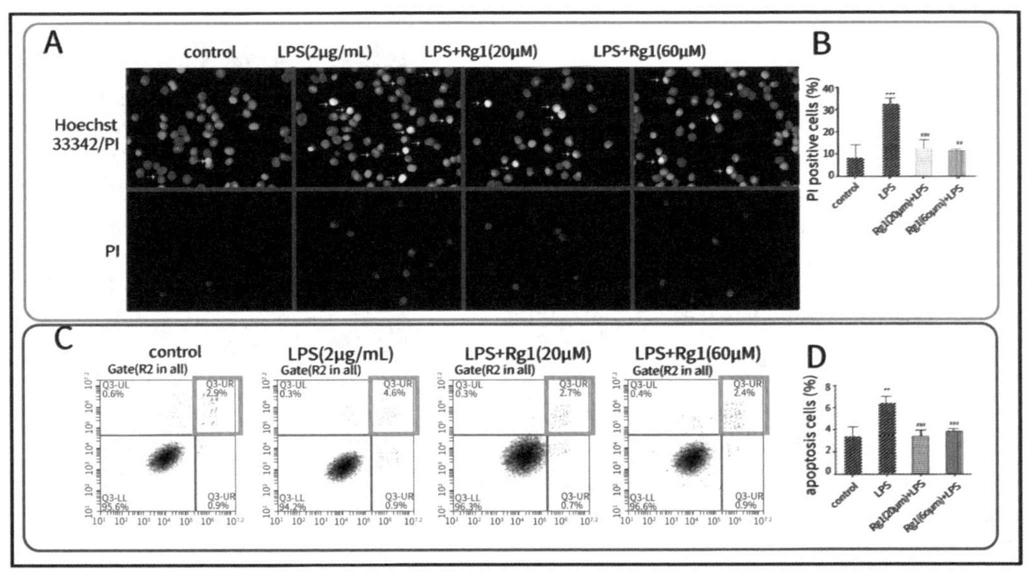

这里他们用Hoechst33342/PI来分析细胞死亡的情况（上图绿框），然后用流式分析具体的坏死性凋亡的细胞量（上图蓝框）——还记得前面讲的用染色来区分凋亡和坏死性凋亡/焦亡吗——通过染色（上图玫红框）获得坏死性凋亡和焦亡细胞的变化量。凋亡的细胞在哪个象限，不用我再提了吧？

确定了细胞死亡的方式是坏死性凋亡或者焦亡，他们就分析了具体的焦亡相关蛋白，也就是分析Caspase1，IL-1β，GSDMD的剪切（下图红框）：

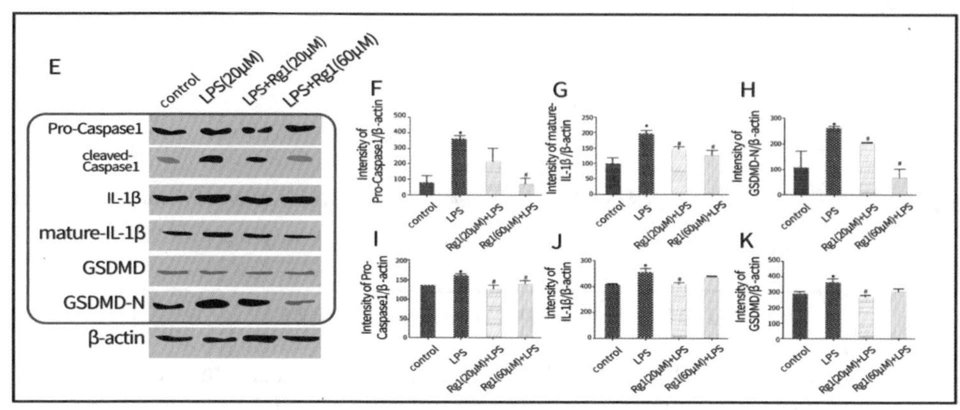

通过荧光共定位，分析了胶质细胞中NLRP3的表达，以及使用Rg1后炎性小体的形成变化：

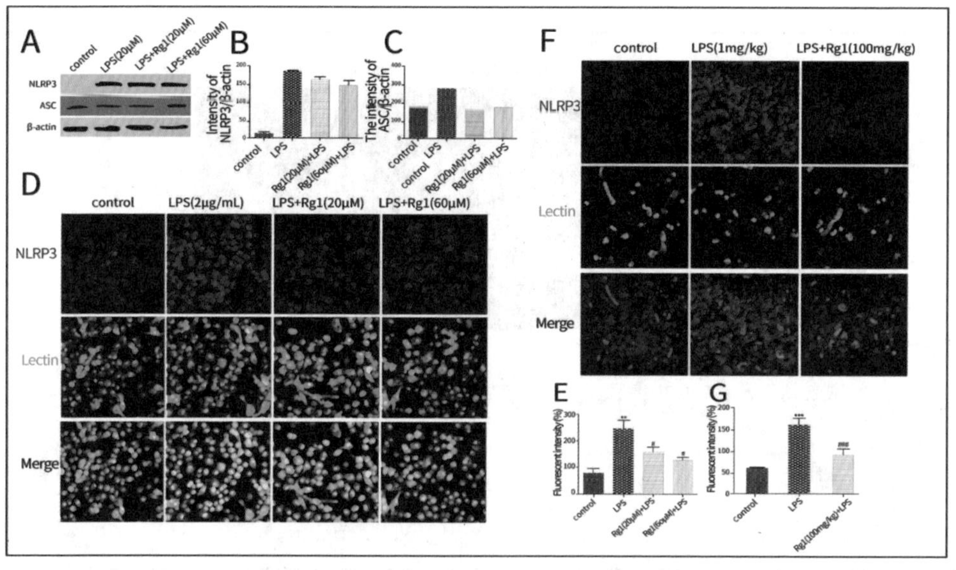

既然是Rg1对炎性小体产生了一定的作用，那Rg1的具体作用蛋白就需要用网络药理学来分析一下了。他们用SwissTarget来做的Docking，也就是分子对接：

Ginsenoside Rg1 Inhibited the Phosphorylation of STAT3 Induced by LPS in Activated Microglia

The targets of Rg1 were predicted by Swiss target prediction database (http://www.swisstargetprediction.ch/). According to the screening thresholds of probability score (≥0.02), 17 hub-targets (STAT3, IL-2, PTAFR, VEGFA, FGF1, FGF2, HPSE, ATP1A1, TYMS, PSEN2, TACR2, HSP90AA1, IGF1R, LGALS4, LGALS3, LGALS8, OPRD1) were selected. The protein–protein interaction (PPI) network of the 17 targets was acquired from the String database (https://string-db.org/). Resultant data were introduced into Cytoscape (v3.2.1) to construct the target-PPI network of Rg1's 17 targets (Figure 3A). Among them, STAT3 obtained the highest probability score, 0.08.

人参皂苷Rg1这个分子是这样的：

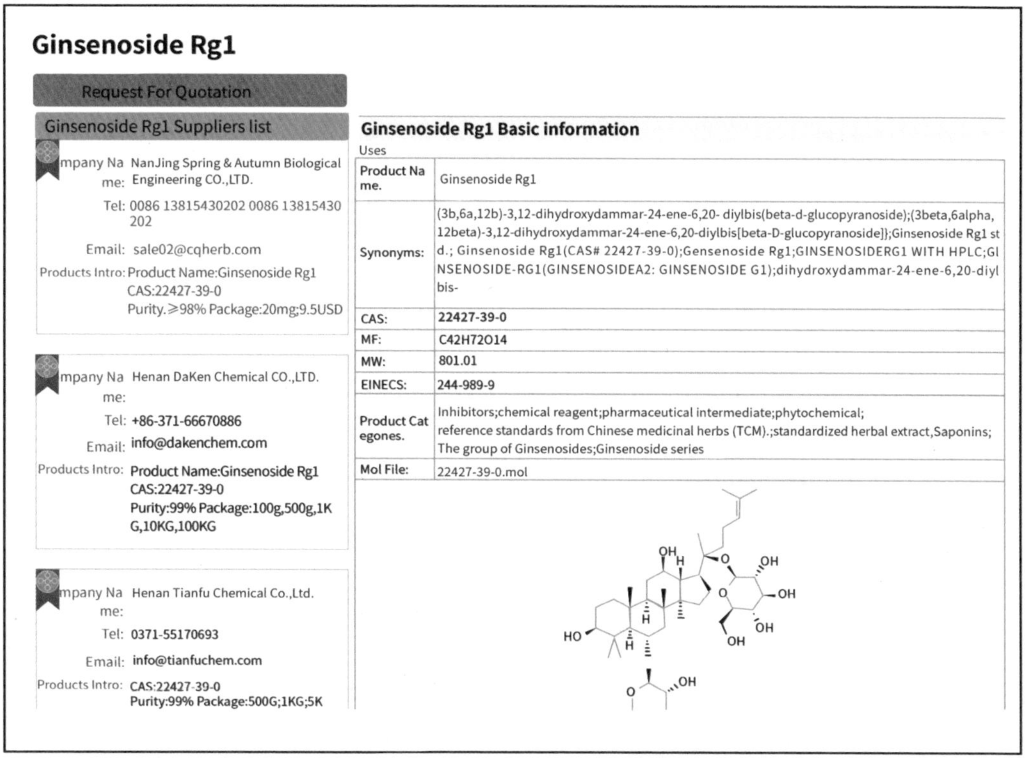

Ginsenoside Rg1

Request For Quotation

Ginsenoside Rg1 Suppliers list

Company Name: NanJing Spring & Autumn Biological Engineering CO.,LTD.
Tel: 0086 13815430202 0086 13815430202
Email: sale02@cqherb.com
Products Intro: Product Name:Ginsenoside Rg1
CAS:22427-39-0
Purity.≥98% Package:20mg;9.5USD

Company Name: Henan DaKen Chemical CO.,LTD.
Tel: +86-371-66670886
Email: info@dakenchem.com
Products Intro: Product Name:Ginsenoside Rg1
CAS:22427-39-0
Purity:99% Package:100g,500g,1KG,10KG,100KG

Company Name: Henan Tianfu Chemical Co.,Ltd.
Tel: 0371-55170693
Email: info@tianfuchem.com
Products Intro: CAS:22427-39-0
Purity:99% Package:500G;1KG;5K

Ginsenoside Rg1 Basic information

Uses

Product Name:	Ginsenoside Rg1
Synonyms:	(3b,6a,12b)-3,12-dihydroxydammar-24-ene-6,20- diylbis(beta-d-glucopyranoside);(3beta,6alpha,12beta)-3,12-dihydroxydammar-24-ene-6,20-diylbis[beta-D-glucopyranoside]};Ginsenoside Rg1 std.; Ginsenoside Rg1(CAS# 22427-39-0);Gensenoside Rg1;GINSENOSIDERG1 WITH HPLC;GINSENOSIDE-RG1(GINSENOSIDEA2: GINSENOSIDE G1);dihydroxydammar-24-ene-6,20-diylbis-
CAS:	22427-39-0
MF:	C42H72O14
MW:	801.01
EINECS:	244-989-9
Product Categories:	Inhibitors;chemical reagent;pharmaceutical intermediate;phytochemical; reference standards from Chinese medicinal herbs (TCM).;standardized herbal extract,Saponins; The group of Ginsenosides;Ginsenoside series
Mol File:	22427-39-0.mol

OH H O OH OH O HO H H OH OH O OH

想看看他们做的结果是怎么回事，但又没有合适的SMILES文件，所以我就自己画了一遍……

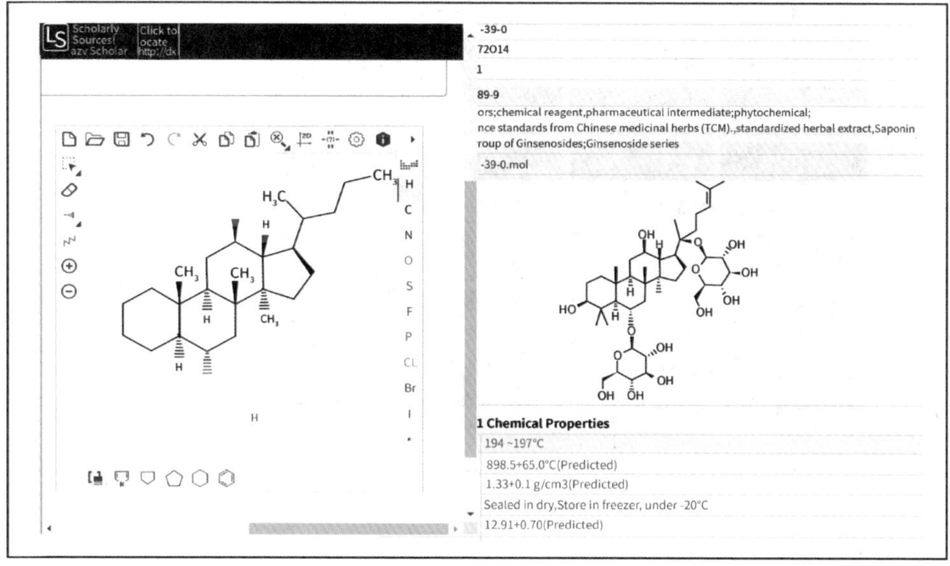

可因为最后形成的SMILES文件字符数超标，就没做出来：

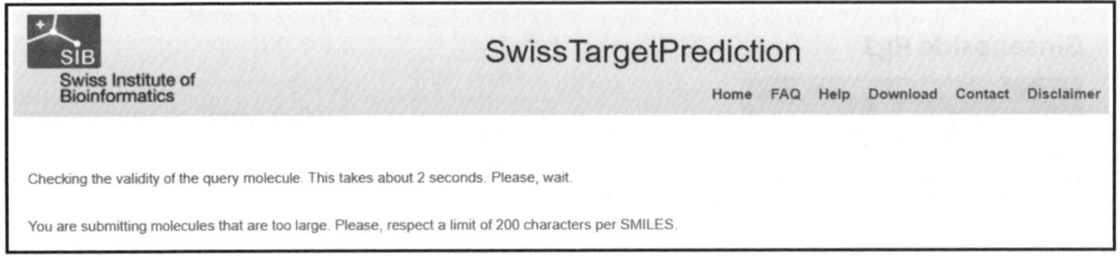

不管了，他们分析结果就是STAT3，将就看吧。这里Rg1能抑制STAT3磷酸化，也就是抑制其激活：

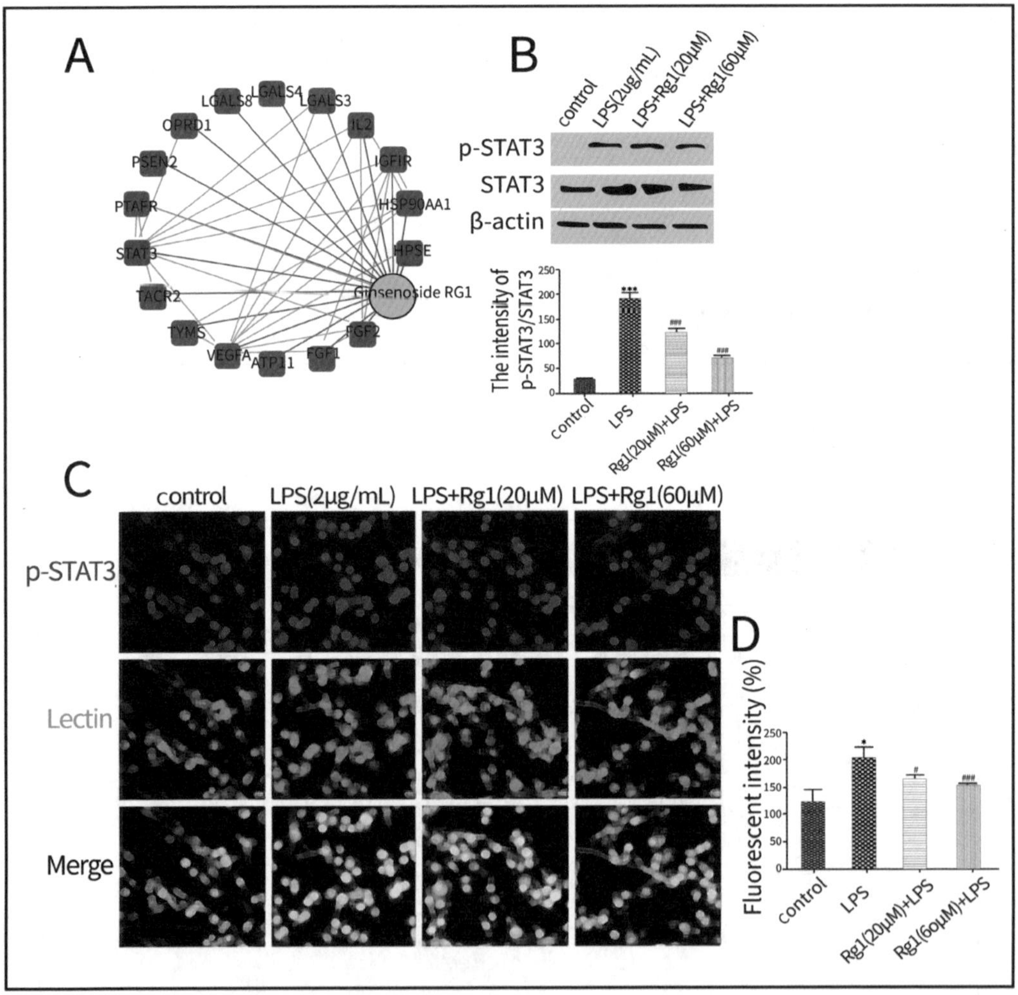

STAT3想必你们也不记得了，就是JAK/STAT信号通路中的，STAT3是磷酸化后二聚入核调控转录的：

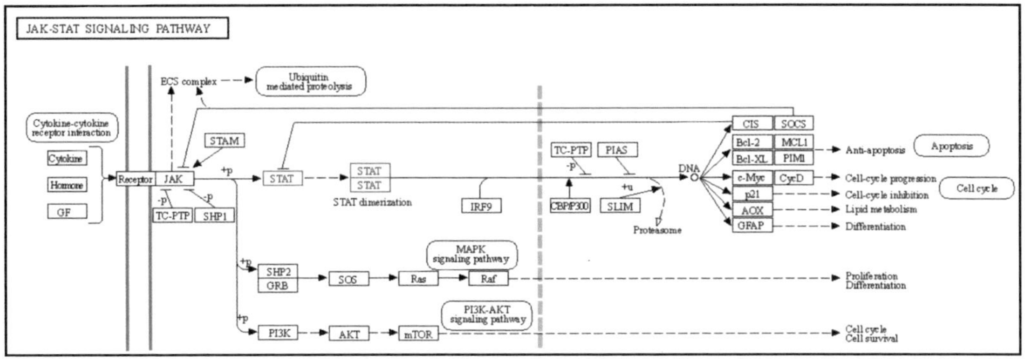

而坏死性凋亡和焦亡过程中也是有STAT3参与的：

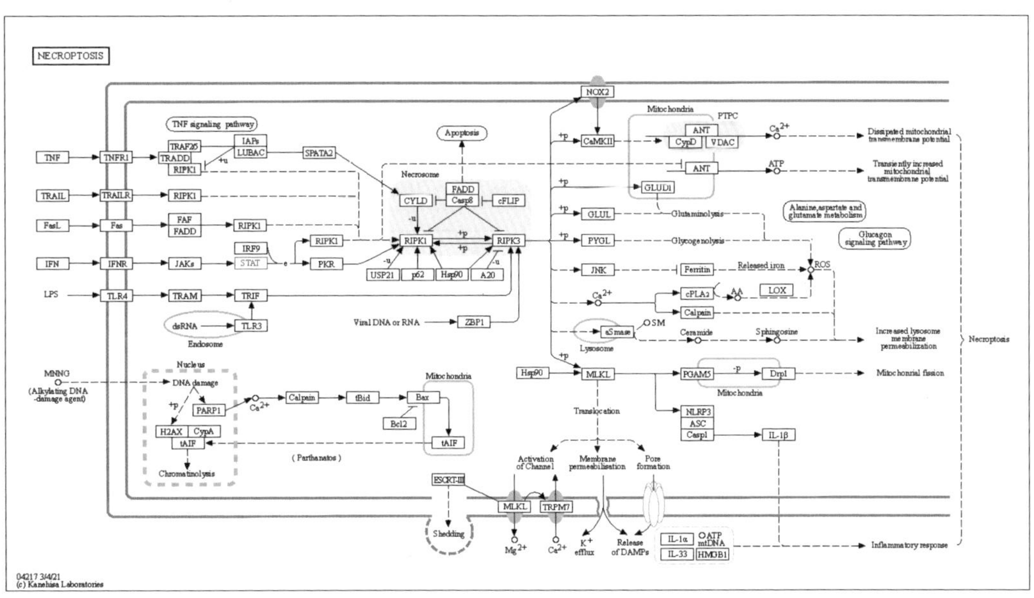

当然，他们也分析了一下STAT3调控的下游基因有哪些。由于Rg1是抑制STAT3磷酸化的，所以他们做了Rg1加药后，用IL-6（STAT3激活剂）处理，看表型回复，验证得知是Rg1通过STAT信号调控凋亡的：

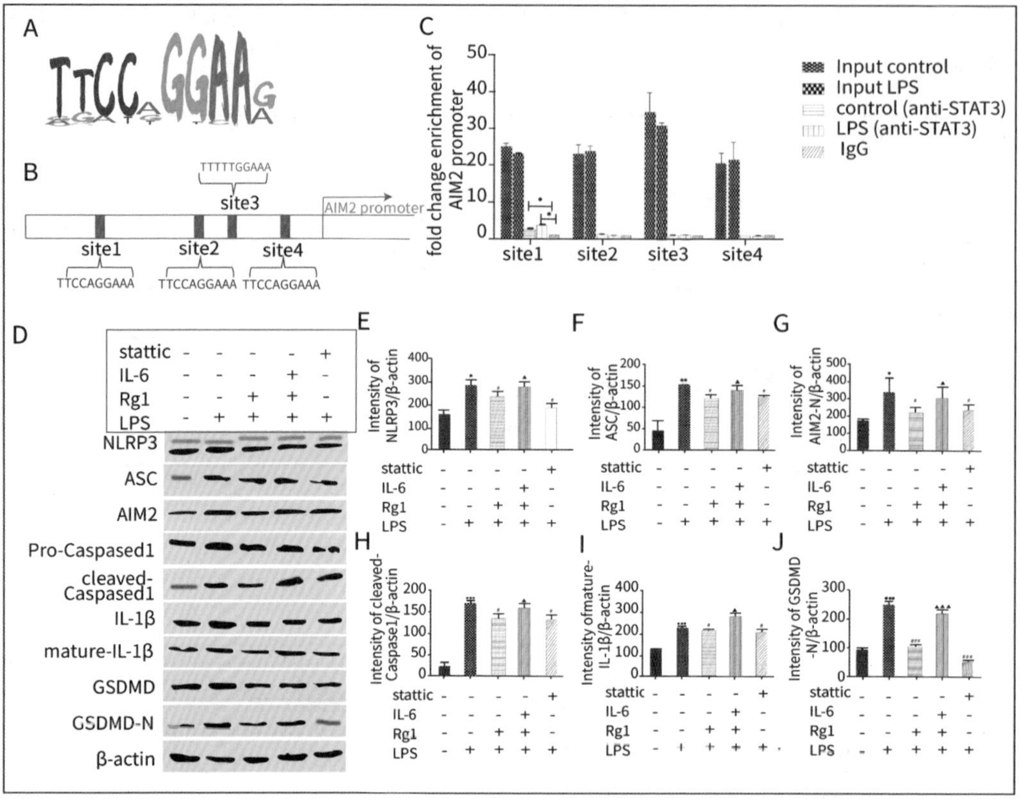

最后就形成了这么一张示意图：

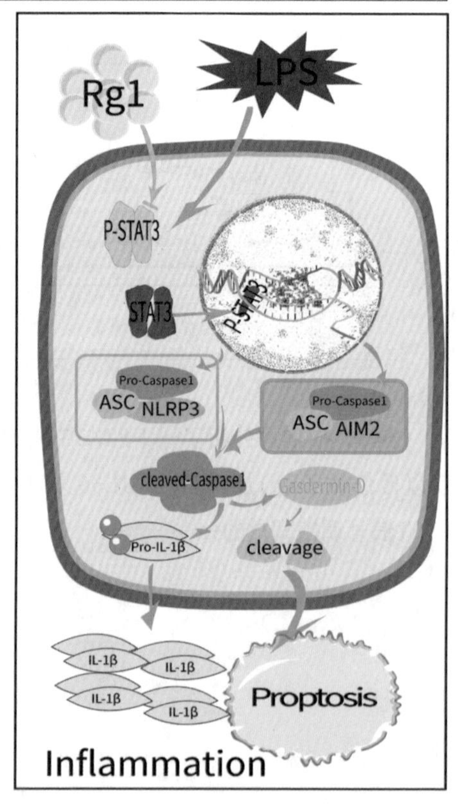

差这篇文章看看就行了，由于他们把焦亡作为表型，所以并没有太多实质性的机制研究在里面，内容还是很空的，机制上，STAT3的验证也比较浅，并不是特别严谨的论证。有兴趣就看看吧，要看这篇文献的话，可以自己去PubMed上搜一下。好了，先给你们讲到这里吧，祝你们心明眼亮。

用这篇11.202分的*PNAS*来告诉你那篇6.922分的文章怎么做才能更严谨些

上一节讲了一篇6.922分的焦亡相关文献，当然，并不是想让大家都去学这篇文章的思路。焦亡作为表型，只是焦亡研究的一个比较基础的层次，但也不是一无可取，起码这篇文章的开局是好的，首先确定了药物对细胞死亡的影响（下图蓝框），然后用流式染色分析确定了是坏死性凋亡/焦亡，而不是细胞凋亡（下图绿框），染色分析的象限之前也给你们讲过了：

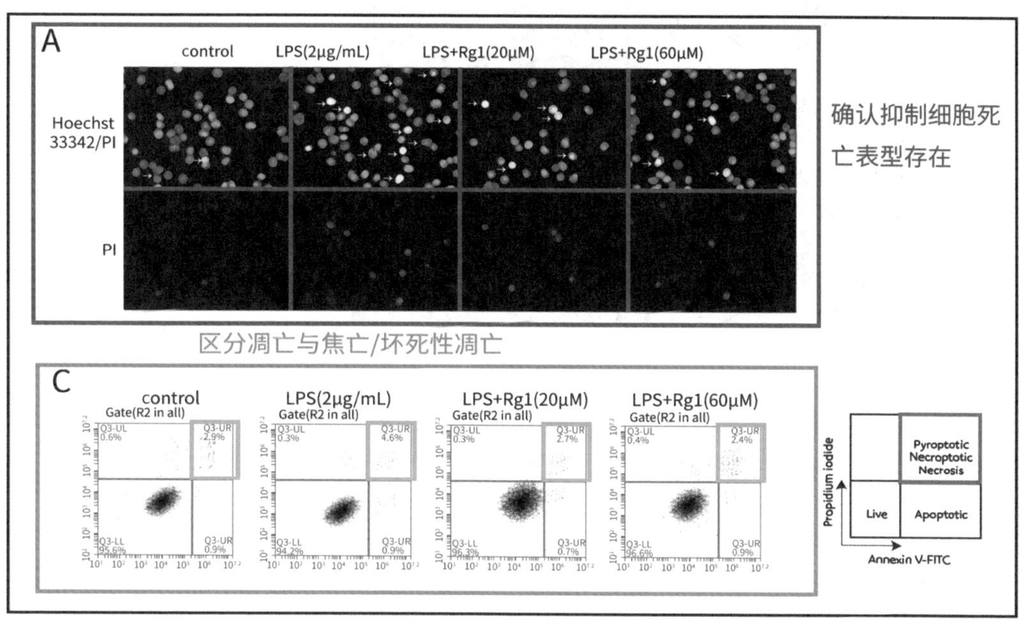

接着是用凋亡相关的蛋白的剪切来最终确定药物影响的细胞死亡是焦亡：

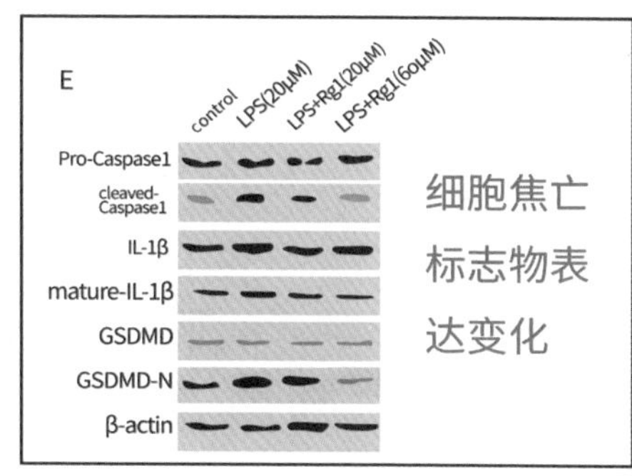

通过这几个步骤分析出细胞焦亡的表型，其实算是比较有层次了。接着他们分析的是化合物对于炎性小体的募集：

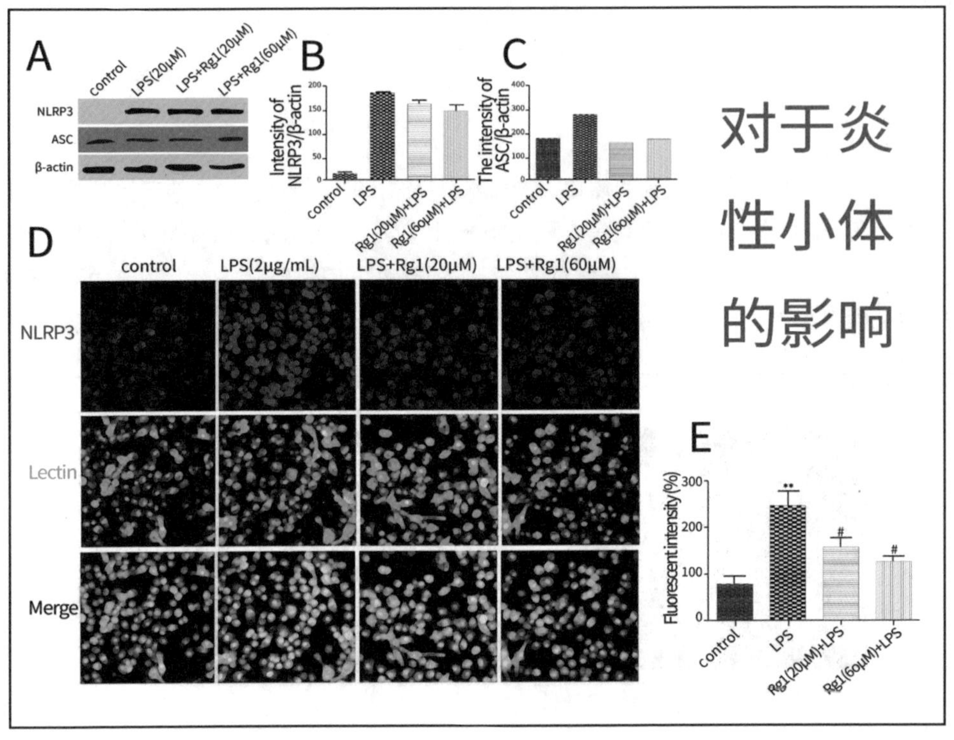

因为焦亡的经典途径是炎性小体造成的，当然这个也只是常规操作，而且和最后他们研究的机制并不是特别有联系。

机制的研究是通过Docking分析获得，并用实验验证的：

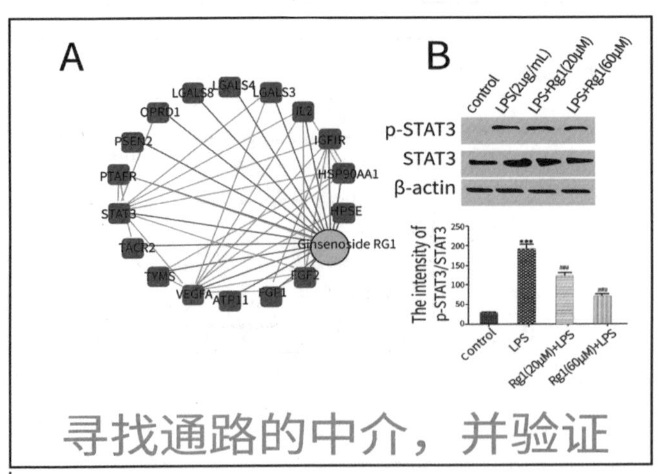

有人说Docking准确性有限，实际上预测本身就是有风险的，后期还是要通过实验进行验证。不能说完全没用，只能说指导性有限（全凭运气）。

他们找到的是STAT3，大家要是熟悉《信号通路是什么“鬼”？》第一季里的JAK/STAT信号通路的话，就应该明白这个转录调节因子的作用。作者也熟悉，所以他们分析了STAT3的靶基因，从靶基因中找出了*AIM2*：

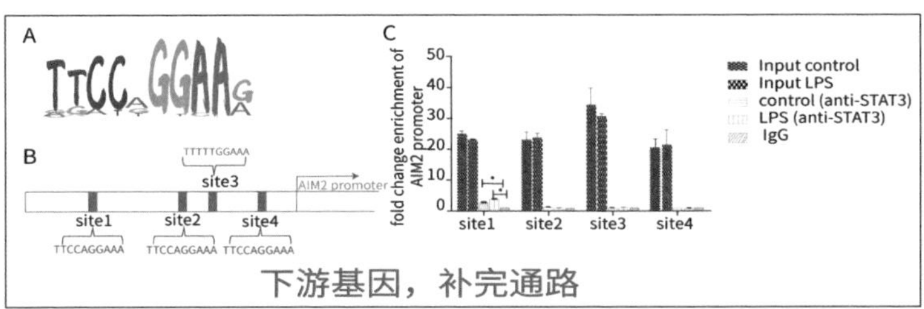

下游基因，补完通路

之前给大家讲NOD样受体信号通路的时候，曾经讲过AIM2，就不赘述了。其实AIM2的复合体和炎性小体差不多，也是对Pro-Caspase1进行剪切：

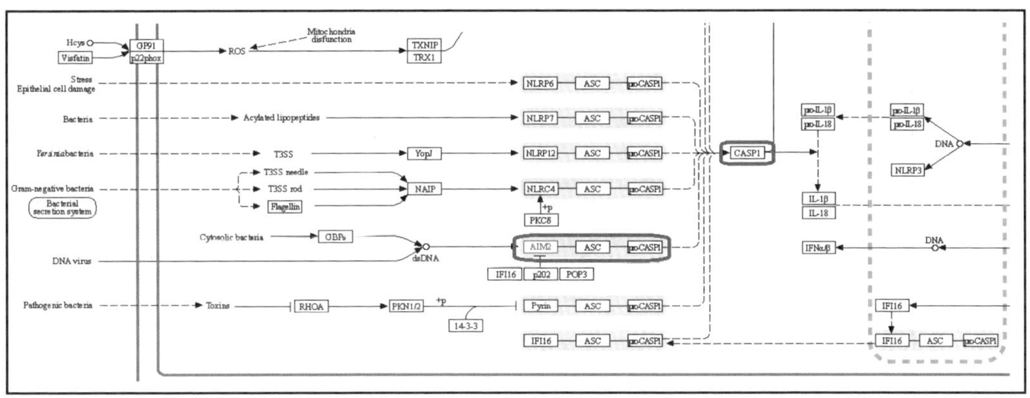

当然成熟的Caspase1会通过对IL-1β和GSDMD的剪切实现细胞焦亡，但这里他们用的是加药后，用STAT3的激活剂IL-6进行处理，做了个简单的回复实验：

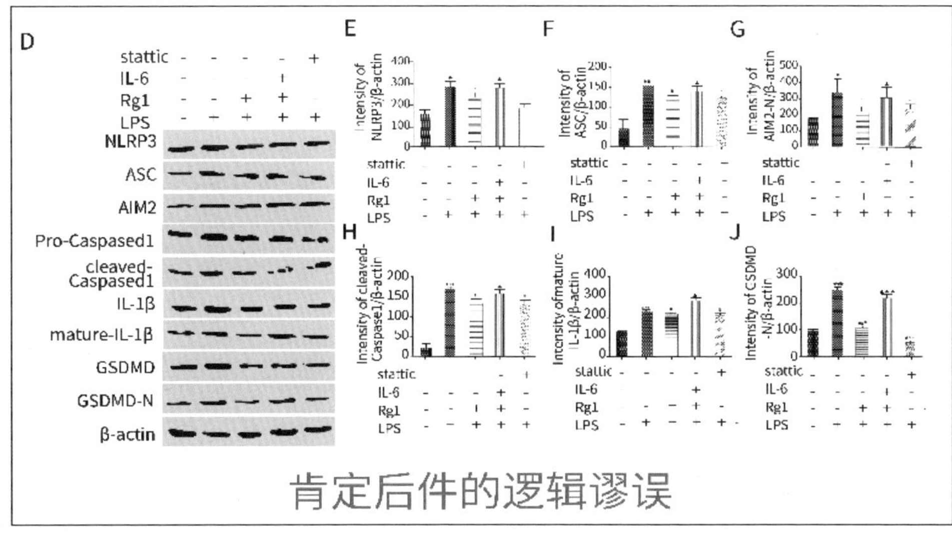

肯定后件的逻辑谬误

大家应该都清楚，这里犯的逻辑错误就是充分条件假言命题的肯定后件。这个命题是：如果Rg1是通过抑制STAT3抑制焦亡的（前件），那么促进STAT3就能促进焦亡（后件），现在促进STAT3就能促进焦亡（肯定后件），那么Rg1是通过抑制STAT3抑制焦亡的（肯定后件的逻辑谬误）。

毕竟STAT3不是Rg1的唯一调控对象，IL-6也不是STAT3唯一的特异性激活剂：

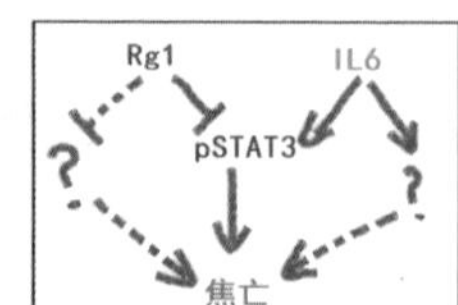

打开KEGG看看IL-6，就会发现，画风差不多是这样：

KEGG 矫形器：K05405

入口	K05405	KO
象征	IL6	
名称	白细胞介素6	
途径	地图01521	EGFR酪氨酸激酶抑制剂耐药
	地图01523	抗叶酸
	地图04060	细胞因子-细胞因子受体相互作用
	地图04061	病毒蛋白与细胞因子和细胞因子受体的相互作用
	地图04066	HIF-1信号通路
	地图04068	FoxO信号通路
	地图04151	PI3K-Akt 信号通路
	地图04218	细胞衰老
	地图04620	Toll样受体信号通路
	地图04621	NOD样受体信号通路
	地图04623	胞质 DNA 感应通路
	地图04625	C型凝集素受体信号通路
	地图04630	JAK-STAT信号通路
	地图04640	造血细胞谱系
	地图04657	IL-17 信号通路
	地图04659	Th17细胞分化
	地图04668	TNF信号通路
	地图04672	用于产生 IgA 的肠道免疫网络
	地图04931	胰岛素抵抗
	地图04932	非酒精性脂肪肝
	地图04933	糖尿病并发症中的AGE-RAGE信号通路
	地图04936	酒精性肝病
	地图05010	阿尔茨海默病
	地图05020	朊病毒病
	地图05022	神经退行性疾病的途径 - 多种疾病
	地图05130	致病性大肠杆菌感染
	地图05132	沙门氏菌感染
	地图05133	百日咳
	地图05134	军团菌病
	地图05135	耶尔森氏菌感染
	地图05142	恰加斯病
	地图05143	非洲锥虫病
	地图05144	疟疾

甚至还能激活PI3K/AKT信号通路：

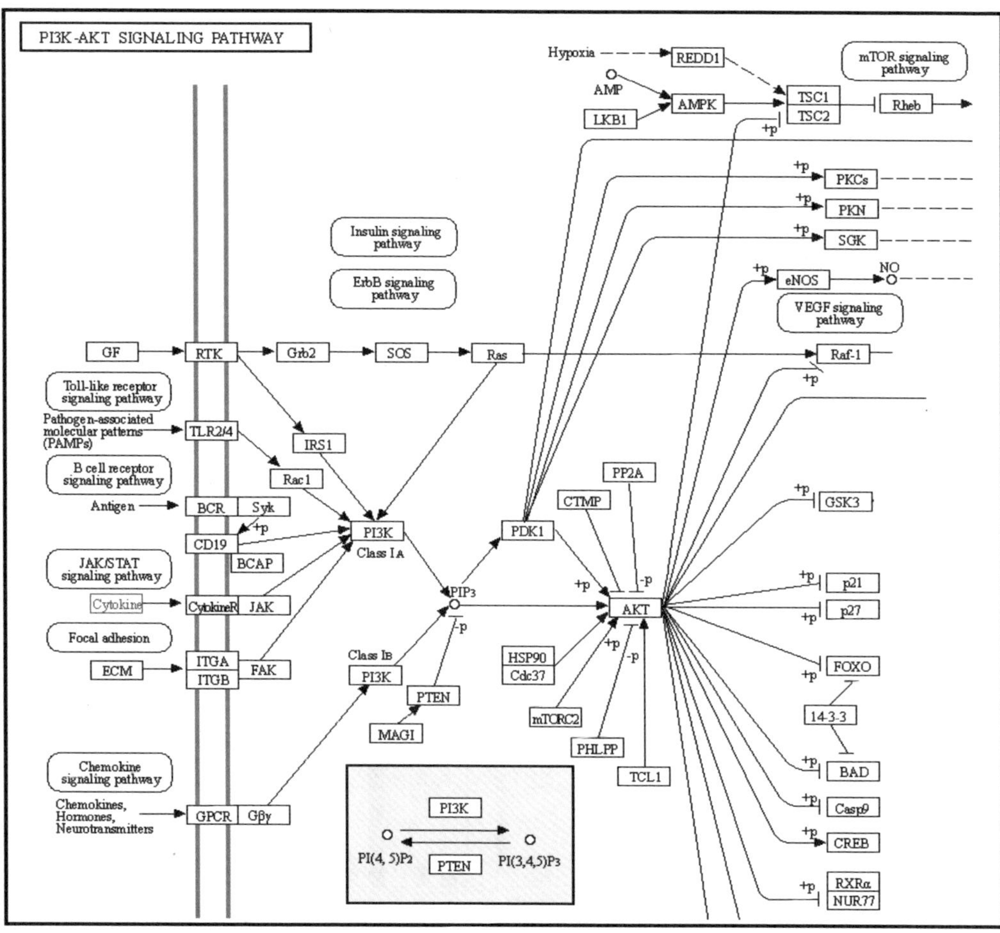

那这样的化合物对于基因的调控应该怎么做呢？夏老师就随便给你们找了篇11.205分的*PNAS*：

Proc Natl Acad Sci U S A

STING Inhibitors Target the Cyclic Dinucleotide Binding Pocket

Abstract

Cytosolic DNA activates cGAS (cytosolic DNA sensor cyclic AMP-GMP synthase)-STING (stimulator of interferon genes) signaling, which triggers interferon and inflammatory responses that help defend against microbial infection and cancer. However, aberrant cytosolic self-DNA in Aicardi-Goutière's syndrome and constituently active gain-of-function mutations in STING in STING-associated vasculopathy with onset in infancy (SAVI) patients lead to excessive type I interferons and proinflammatory cytokines, which cause difficult-to-treat and sometimes fatal autoimmune disease. Here, in silico docking identified a potent STING antagonist SN-011 that binds with higher affinity to the cyclic dinucleotide (CDN)-binding pocket of STING than endogenous 2'3'-cGAMP. SN-011 locks STING in an open inactive conformation, which inhibits interferon and inflammatory cytokine induction activated by 2'3'-cGAMP, herpes simplex virus type 1 infection, Trex1 deficiency, overexpression of cGAS-STING, or SAVI STING mutants. In Trex1-/- mice, SN-011 was well tolerated, strongly inhibited hallmarks of inflammation and autoimmunity disease, and prevented death. Thus, a specific STING inhibitor that binds to the STING CDN-binding pocket is a promising lead compound for STING-driven disease.

人家做完分子对接（Molecular Docking）后，确定了化合物和蛋白的结合位置（下图红框），然后针对结合位点的氨基酸进行突变，然后再查看化合物对于基因功能的影响（下图蓝框）：

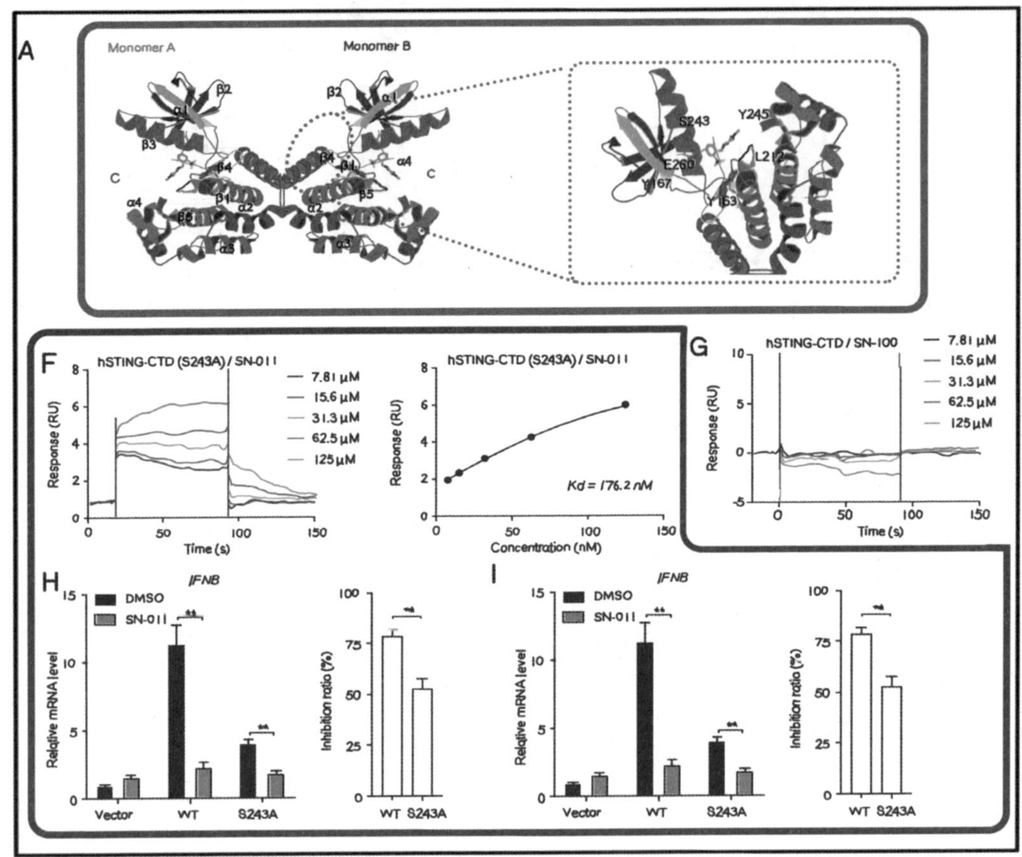

这样化合物和蛋白之间的直接作用，以及作用后产生的功能影响，就直接可以通过实验展示出来了。而对于化合物与基因调控的作用，他们也是通过测序进行的下游筛选，这比用预测来的就更为直接了：

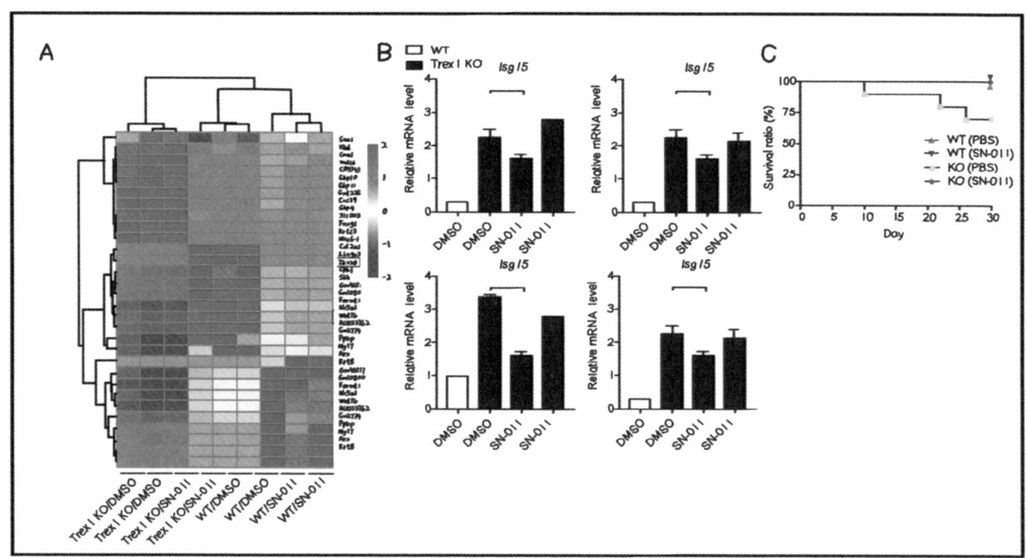

多看看文献，借鉴和反思一下，才能对你们的思路有帮助。好了，要看这篇文献的话，可以自己去PubMed上搜一下。先给你们讲到这里吧，祝你们心明眼亮。

这篇11.556分的焦亡文章，好像什么都做了，又好像什么都没做

前面带你们看完了6分多焦亡相关文献的现状，接下去，差不多就该看看10多分的了，这篇是发表在11.556分的*Theranostics*上的焦亡相关的文章：

Theranostics

Tumor Suppressor DRD2 Facilitates M1 Macrophages and Restricts NF-κB Signaling to Trigger Pyroptosis in Breast Cancer

本来对11分的文章还是有点儿期待的，但是，看完觉得，做得是东一榔头西一棒……首先他们通过TCGA数据，确定了乳腺癌中一个低表达基因——*DRD2*，并且通过数据的分析发现*DRD2*的DNA甲基化明显增多：

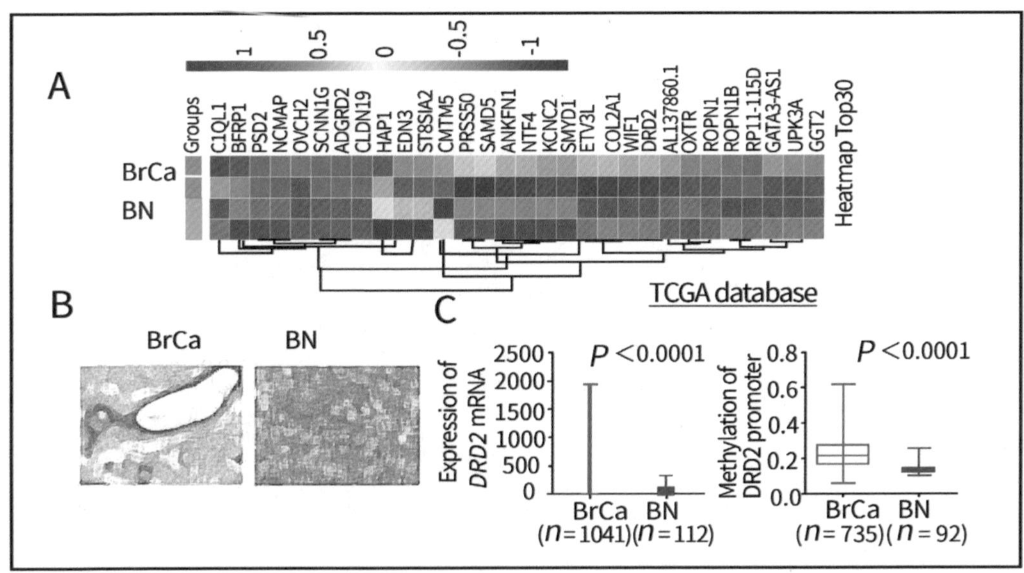

很明显，高表达*DRD2*的患者存活率更高。接着他们筛选出低表达*DRD2*的两个乳腺癌细胞系，用甲基化抑制剂处理，处理后*DRD2*表达明显增高了，用这个来说明是甲基化导致了乳腺癌细胞的*DRD2*低表达：

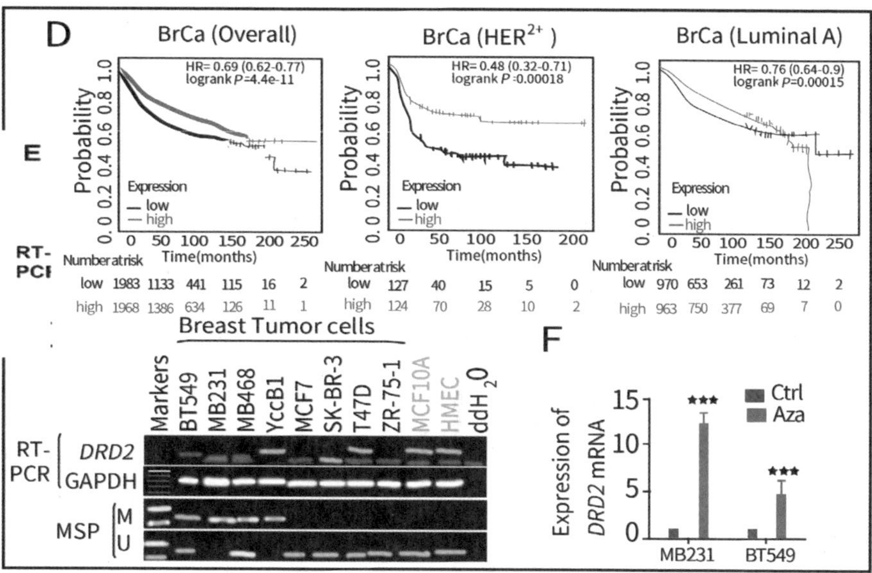

*DRD2*高表达的乳腺癌患者预后好，于是他们做了*DRD2*的功能实验，也就是在乳腺癌细胞系中过表达*DRD2*，然后看表型变化。细胞的增殖和侵袭转移明显下降，也就是说*DRD2*可以作为抑癌基因：

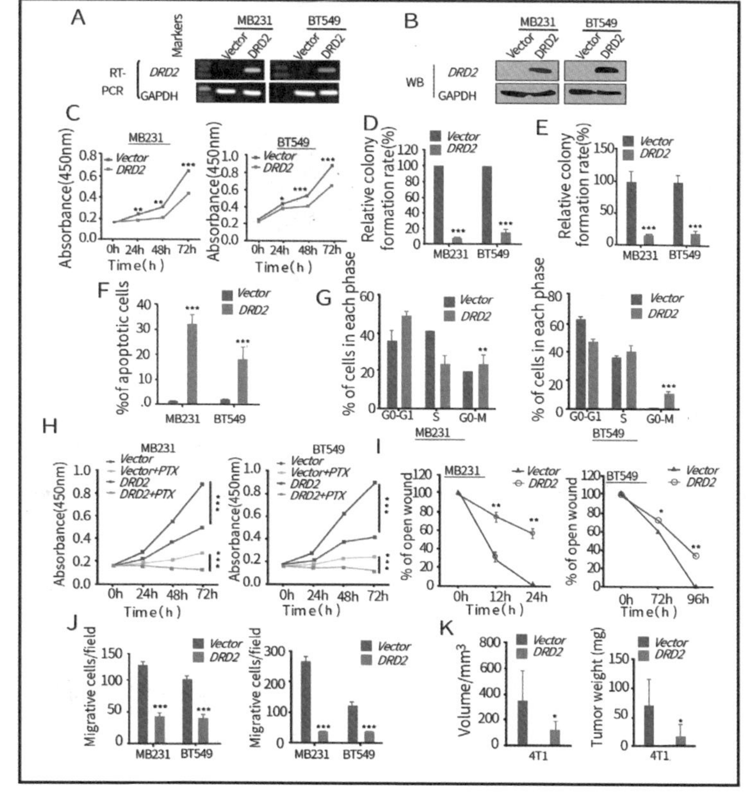

那DRD2的作用机制是啥呢？因为之前报道中有DRD2作为一种膜蛋白会影响肿瘤微环境中巨噬细胞M1极性变化，于是他们用Mφ巨噬细胞进行共培养，发现在乳腺癌细胞系中过表达*DRD2*能引起Mφ巨噬细胞的M1极性变化……

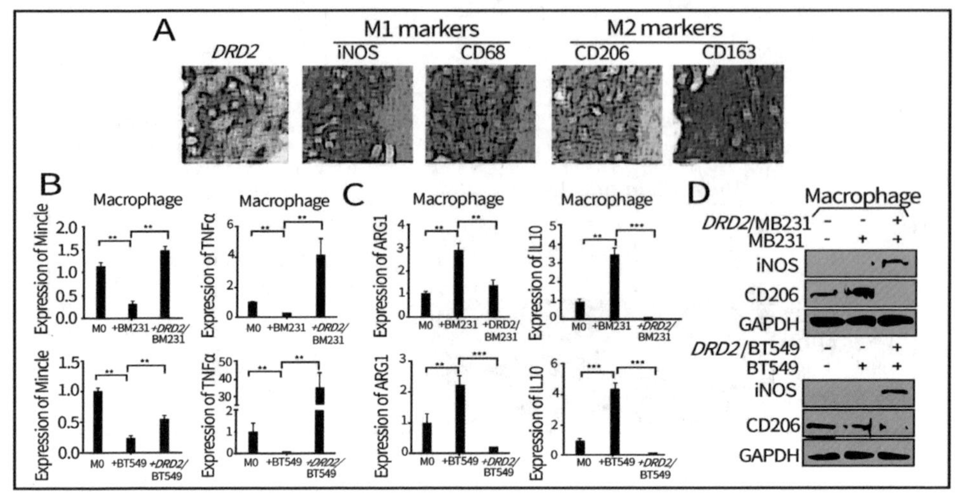

而同时，在乳腺癌*DRD2*过表达后，与Mφ共培养的过程中，乳腺癌细胞死了。于是他们发现这样的共培养还能激活乳腺癌细胞系的MLKL——大家要是还记得的话，就应该知道，这是坏死性凋亡信号通路上的关键分子。而焦亡是坏死性凋亡通路的一个番外……所以他们又做了一些焦亡的分析：

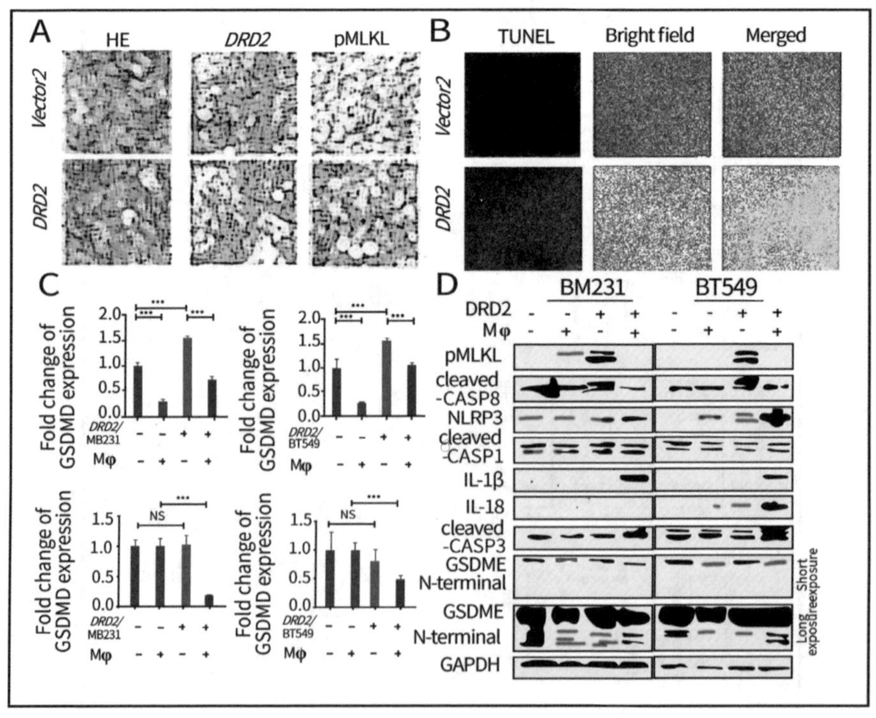

他们也不光分析了焦亡经典的Caspase1，还分析了焦亡非经典的Caspase3/8-GSDME这个途径。

由于焦亡上游还涉及NF-κB信号通路，于是他们又去分析了*DRD2*对于NF-κB信号通路的影响。他们发现*DRD2*过表达和Mφ巨噬细胞共培养还能抑制乳腺癌的p65入核：

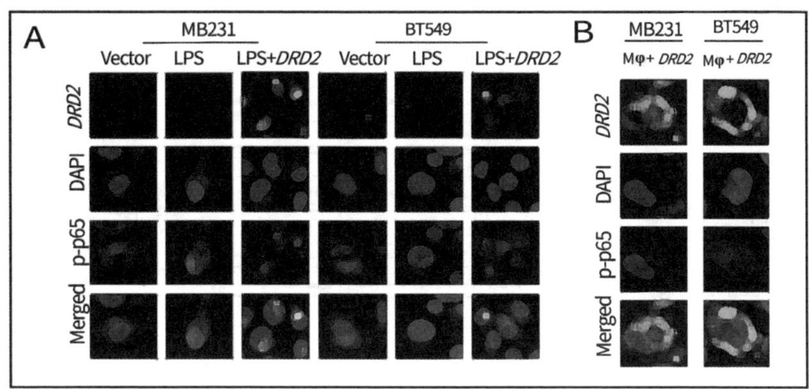

NF-κB信号通路还记得吗？TAK1激活IKK，然后IKK磷酸化IκBα，IκBα磷酸化后降解释放了p65/p50，入核启动下游通路。

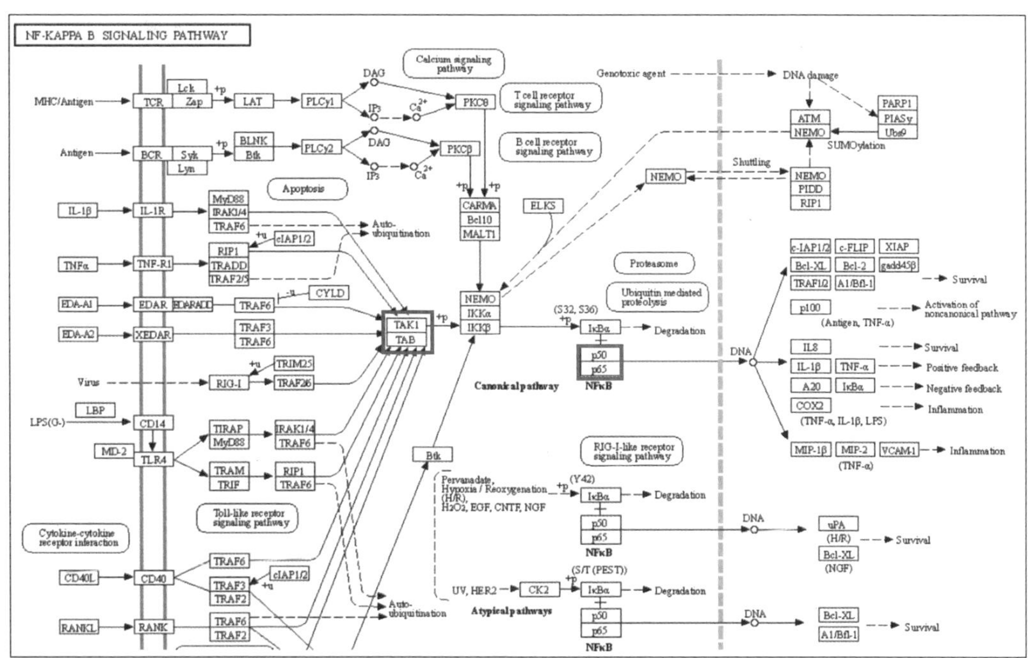

p65入核被*DRD2*抑制了，说明*DRD2*抑制了NF-κB信号通路。那上游还有TAK1，也不能落下，所以他们又分析了过表达*DRD2*的乳腺癌与Mφ巨噬细胞共培养后TAK1的磷酸化情况，发现*DRD2*也能抑制TAK1：

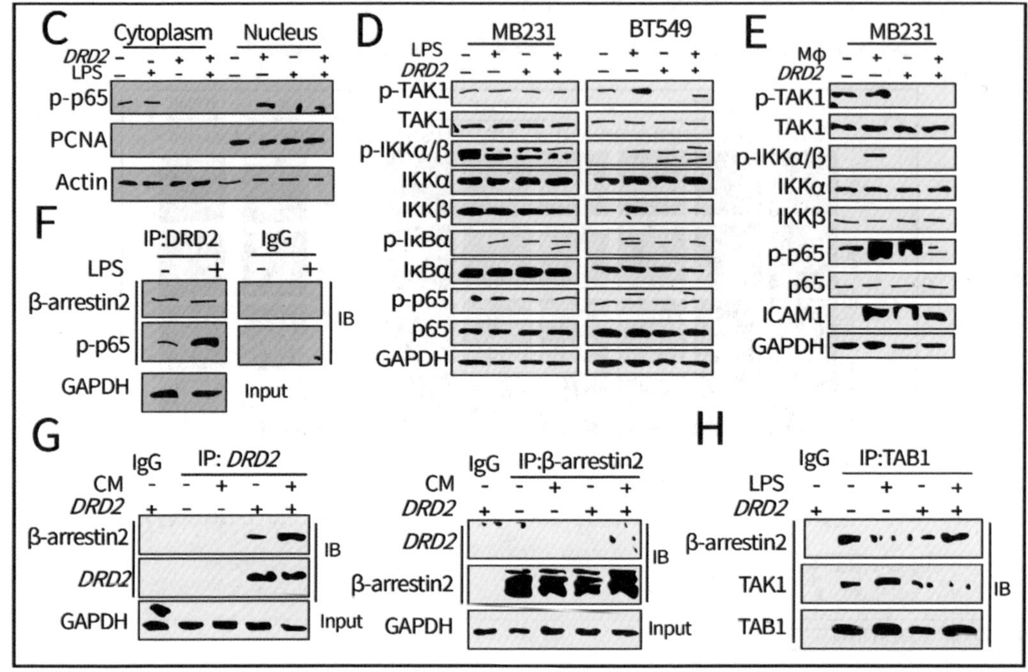

做到这里，这个故事已经被讲晕了，*DRD2*又能这样，又能那样……能抑癌，能调控激活Mφ巨噬细胞，导致其M1极化，极化的M1巨噬细胞还能促进乳腺癌细胞焦亡，*DRD2*还能全方位抑制NF-κB信号通路。

为了确定*DRD2*的具体作用，他们在两个细胞系中把类似Pulldown然后打质谱分析*DRD2*的结合蛋白取了交集：

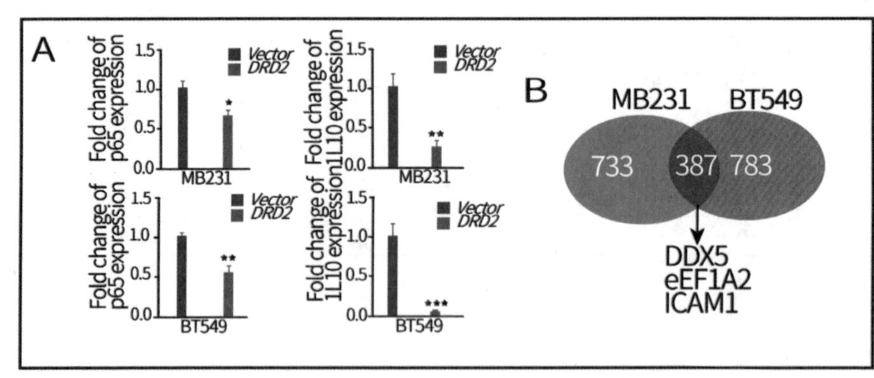

接着用交集中筛选出来的基因和*DRD2*一起处理，分析其对NF-κB信号通路的影响。

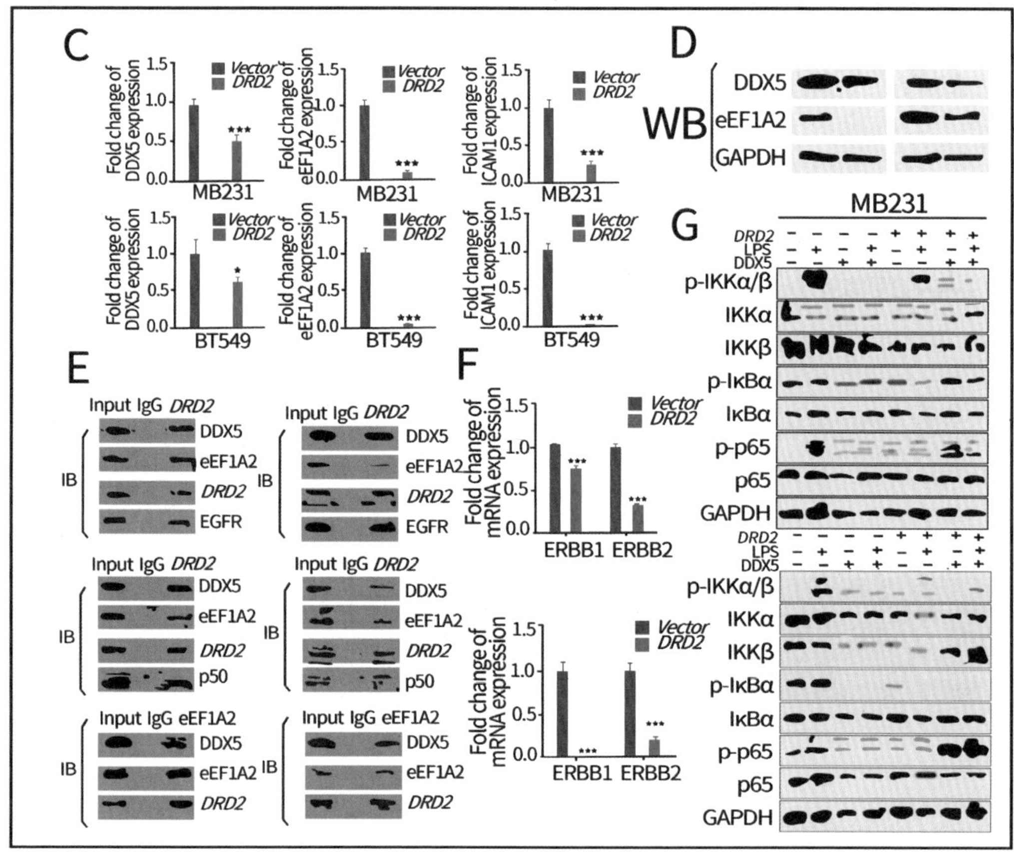

看完感觉自己看了一部史诗大片，但又感觉啥都只看了一点点，*DRD2*什么都做了，但最后关于是什么机制的问题，又感觉什么都没做，就被绕得云里雾里了，真的也是厉害呢！好了，要看这篇文献的话，可以自己去PubMed上搜一下。先给你们讲到这里吧，祝你们心明眼亮。

这都不够“吐槽”的，这篇11.556分的文章到底做了什么东西

上节讲的11.556分的文章，因为内容太多太复杂，只能说他们的工作量是真的大……我们把思路整理一下，再来看看，差不多他们做的就是这些：

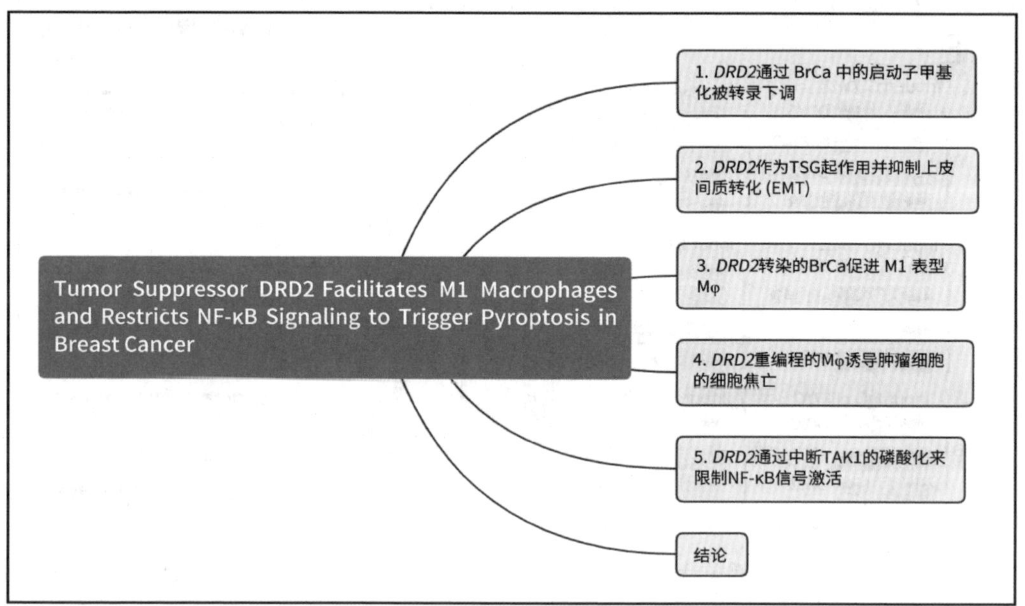

首先从表达上找出*DRD2*这个差异表达基因；接着查看功能，功能分成EMT的功能，以及对肿瘤微环境上巨噬细胞M1极化作用；然后是*DRD2*对于细胞焦亡产生的影响，以及微环境中与巨噬细胞的交互关系；最后通过NF-κB信号通路来解释了一下机制。

看到这里是不是已经觉得有点儿乱了？我们再一个个看，首先是表达情况，他们分析出了差异表达的*DRD2*，然后发现了*DRD2*的启动子甲基化变化。接着他们就用了甲基化抑制剂来进行验证：

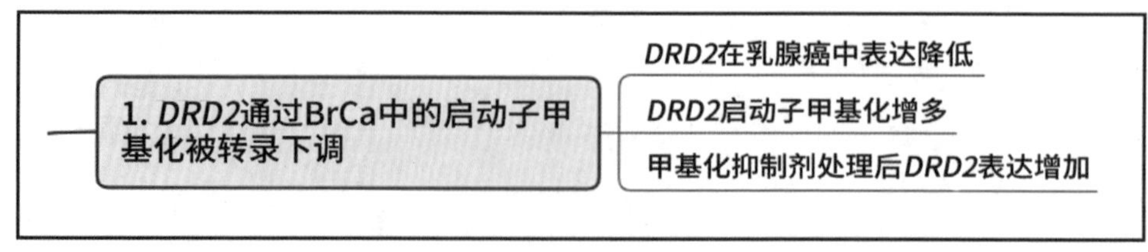

但这里用甲基化抑制剂其实没啥用，毕竟是广谱的甲基化抑制剂，无法确定只是针对*DRD2*甲基化产生影响后导致表达回复，因为有无数种可能性……如果能认真把这个深入做一下的话，其实还挺有意思的。

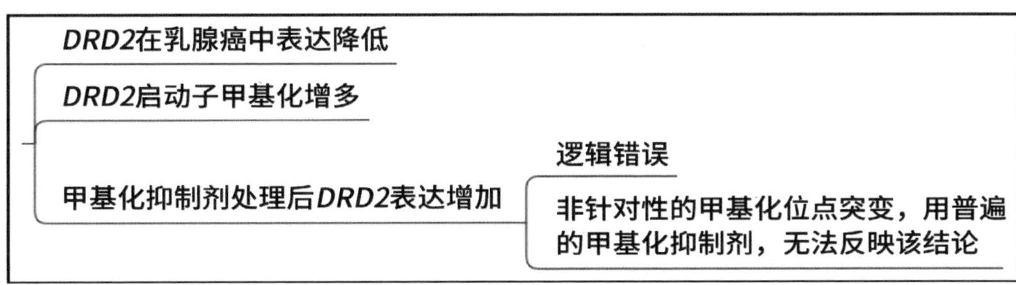

接着的功能实验，分成了肿瘤细胞体外实验，以及体外共培养实验。这两个实验其实在这里并没有什么问题，问题在于这俩也没能有机地结合在一起……如果能结合转移表型和微环境的话，这篇文章其实也可以很不错。

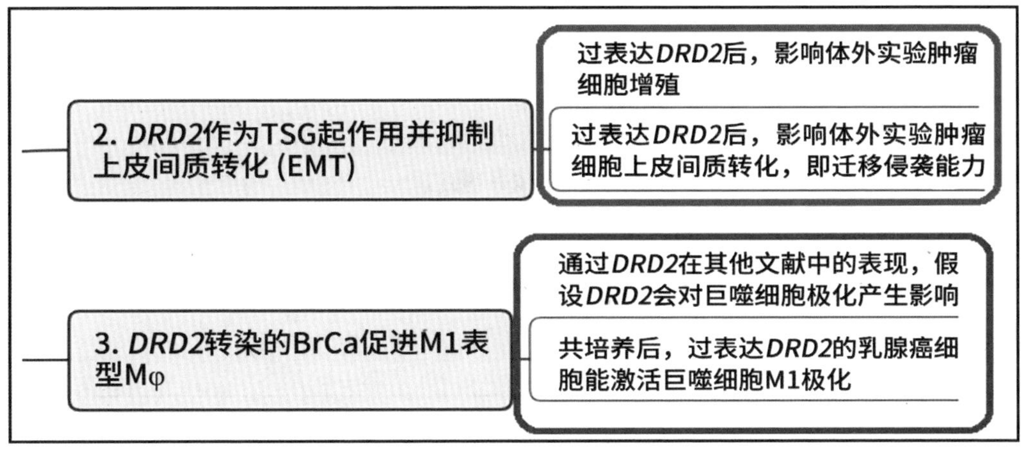

接着他们试图从*DRD2*导致细胞死亡上寻找突破口。首先他们确定了*DRD2*能导致细胞的死亡，确定了*DRD2*促进了MLKL的磷酸化，确定了其能引起凋亡和坏死性凋亡。同时*DRD2*也会导致GSDME引发焦亡的产生。

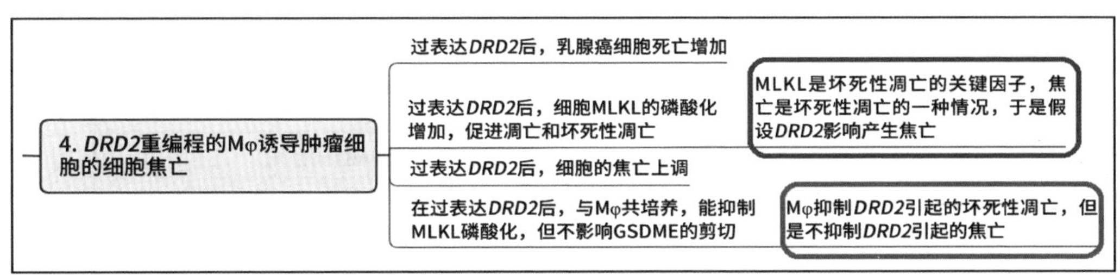

另一方面在过表达*DRD2*的乳腺癌细胞和巨噬细胞共培养后，发现了巨噬细胞在受到

*DRD2*刺激后，能反过来抑制乳腺癌细胞的坏死性凋亡，但是促进其焦亡。其实这个点挺好的，要是在Cross Talk上深入做一下……

最后他们分析了*DRD2*对于NF-κB的影响，这一段作为机制其实应该是全文亮点的，但实际上却做成了好多个平行的支线任务：

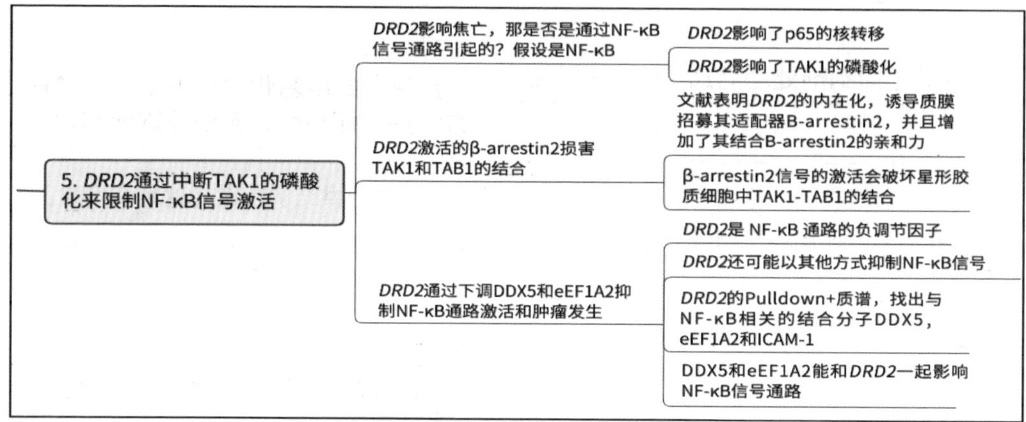

*DRD2*抑制p65入核、降低TAK1磷酸化、通过β-arrestin2抑制TAK1-TAB1结合，*DRD2*还能通过eEFIA2和DDX5等其他途径来调节NF-κB信号通路。

这几个看似有联系，但实际上都没联动到一起，就差一口气的感觉，所以最后得到的结论虽然有一堆，看着工作量确实很大：

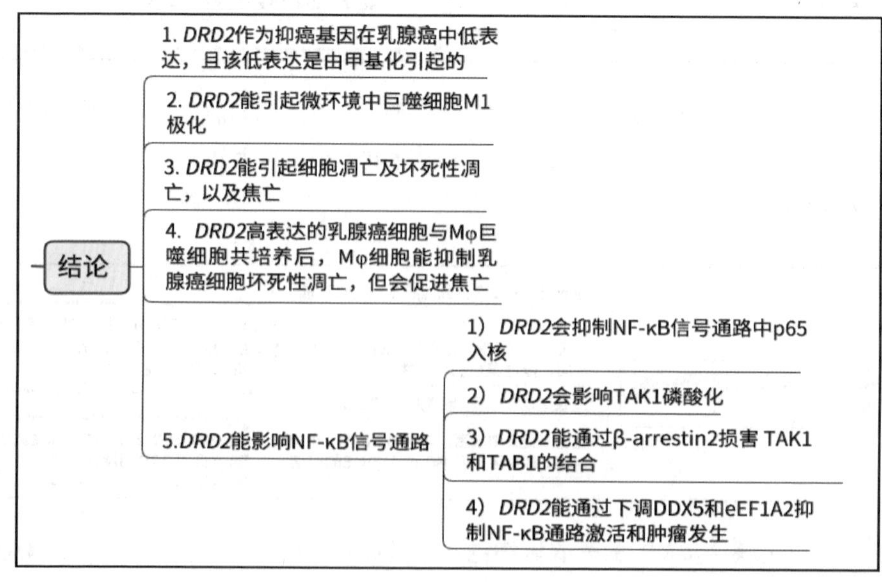

但给人的感觉是谁都不挨着谁，说是研究*DRD2*和Mφ巨噬细胞Cross Talk吧，好像也做了点，但和*DRD2*的EMT表型没关系。*DRD2*能对NF-κB信号通路进行调控吧，但又和*DRD2*与Mφ巨噬细胞的串扰联动不起来。总的来说，就很拉胯……好了，先给你们讲到这里吧，祝你们心明眼亮。

这篇49.962分的*Nature*是怎么来研究焦亡的？他们做了个正反馈通路

这节给你们讲一篇49.962分的*Nature*上的焦亡文章吧。这篇文章其实讲的就是焦亡的一个正反馈过程。

> **Nature**
> Gasdermin E Suppresses Tumor Growth by Activating Anti-Tumor Immunity

全文正式的图只有四张，我们就看看他们做了点儿什么。其实只讲主要图的话，还挺简单的。首先他们发现在肿瘤细胞中过表达GSDME，可以抑制肿瘤在小鼠体内的生长，并且会使得肿瘤死亡，释放DAMPs：

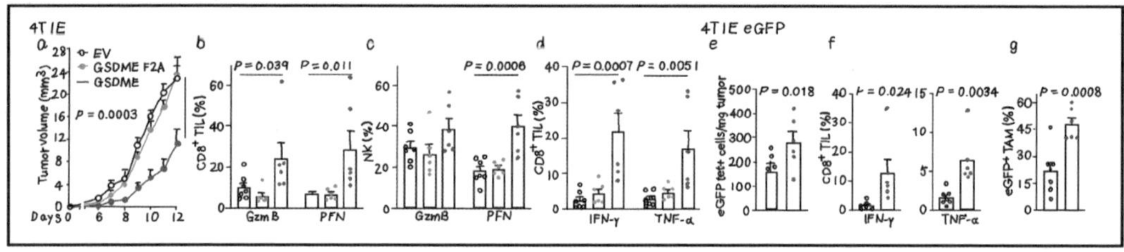

而这种过表达GSDME的细胞中，如果诱导凋亡的Caspase3，则会引起细胞凋亡向细胞焦亡的转换。刚刚也说了GSDME过表达后会引起DAMPs的释放，这可能就会引起免疫反应。也有可能是由于免疫反应导致了肿瘤细胞的抑制，所以他们分析了CD8$^+$T细胞和NK细胞耗尽后，过表达GSDME对肿瘤细胞的影响：

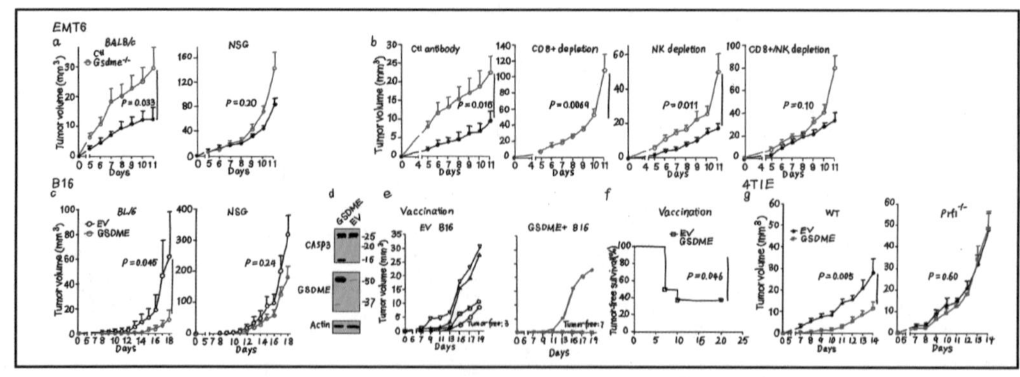

结果发现，缺失了CD8$^+$T细胞和NK细胞后，肿瘤细胞增长变快。这就证实了刚才的假设，确实过表达GSDME后会影响免疫细胞对肿瘤细胞的攻击。同时，过表达GSDME后也会引起细胞焦亡：

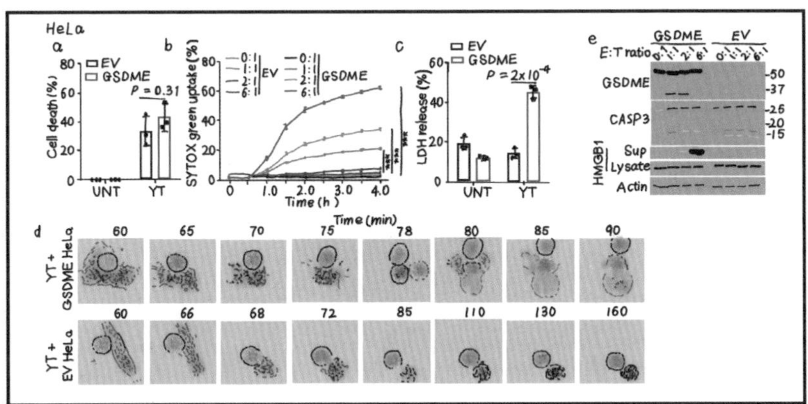

这个其实也是正常的，Caspase3能切开GSDME然后让GSDME上膜形成穿孔，实现焦亡。但他们同时发现，免疫细胞所释放的穿孔素以及颗粒酶，也能剪切GSDME：

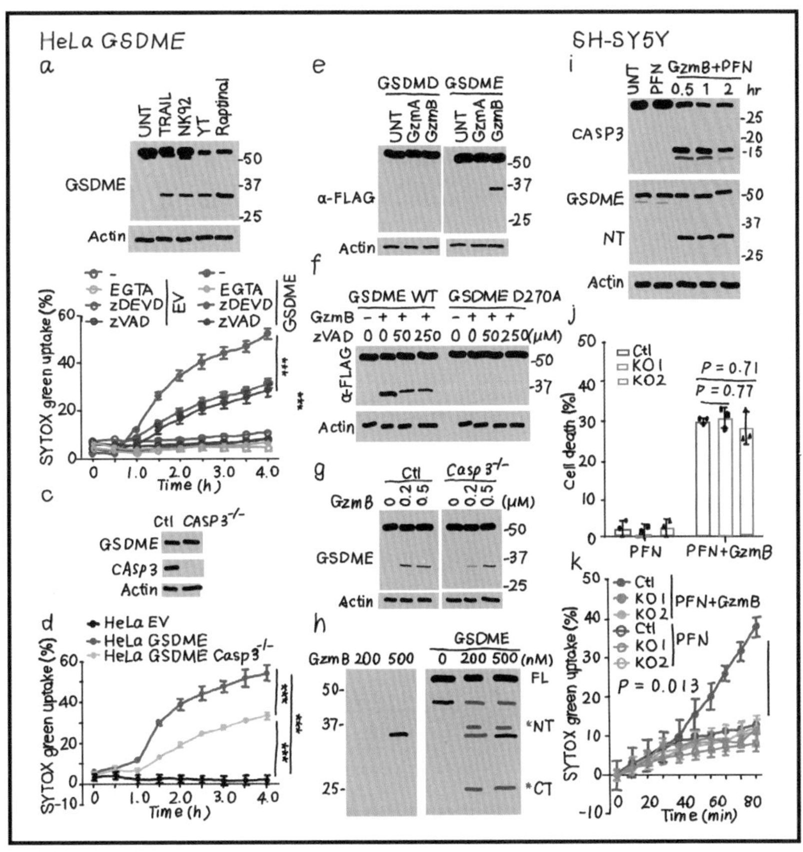

需要穿孔素和颗粒酶同时存在的情况下，才能起到诱导GSDME引发的焦亡。主要是颗粒酶B（Gzm B）对GSDME进行的剪切，而剪切的位置和Caspase3是一样的。穿孔素也就是起到了将颗粒酶弄进肿瘤细胞的这个作用……

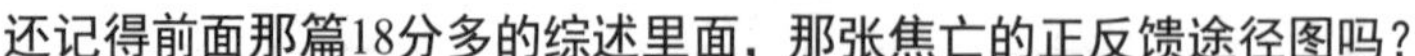
还记得前面那篇18分多的综述里面，那张焦亡的正反馈途径图吗？

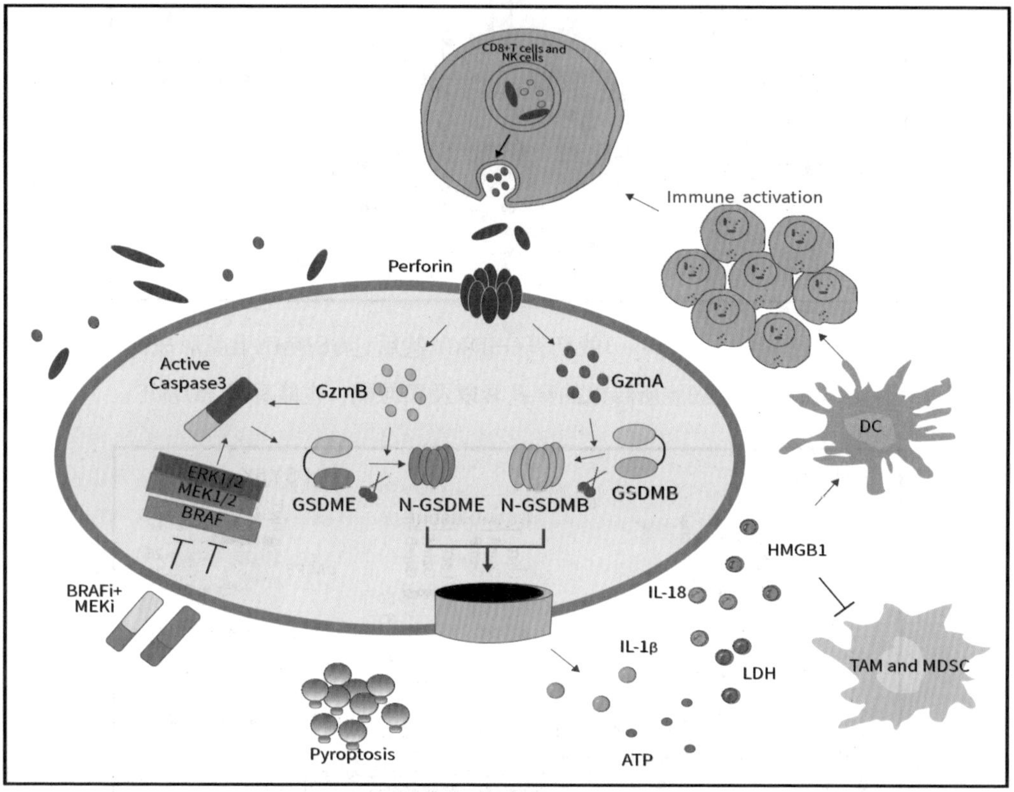

GSDME被剪切后，在膜上成孔，引起焦亡，释放了DAMPs，然后DAMPs激活了$CD8^{+}$T细胞和NK细胞。这两个免疫细胞释放了穿孔素和颗粒酶B，穿孔素在肿瘤细胞上成孔，颗粒酶释放进入肿瘤细胞，然后再次剪切GSDME，完成了正反馈。

好了，49分多的*Nature*就只讲了这么点儿东西是不可能的，人家也是从周边一小步一小步做出来的结论，下节再细讲具体他们都做了点儿啥吧。有兴趣看这篇文章的话，可以自己去PubMed上搜一下，先给你们讲到这里吧，祝你们心明眼亮。

来看看人家这篇49.962分的*Nature*是怎么一步步证明的吧

上节领你们粗略地看完了那篇49.962分的*Nature*，虽然只有4张图，但本体内容其实都在Extended Data图里。那么这次我们就从头开始，再看一遍，看看这篇*Nature*到底是怎么做出来的吧。

首先他们对细胞系中GSDME的表达进行了检测，筛选出两株高表达的（下图红框）细胞，用于LOF（功能失活策略）的体外分析。同时也看了一下GSDME在肿瘤中的表达情况，明显要比正常细胞表达量低（下图蓝框）。低表达GSDME的细胞，则做了过表达，进行GOF（功能获得策略）分析（下图绿框）：

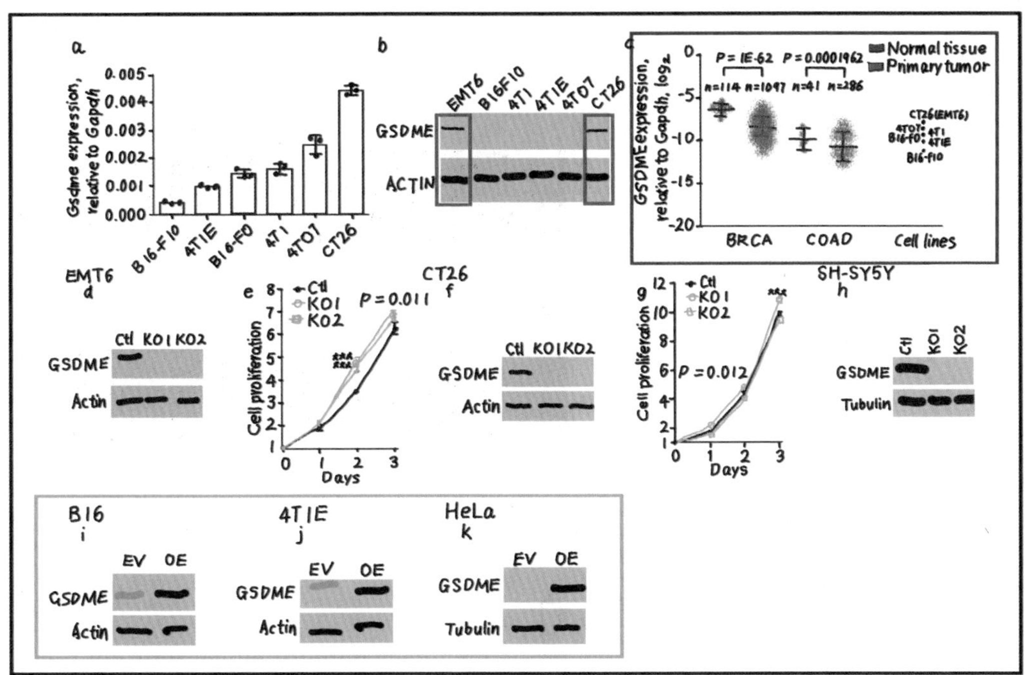

在低表达细胞中，过表达GSDME后，再用Raptinal（Caspase3的激活剂），会使得肿瘤细胞产生细胞焦亡的情况（后图红框，对照细胞产生了细胞凋亡，而过表达GSDME后，细胞产生了焦亡）。

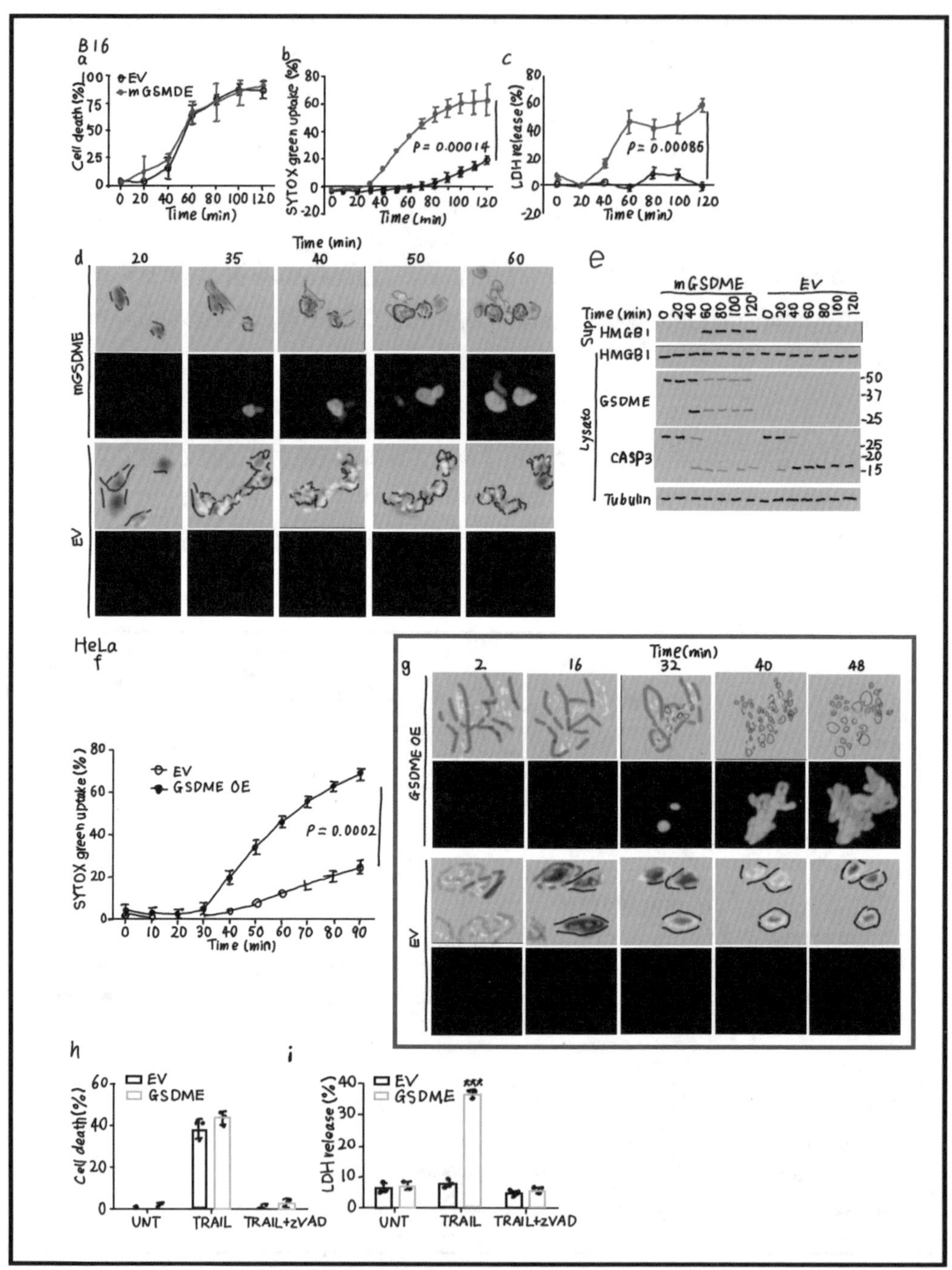

这就有点儿意思了，因为Raptinal是Caspase3的激活剂，而Caspase3是激活细胞凋亡的。这里过表达GSDME就使得原本应该凋亡的细胞转化成了细胞焦亡。

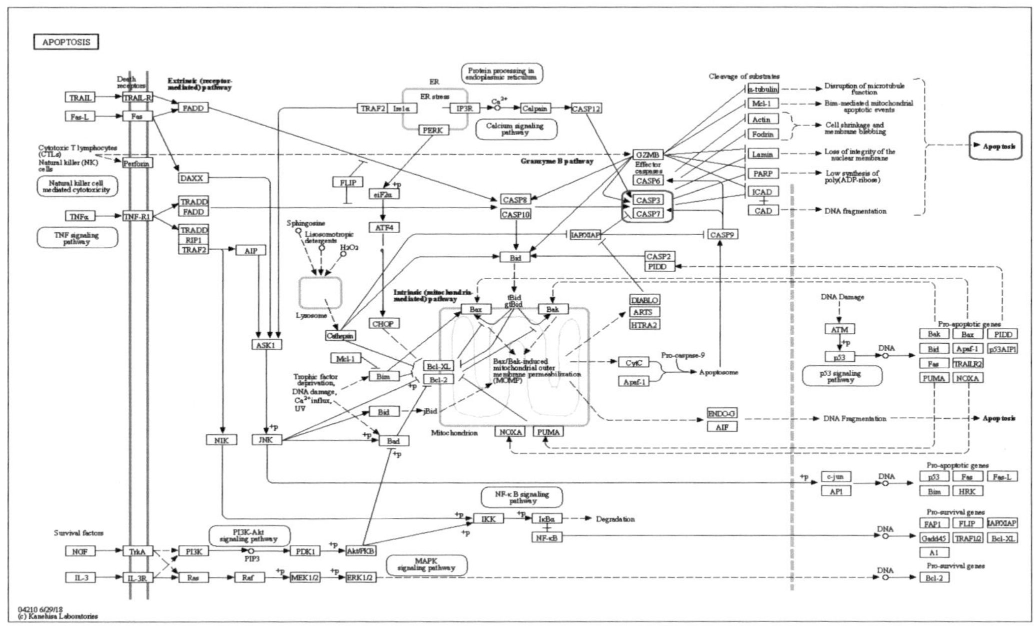

而如果过表达突变后的GSDME就不会产生这种现象，突变的位点其实就是GSDME被剪切的位点。大家应该还记得焦亡里为啥要分析GSDME的剪切吧？

之前都是体外实验，于是他们接着分析了过表达GSDME后的体内实验。敲减GSDME后的细胞在小鼠体内成瘤的大小也增加了，同时在肿瘤附近NK细胞的浸润也下降了（后图蓝框）。既然NK细胞浸润增多，他们就又看了一下颗粒酶和穿孔素的表达情况，敲减GSDME后，颗粒酶和穿孔素的$CD8^{+}$T细胞也同样下降（后图红框）：

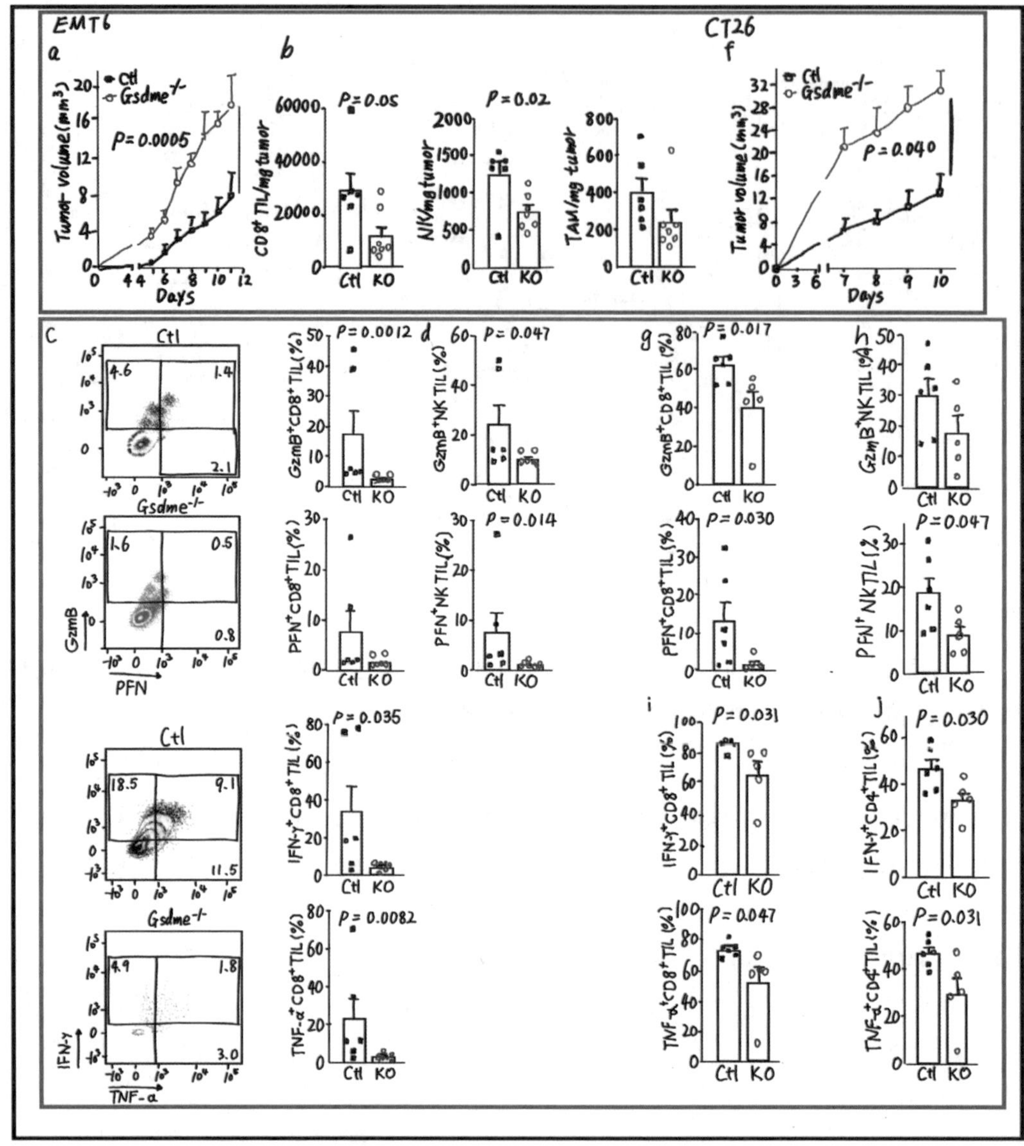

这说明GSDME可能还会调节体内的免疫应答。所以接下去，他们看了一下过表达GSDME对免疫细胞所产生的影响：

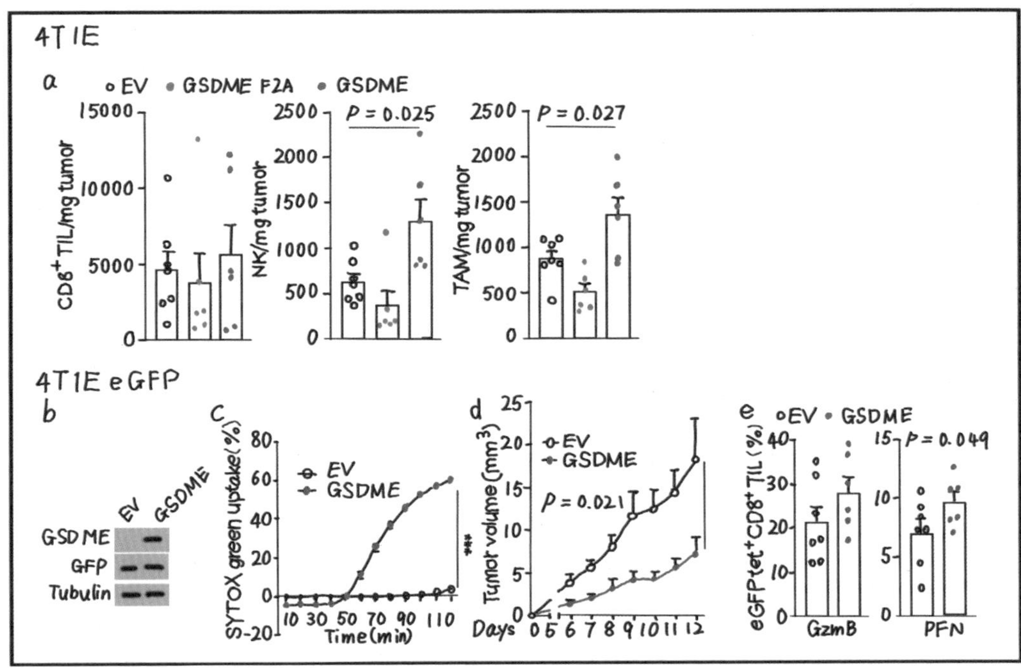

这里他们用了eGFP tetramers CD8^{+}T细胞进行检测，这个技术差不多就是这样：

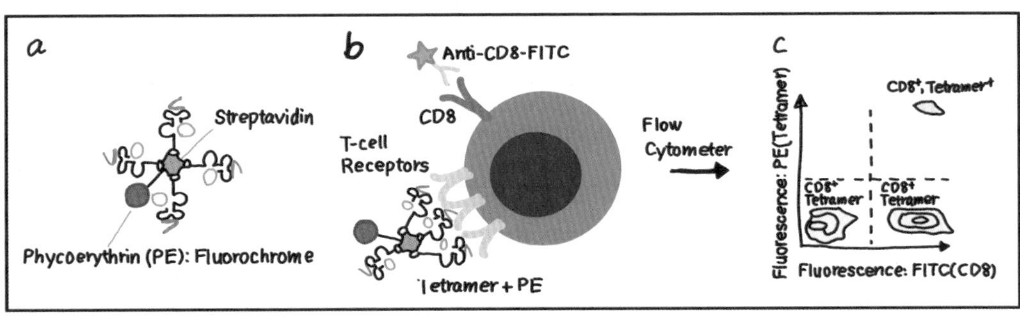

也就是用GFP（绿色荧光蛋白）标记一下。而过表达突变的GSDME并不会对免疫细胞产生影响……

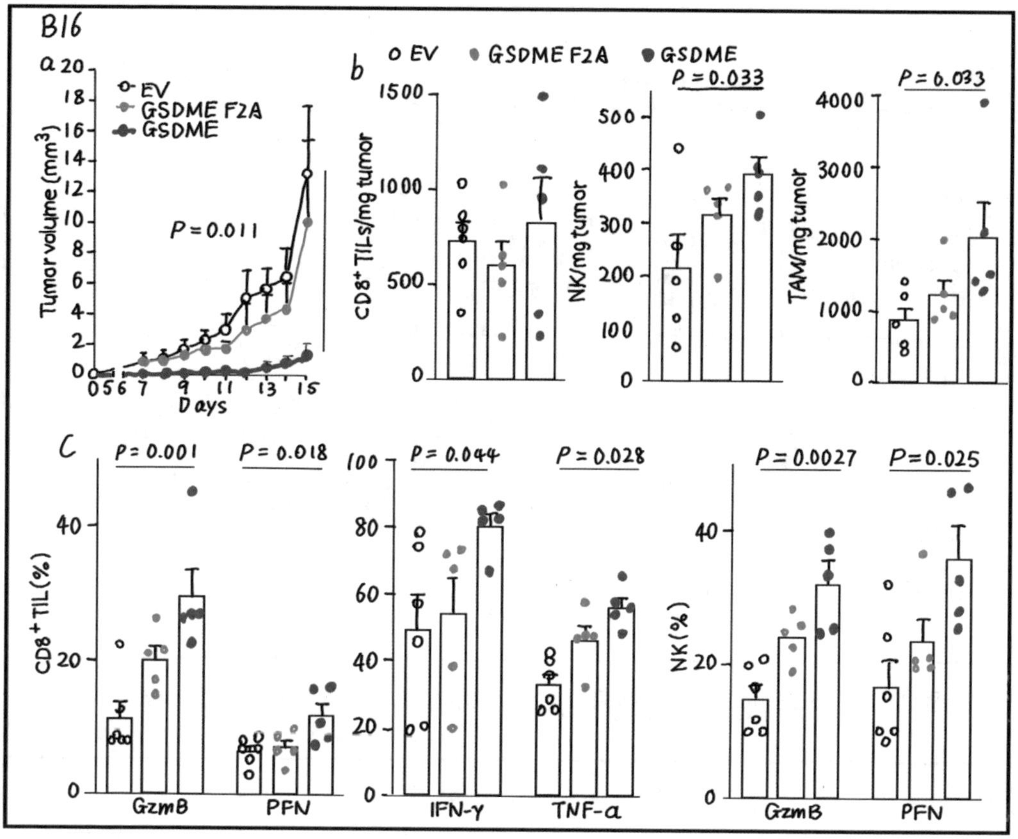

以上这些实验的结果就形成了这篇*Nature*的第一张图：

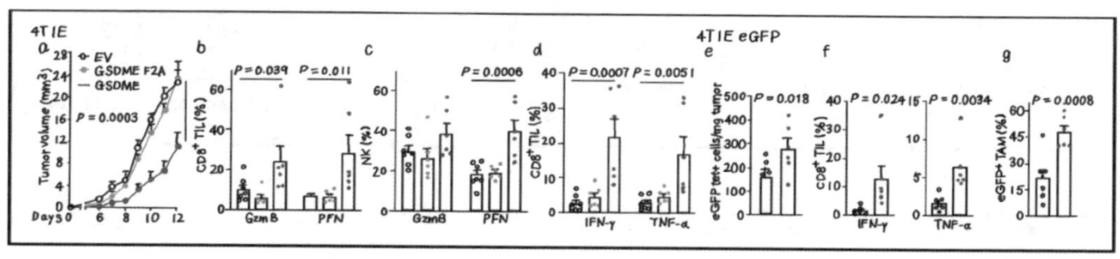

GSDME会对免疫细胞应答产生影响，于是他们分析了缺失了NK细胞和CD8^{+}T细胞的小鼠体内，缺失GSDME的肿瘤生长增殖情况。

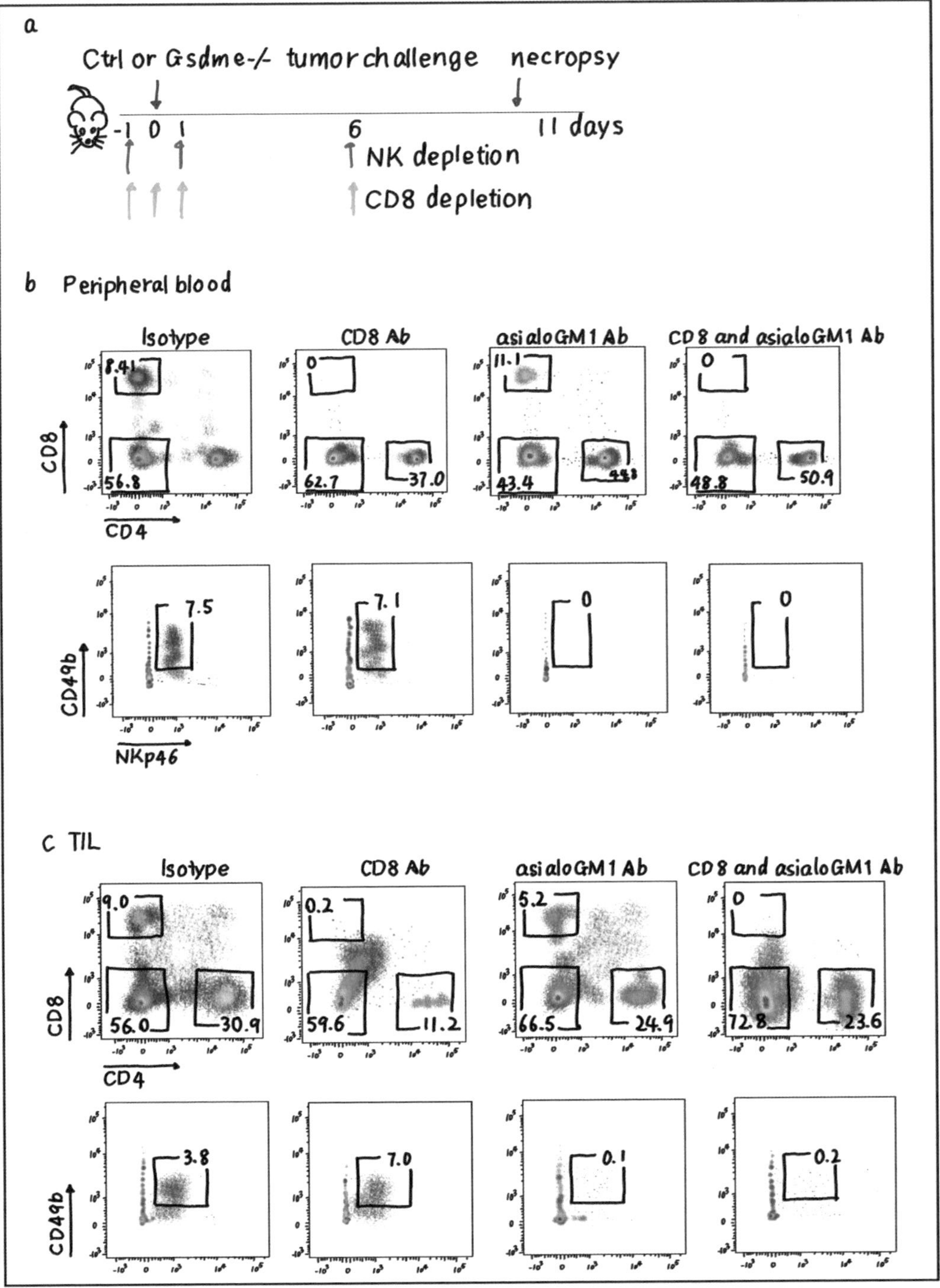
a
Ctrl or Gsdme-/- tumor challenge
necropsy
-1 0 1
6
11 days
NK depletion
CD8 depletion
b Peripheral blood
Isotype
CD8 Ab
asialoGM1 Ab
CD8 and asialoGM1 Ab
CD8
CD4
CD49b
NKp46
c TIL
Isotype
CD8 Ab
asialoGM1 Ab
CD8 and asialoGM1 Ab
CD8
CD4
CD49b

如果免疫细胞也负责杀死肿瘤细胞，那缺失免疫细胞后，有没有GSDME表达对肿瘤细胞增殖应该影响不大。结果也确实是这样：

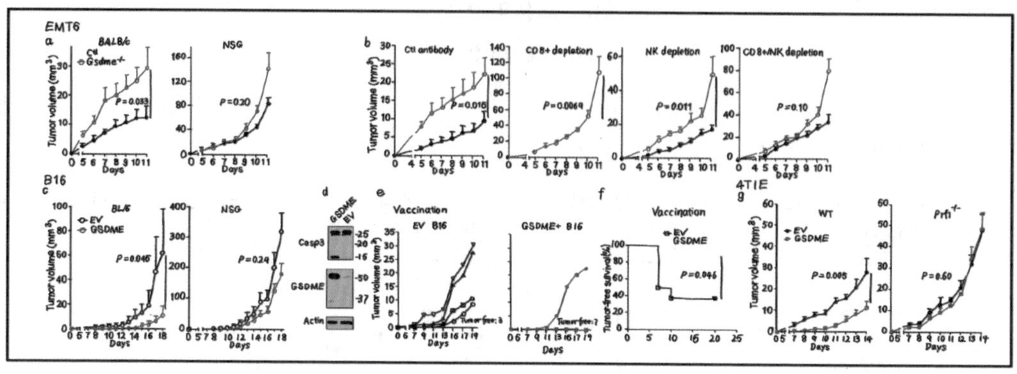

这就说明了，体内过表达GSDME主要是引起免疫应答来抑制肿瘤细胞增殖的。同时，他们还发现GSDME过表达后，肿瘤细胞自身的焦亡增多了……

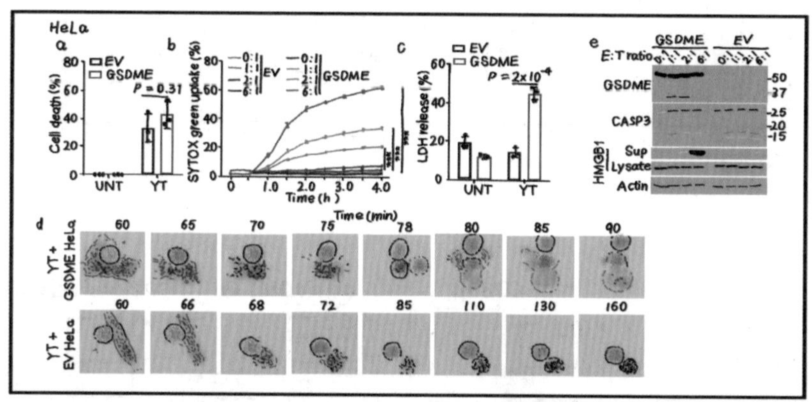

为了证明是焦亡产生了影响，他们还排除了铁死亡、坏死性凋亡的可能性：

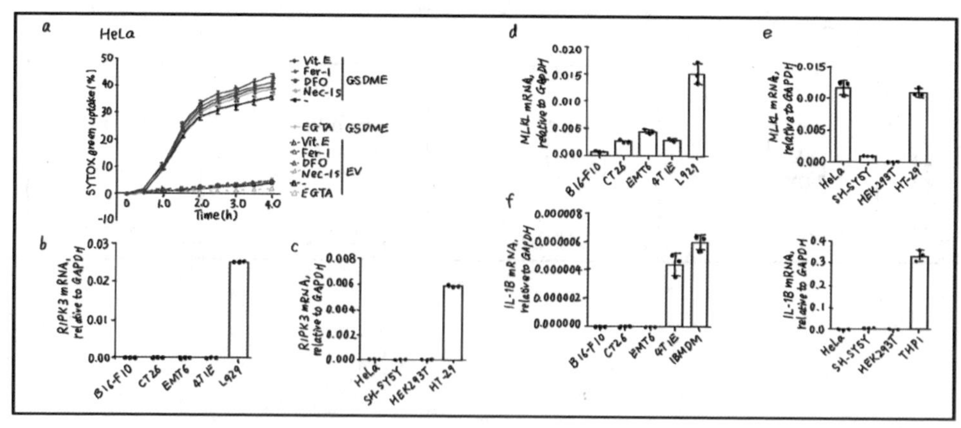

NK细胞和CD8⁺T细胞分泌穿孔素和颗粒酶，于是他们分析了颗粒酶和穿孔素对肿瘤细胞的影响，结果发现单用穿孔素处理，细胞并没有啥变化；穿孔素和颗粒酶联用后，细胞产生焦亡。而这种焦亡并不完全是由Caspase3引起的（他们用了Caspase抑制剂，下图红框）。颗粒酶也能对GSDME产生剪切，但并不能剪切突变后的GSDME（下图蓝框）：

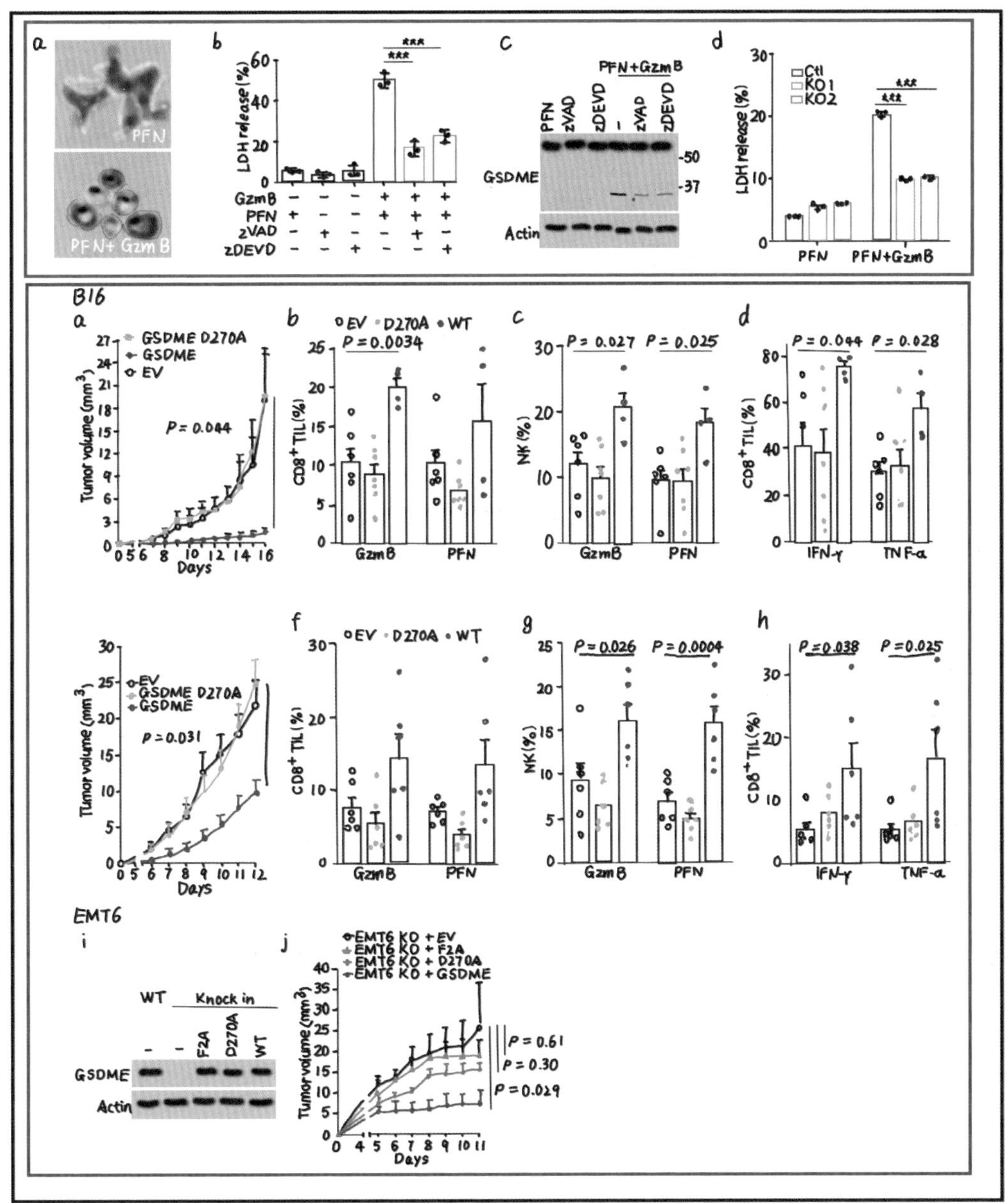

最后他们分析了Caspase3缺失的细胞中颗粒酶对GSDME引起的焦亡的影响，证明了颗粒酶对GSDME的剪切，并且剪切的位置和Caspase3是一样的：

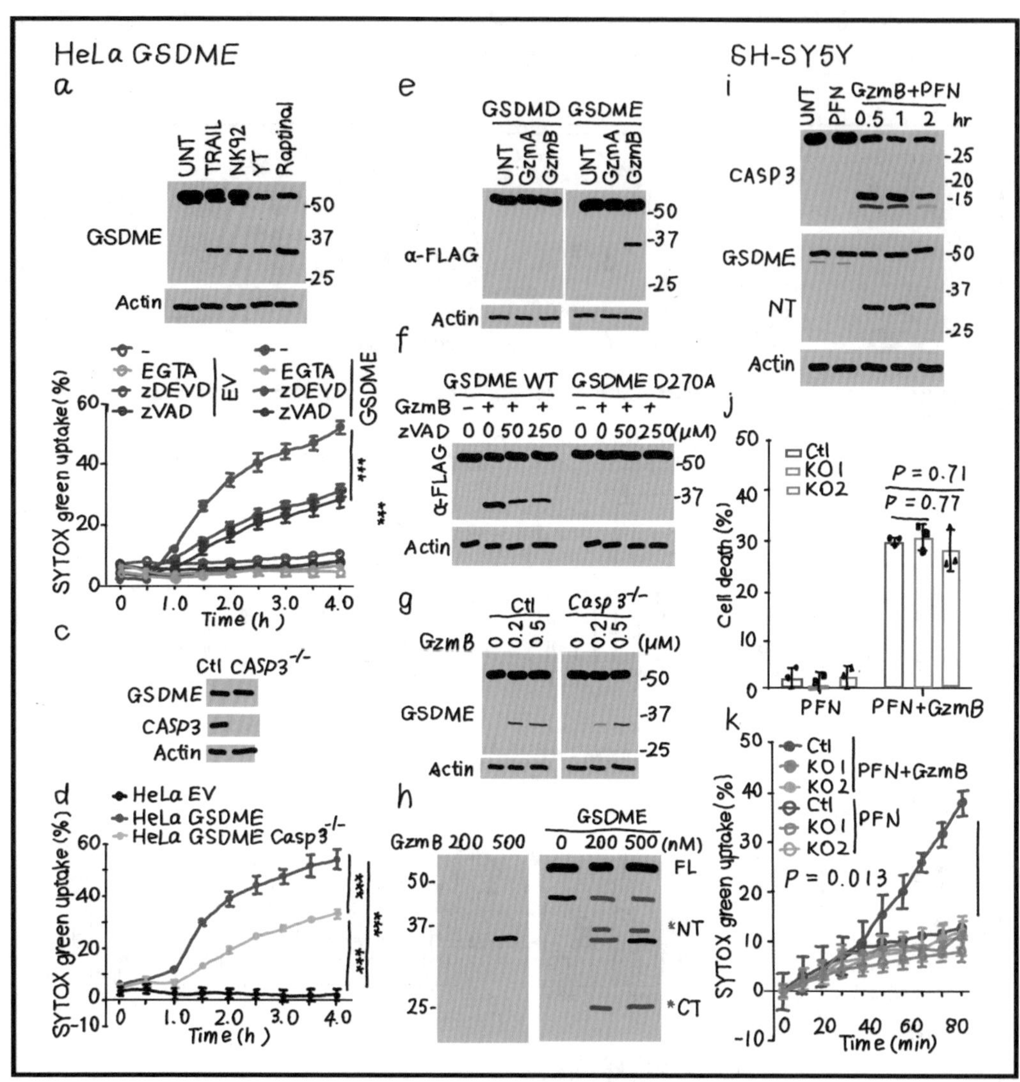

把这些数据全部整理起来，才形成了完整的焦亡引起的正反馈机制：

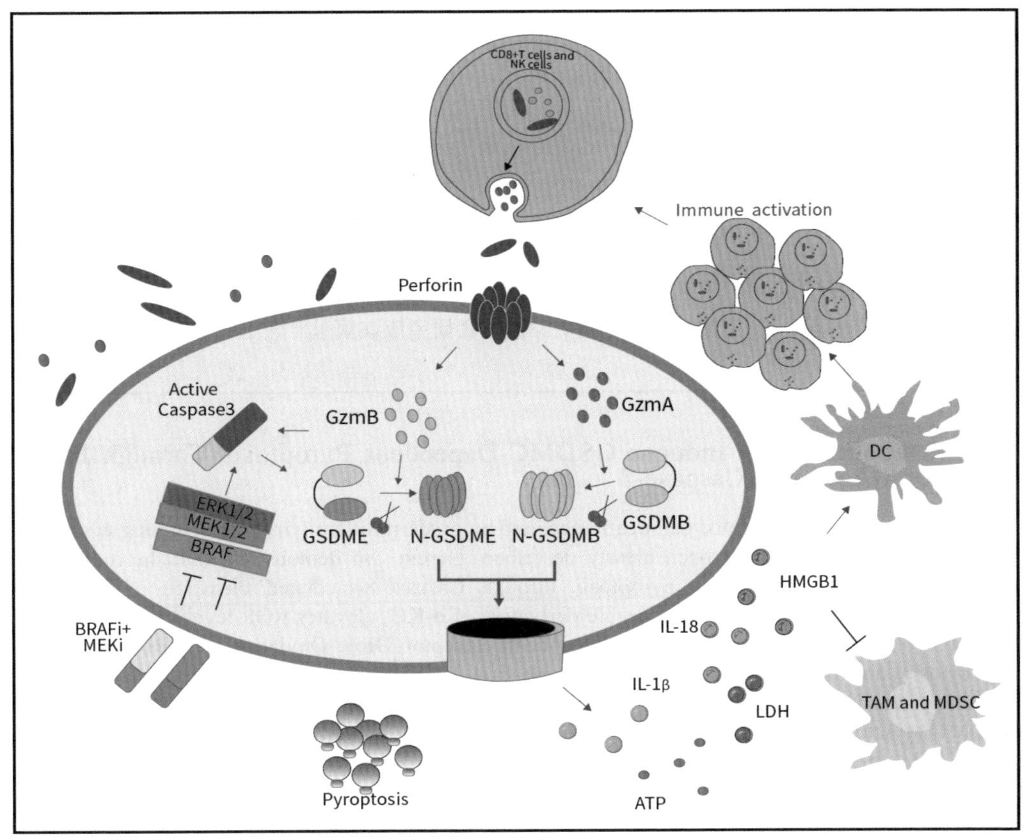

好了，这篇*Nature*你们看懂了吗？先给你们讲到这里吧，祝你们心明眼亮。

看完这篇*Cell Research*研究焦亡，再看别的低分文章，那真的是没法比

讲了这么多的焦亡了，但是估计你们对具体的焦亡研究还是没有多大的概念。即使是已经给你们分析过49分多的*Nature*，可能该看不懂还是看不懂。所以夏老师就给你们找了一篇25.617分的*Cell Research*上的文章，这篇文章的焦亡研究应该算是比较细的了：

Cell Research

The Metabolite α-KG Induces GSDMC-Dependent Pyroptosis Through Death Receptor 6-Activated Caspase-8

Pyroptosis is a form of regulated cell death mediated by gasdermin familymembers, among which the function of GSDMC has not been clearly described. Herein, we demonstrate that the metabolite α-ketoglutarate (α-KG) induces pyroptosis through Caspase-8-mediated cleavage of GSDMC. Treatment with DM-αKG, a cell-permeable derivative of α-KG, elevates ROS levels, which leads to oxidation of the plasma membrane-localized death receptor DR6. Oxidation of DR6 triggers its endocytosis, and then recruits both Pro-Caspase-8 and GSDMC to a DR6 receptosome through protein-protein interactions. The DR6 receptosome herein provides a platform for the cleavage of GSDMC by active caspase-8, thereby leading to pyroptosis. Moreover, this α-KG-induced pyroptosis could inhibit tumor growth and metastasis in mouse models. Interestingly, the efficiency of α-KG in inducing pyroptosis relies on an acidic environment in which α-KG is reduced by MDH1 and converted to L-2HG that further boosts ROS levels. Treatment with lactic acid, the end product of glycolysis, builds an improved acidic environment to facilitate more production of L-2HG, which makes the originally pyroptosis-resistant cancer cells more susceptible to α-KG-induced pyroptosis. This study not only illustrates a pyroptotic pathway linked with metabolites but also identifies an unreported principal axis extending from ROS-initiated DR6 endocytosis to caspase-8-mediated cleavage of GSDMC for potential clinical application in tumor therapy.

这篇文章研究的是三羧酸循环中关键的代谢产物 α-酮戊二酸（α-KG）。刚开始，使用α-KG处理细胞后，导致细胞产生了焦亡的现象，电镜下，可以看到细胞膨胀死亡：

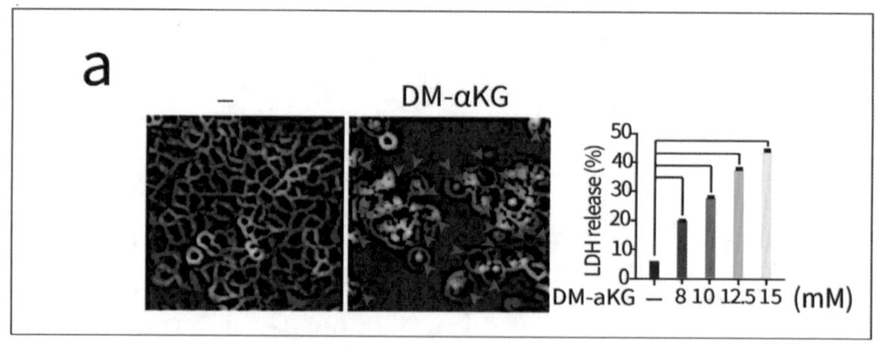

为了确定是焦亡，他们还做了Annv/PI双染色。这个步骤相信大家应该还记得，是用来区分凋亡和焦亡/坏死性凋亡的：

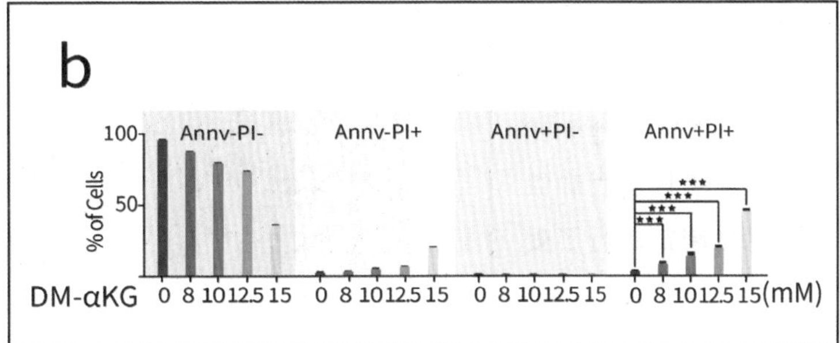

焦亡产生的原因是Gasdermin被剪切，聚合后上膜。但是Gasdermin的种类多样，且在焦亡中也存在不同的途径，所以他们进行了一波Gasdermin的筛选，看看加入α-KG处理后到底是哪个Gasdermin发生了剪切：

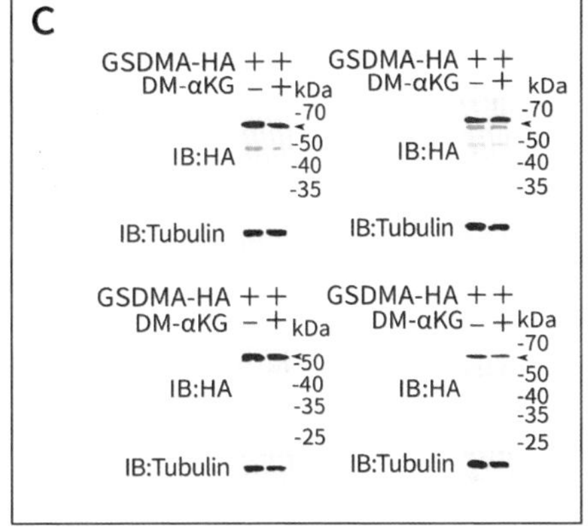

结果显示GSDMA，GSDMB，GSDMD，GSDME这些经典的Gasdermin都没有产生剪切，只有GSDMC在α-KG处理后产生了明显的剪切：

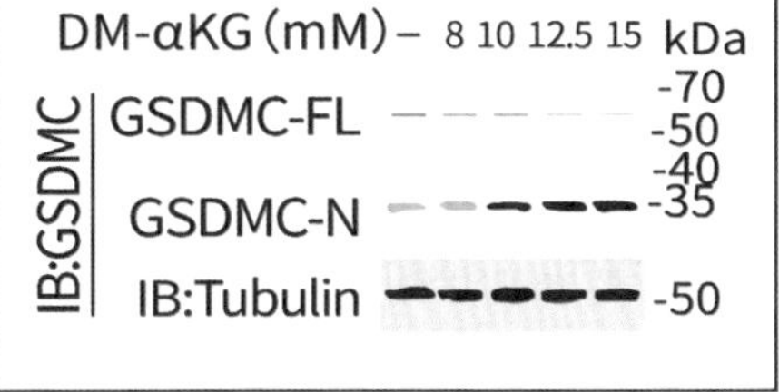

通过对GSDMC的敲减，发现敲减后细胞对于α-KG引起的焦亡明显消失了，也就是说α-KG是通过GSDMC引发细胞焦亡的：

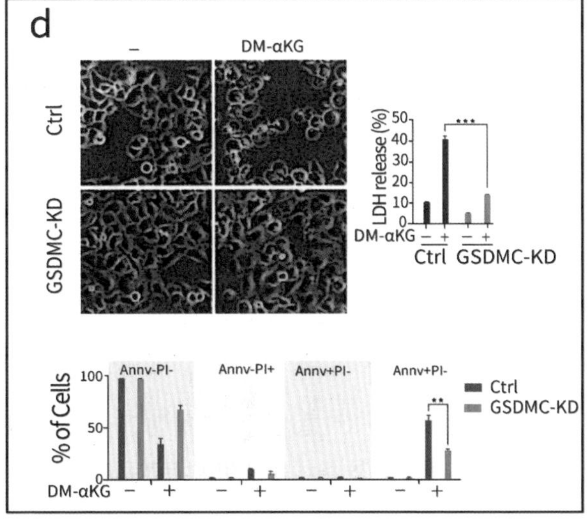

那能确定是焦亡，而不是其他因素造成的细胞死亡吗？于是他们用凋亡、坏死性凋亡和铁死亡的抑制剂进行了处理，并不能抑制α-KG引起的细胞死亡，这也说明了α-KG引起的并不是凋亡、坏死性凋亡或铁死亡：

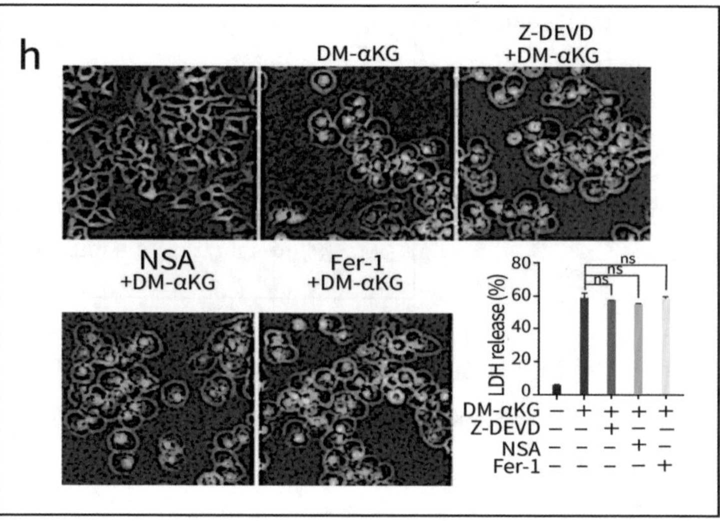

Gasdermin是通过Caspase进行剪切的，那常见的引起焦亡的Caspase有1、3、7、8、9，于是他们又进行了一遍筛选：

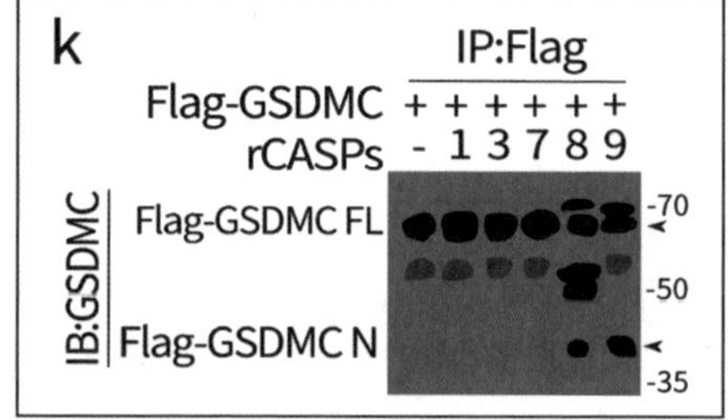

只有Caspase8和Caspase9会对GSDMC进行剪切。Caspase也是需要通过水解剪切成成熟体才能起作用的，这两个Caspase中，只有Caspase8会受到α-KG影响被剪切成成熟体：

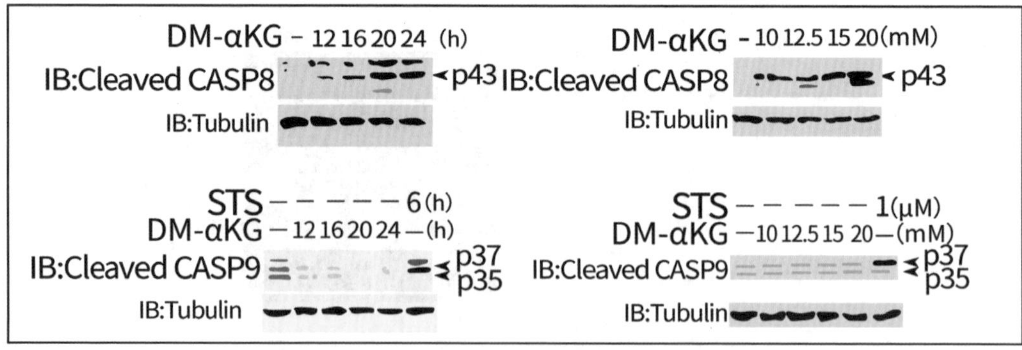

这也就说明了α-KG是通过间接剪切Caspase8，使其成熟，再通过Caspase8对GSDMC的剪切引起的细胞焦亡。这条线就证明得相当妥帖了。

为了验证Caspase8和GSDMC之间的关联性，他们分析了Caspase8和GSDMC的结构，并对关键位置的氨基酸进行了突变：

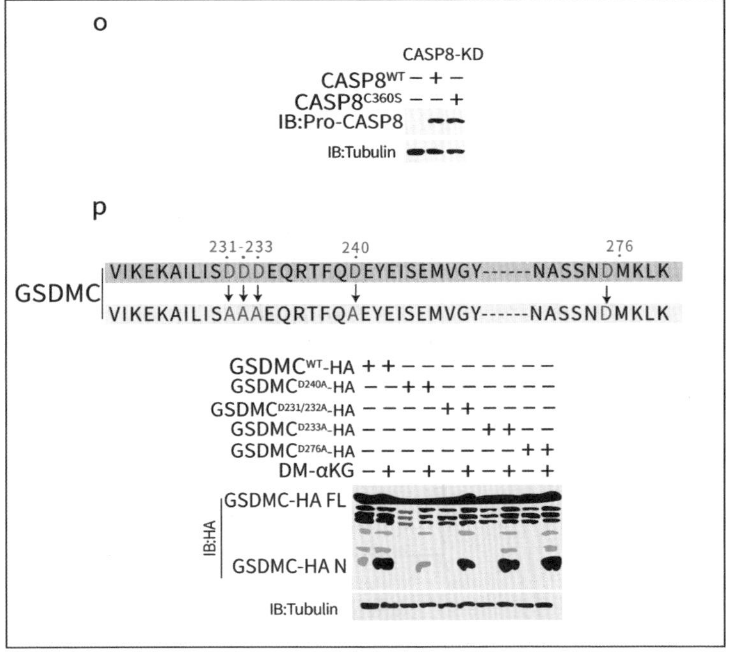

突变后的Caspase8被剪切水解的能力下降：

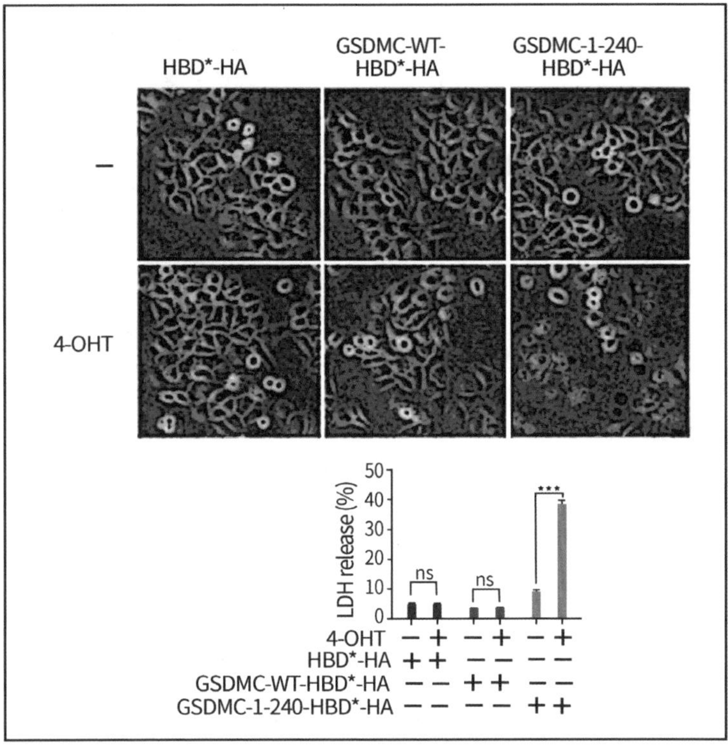

同样突变后的GSDMC也无法被剪切，α-KG影响的焦亡也明显下降：

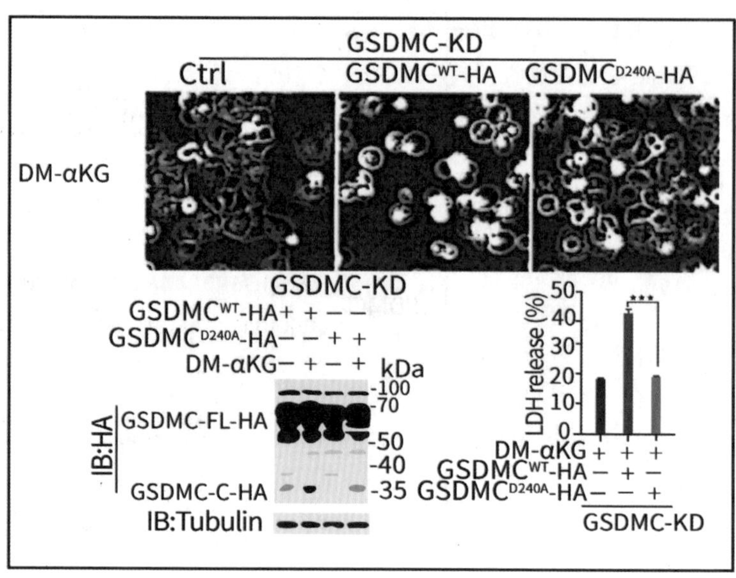

你以为焦亡做到这里就结束了吗？还没完。为了确定是GSDMC聚合上膜导致的细胞焦亡，他们做了两种GSDMC，一种是野生型GSDMC，接一个HBD*结构域；另一种是剪切后的GSDMC，也接了一个HBD*结构域。HBD*是个激素结合域，用4-羟基三苯氧胺（4-OHT）处理后，会聚合在一起。也就是说直接用4-OHT处理后，表达剪切后GSDMC-HBD*的蛋白就能聚合了。这样处理后，也引起了焦亡。这就说明了确实是GSDMC被剪切聚合后引起的焦亡反应：

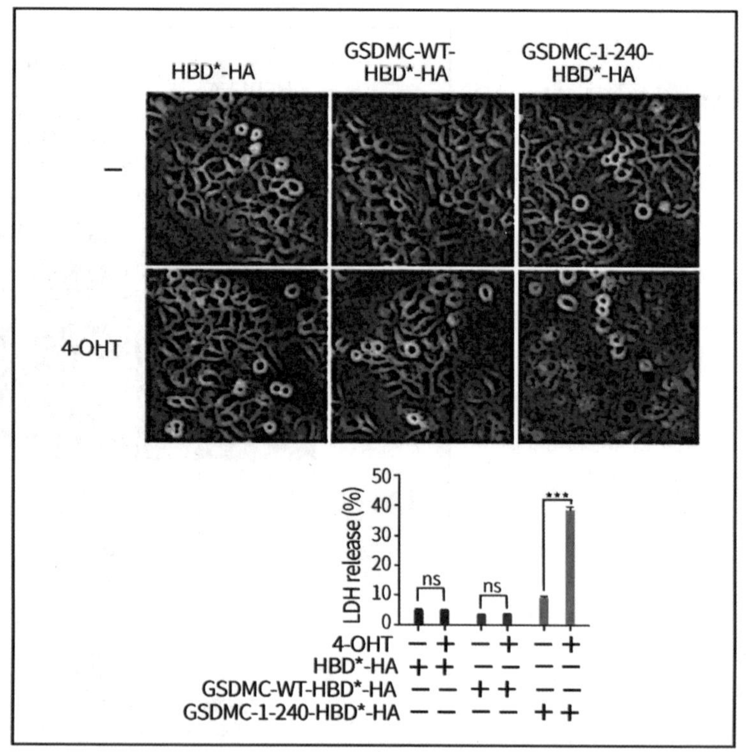

看完他们对于焦亡的具体过程的研究，大家应该知道怎样才算是做得相对严谨的焦亡研究了吧。好了，有兴趣看这篇文章的话，可以自己去PubMed上搜一下。先给你们讲到这里吧，祝你们心明眼亮。

什么是细胞溶质DNA传感信号通路？于是，我看了看这篇53.106分的文章

前几季讲过各种细胞死亡的信号通路，接下去该讲讲细胞死亡信号通路的上游通路了，就像是这个：

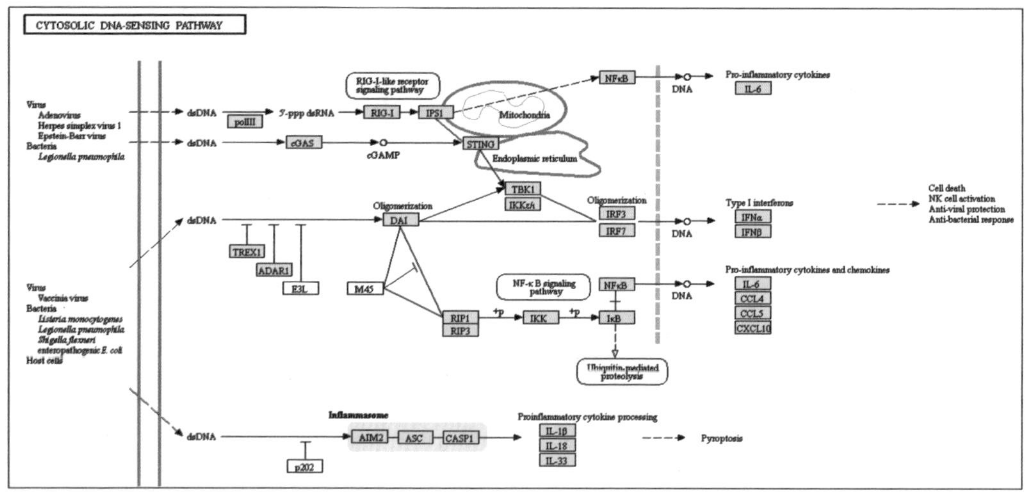

细胞溶质DNA传感通路（Cytosolic DNA-sensing pathway），这么看估计大家看不出什么来，但是zoom in一看的话，就应该知道了。其实现在比较火的就是这一块的cGAS-STING信号通路：

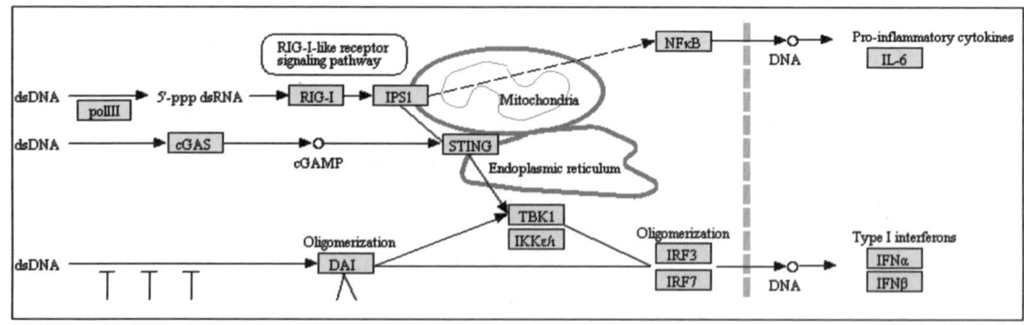

于是夏老师就看了看53.106分的*Nature Reviews Immunology*：

Nature Reviews Immunology

The cGAS-STING Pathway as a Therapeutic Target in Inflammatory Diseases

Abstract

The cGAS-STING signalling pathway has emerged as a key mediator of inflammation in the settings of infection, cellular stress and tissue damage. Underlying this broad involvement of the cGAS-STING pathway is its capacity to sense and regulate the cellular response towards microbial and host-derived DNAs, which serve as ubiquitous danger-associated molecules. Insights into the structural and molecular biology of the cGAS-STING pathway have enabled the development of selective small-molecule inhibitors with the potential to target the cGAS-STING axis in a number of inflammatory diseases in humans. Here, we outline the principal elements of the cGAS-STING signalling cascade and discuss the general mechanisms underlying the association of cGAS-STING activity with various autoinflammatory, autoimmune and degenerative diseases. Finally, we outline the chemical nature of recently developed cGAS and STING antagonists and summarize their potential clinical applications.

和一篇17.388分的*Journal of Hematology&Oncology*：

Journal of Hematology&Oncology

cGAS-STING, an Important Pathway in Cancer Immunotherapy

Abstract

Cytosolic DNA sensing, the cyclic GMP-AMP synthase-stimulator of interferon genes (cGAS-STING) pathway, is an important novel role in the immune system. Multiple STING agonists were developed for cancer therapy study with great results achieved in pre-clinical work. Recent progress in the mechanical understanding of STING pathway in IFN production and T cell priming, indicates its promising role for cancer immunotherapy. STING agonists co-administrated with other cancer immunotherapies, including cancer vaccines, immune checkpoint inhibitors such as anti-programmed death 1 and cytotoxic T lymphocyte-associated antigen 4 antibodies, and adoptive T cell transfer therapies, would hold a promise of treating medium and advanced cancers. Despite the applications of STING agonists in cancer immunotherapy, lots of obstacles remain for further study. In this review, we mainly examine the biological characters, current applications, challenges, and future directions of cGAS-STING in cancer immunotherapy.

STING在2008年就被发现了，2009年的时候就已经确定了STING信号通路是DNA介导的Type I型干扰素依赖的信号通路。2012-2013年，发现了cGAS（cyclic GMP–AMP synthase，环状GMP-AMP合酶）。这几年对STING 通路的研究在抗肿瘤反应方面取得了很大进展，这是由于干扰素（IFN）分泌和淋巴细胞浸润引起的肿瘤微环境（TME）研究的升温：

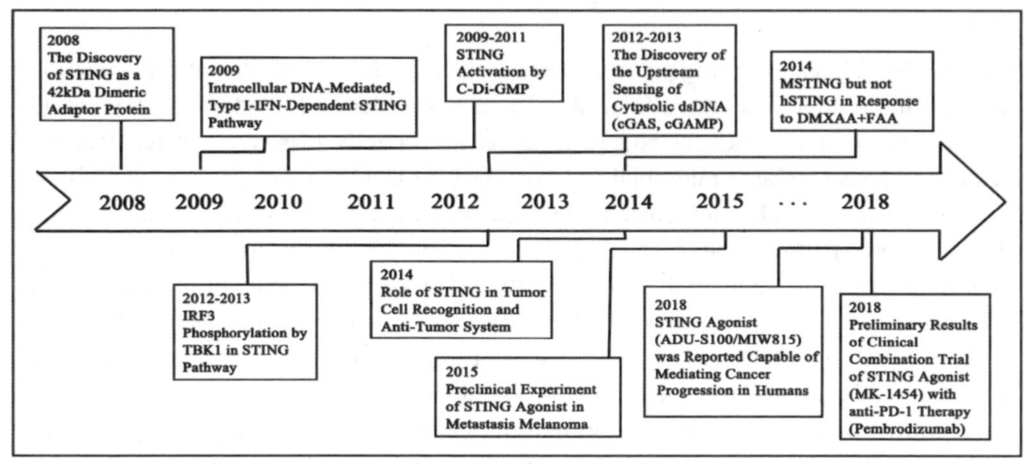

那cGAS-STING信号通路是怎么回事呢？其实很简单，就是应激死亡的细胞，以及病毒或者细菌的双链DNA（dsDNA），进入了细胞的胞质中，细胞中的cGAS会结合dsDNA，并改变构象，产生酶活性：

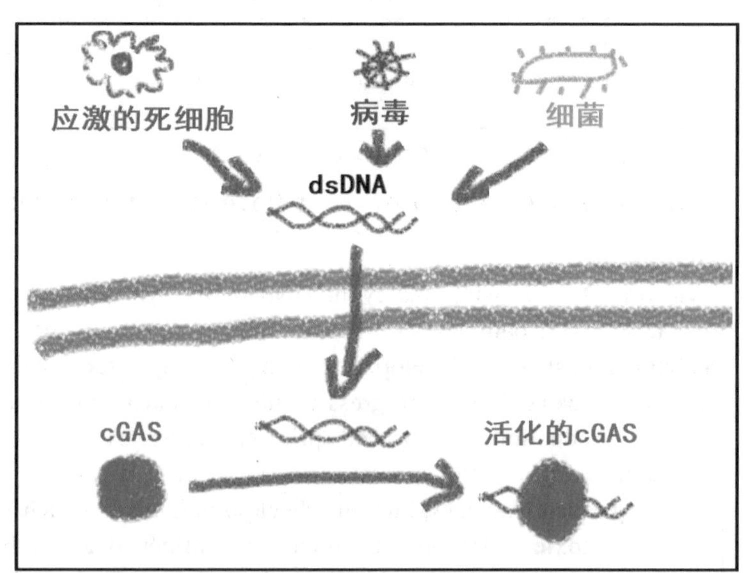

激活后的cGAS，能将GTP和ATP环化，形成cGAMP（2',3'-环状 GMP-AMP）。

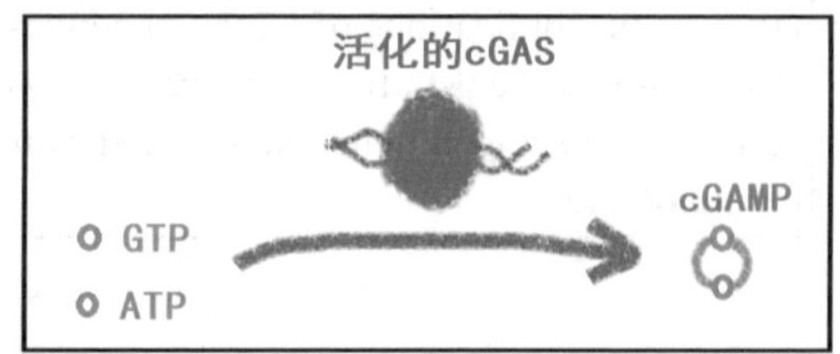

STING是在内质网上的蛋白，被类似STIM1这样的锚定蛋白固定在内质网上，而cGAMP会结合到STING上，使之从锚定蛋白上松脱：

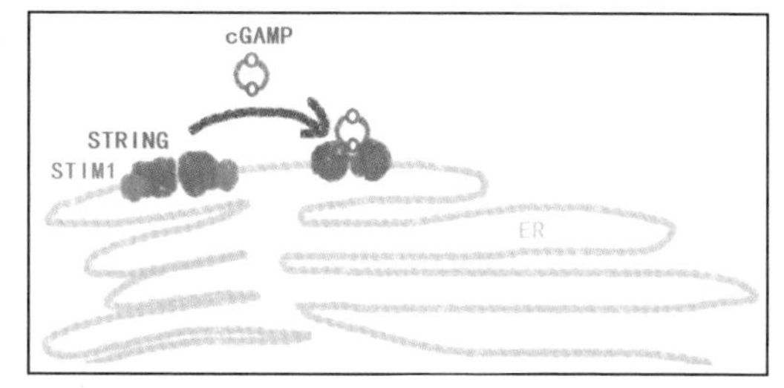

结合了cGAMP的STING，会通过外壳蛋白复合物II（COP II）的囊泡被转运到高尔基体上，或者通过COP II的囊泡进入到自噬环节，被降解。

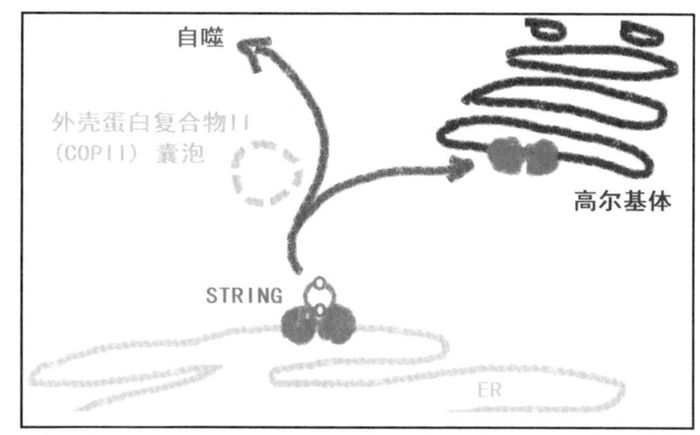

高尔基体上的STING，通过结合TBK1后，促进其自身磷酸化，激活TBK1。这个结合同时会促进STING 的Ser366磷酸化，和干扰素调节因子 3（IRF3）的募集：

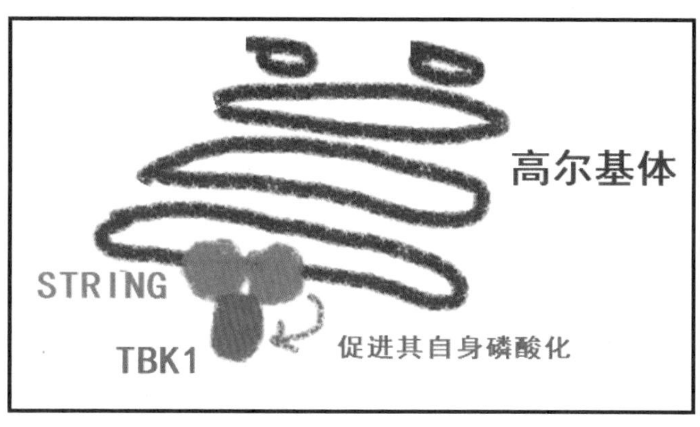

TBK1则能激活募集来的IRF3，而STING能激活NF-κB：

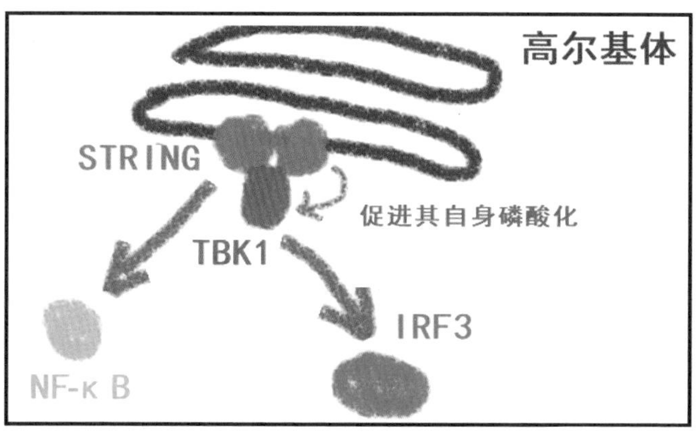

NF-κB和IRF3可以通过转录激活，分别激活IL-6以及IFNβ等炎性细胞因子：

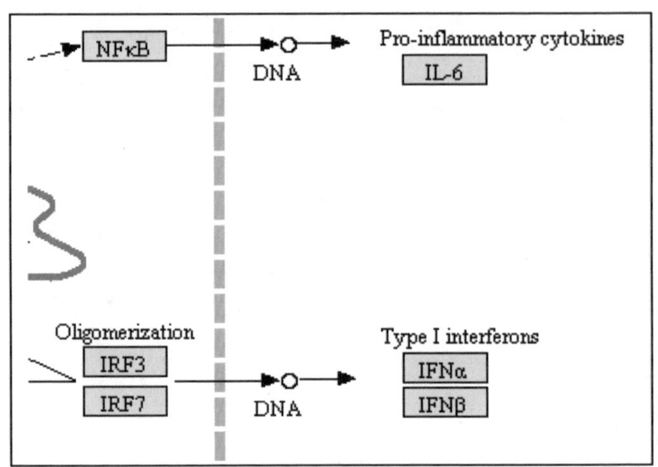

高尔基体上的STING会通过结合SURF4作用，再由COP II的囊泡逆转运回内质网：

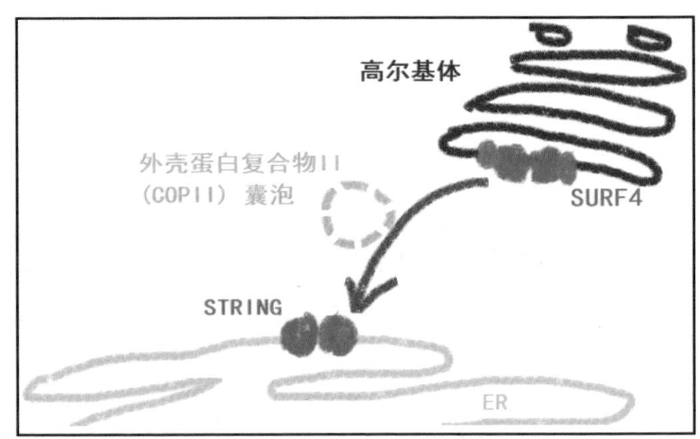

通过白介素和干扰素的转录激活，则会引起细胞死亡，以及NK细胞的活化。在肿瘤细胞微环境中起到激活的作用。好了，有兴趣看这篇文章的话，可以自己去KEGG上搜一下，就给你们讲到这里吧，祝你们心明眼亮。

为了补充cGAS-STING信号通路的一些细节，我看了这篇94.444分的文章

上节给你们讲了一下cGAS-STING信号通路，为了讲得详细点儿，夏老师又看了一篇94.444分的Review。

Nat Rev Mol Cell Biol

Molecular mechanisms and cellular functions of cGAS-STING signalling

Abstract

The cGAS-STING signalling axis, comprising the synthase for the second messenger cyclic GMP-AMP (cGAS) and the cyclic GMP-AMP receptor stimulator of interferon genes (STING), detects pathogenic DNA to trigger an innate immune reaction involving a strong type I interferon response against microbial infections. Notably however, besides sensing microbial DNA, the DNA sensor cGAS can also be activated by endogenous DNA, including extranuclear chromatin resulting from genotoxic stress and DNA released from mitochondria, placing cGAS-STING as an important axis in autoimmunity, sterile inflammatory responses and cellular senescence. Initial models assumed that co-localization of cGAS and DNA in the cytosol defines the specificity of the pathway for non-self, but recent work revealed that cGAS is also present in the nucleus and at the plasma membrane, and such subcellular compartmentalization was linked to signalling specificity of cGAS. Further confounding the simple view of cGAS-STING signalling as a response mechanism to infectious agents, both cGAS and STING were shown to have additional functions, independent of interferon response.

首先，STING在内质网上会形成这样的二聚体，除了跨膜结构域，剩下的就是在膜外的配体结合结构域（Ligand Binding Domain，LBD）和CTTC末端尾部（C-Terminal Tail，CTT）：

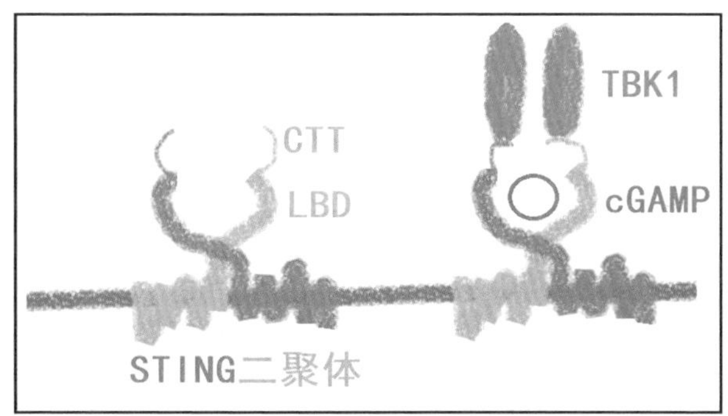

当cGAMP结合到STING的LBD结构域上后，CTT则会招募TBK1，然后诱导TBK1自磷酸化。

STING依赖于LBD激活p50，并通过CTT及TBK1依赖的途径激活p65，以此激活NF-κB信号通路（大家应该对p50/p65这个NF-κB的经典途径烂熟于心了吧）：

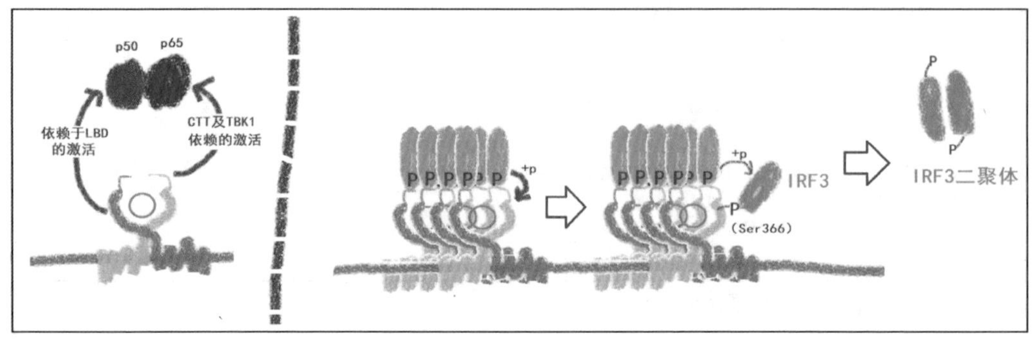

另一方面呢，结合TBK1后，STING会形成多聚体的形式，磷酸化激活的TBK1会对STING的Ser366位点进行磷酸化。STING的Ser366位点磷酸化后，会招募IRF3结合上来，这个时候TBK1则会对IRF3进行磷酸化激活。激活后的IRF3会形成二聚体，产生活性。

结合了cGAMP后的STING，其实是通过COP II囊泡，先运输到ER-高尔基体中间室ERGIC（ER-Golgi intermediate compartment）上，再转移到高尔基体上去的。

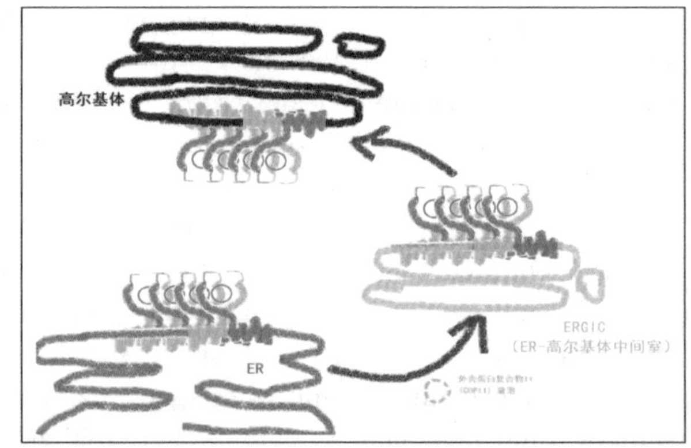

为啥要提这个ERGIC呢？因为这个ERGIC是自噬体的一种膜来源：

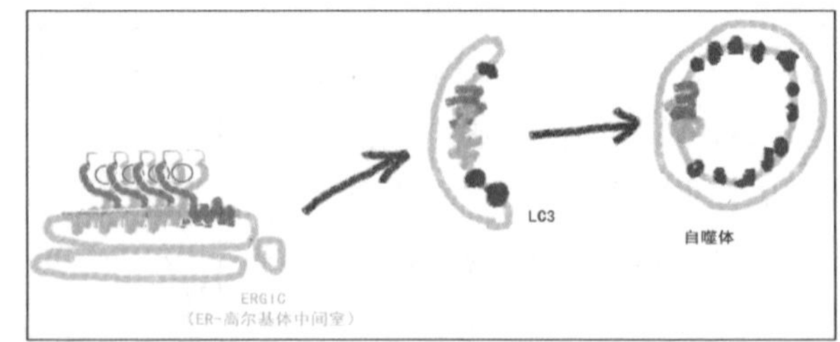

结合了STING的ERGIC，会通过结合上LC3形成自噬体，并启动自噬作用。当然，也有文章表示STING在结合cGAMP后，会通过结合iRhom2之类的蛋白引起内质网应激反应，引起ATG9介导的内质网自噬。

另一方面，从高尔基体上脱离下来的STING，通过晚期内体被转运到溶酶体或多泡体（multivesicular bodies，MVB）中降解：

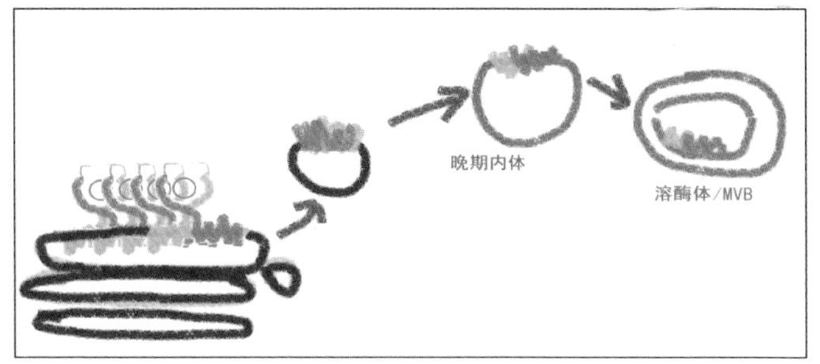

而cGAS-STING信号通路串扰的信号通路就比较复杂了，因为cGAS-STING的结果是诱导炎性分子的表达，本身这些分子是与肿瘤微环境相关联的。cGAS-STING也能通过AIM2的炎性小体促进坏死性凋亡或者焦亡，IRF3二聚体与Toll样受体信号通路也能串扰，IRF3也能通过Bax/Bak激活细胞凋亡。

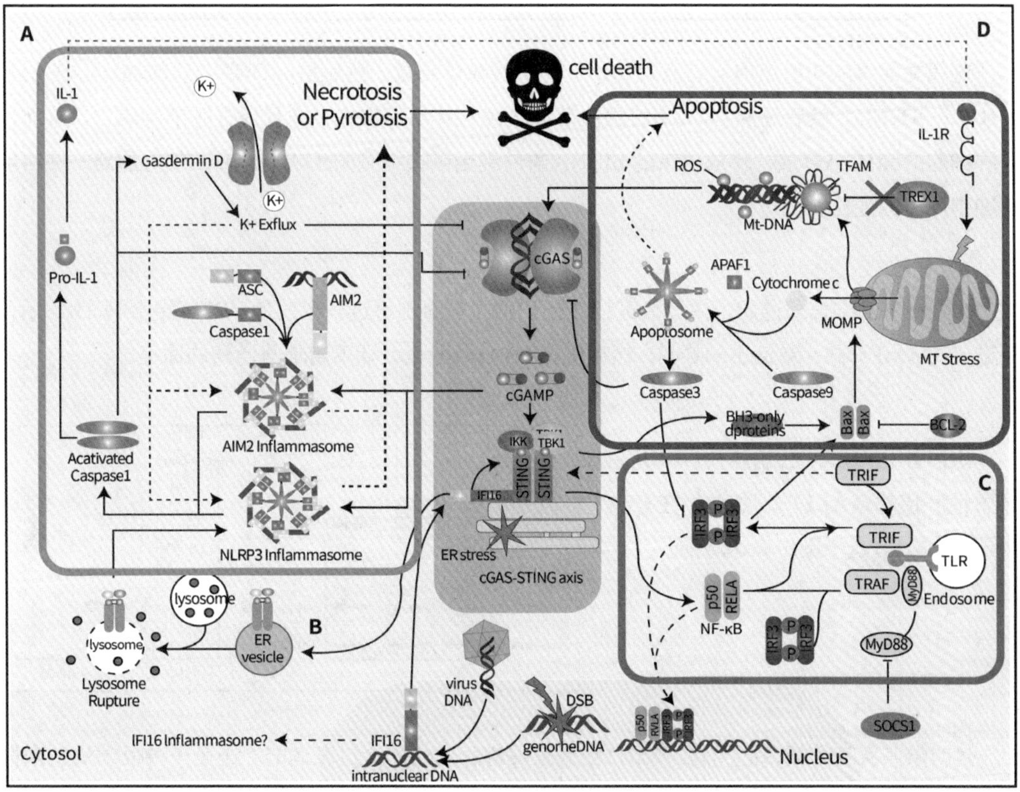

所以cGAS-STING信号通路涉及的面还是挺广的，要再深入讲，就只能通过文献来一点点看了。有兴趣看这篇文章的话，可以自己去KEGG上搜一下。就给你们讲到这里吧，祝你们心明眼亮。

线粒体自噬、cGAS-STING和焦亡，这篇11.799分的文章讲些什么

前面讲了cGAS-STING信号通路，这节就找了篇11.799分的*Redox Biology*，我们结合文献看看人家的cGAS-STING信号通路大概都做了点儿什么。

> **Redox Biology**
> XBP1 Deficiency Promotes Hepatocyte Pyroptosis by Impairing Mitophagy to Activate mtDNA-cGAS-STING Signaling in Macrophages During Acute Liver Injury

这篇文章讲的知识点属实有点儿多，首先是线粒体自噬，然后是mtDNA（线粒体DNA）引起的cGAS-STING，然后是焦亡。XBP1缺失后导致线粒体自噬损伤，并且促进肝细胞焦亡，从而导致肝细胞的mtDNA释放，释放出来的mtDNA通过激活巨噬细胞的cGAS-STING信号通路，使得巨噬细胞产生炎性分子。

cGAS-STING信号通路，估计大家应该还记得，前面刚讲过。也就是dsDNA结合到cGAS后，促进了cGAMP形成，激活了STING，然后促进TBK1磷酸化激活下游信号通路的途径。

他们首先用硫代乙酰胺（TAA）诱导急性肝损伤（ALI），发现，在TAA诱导后，XBP1这个蛋白表达增加。

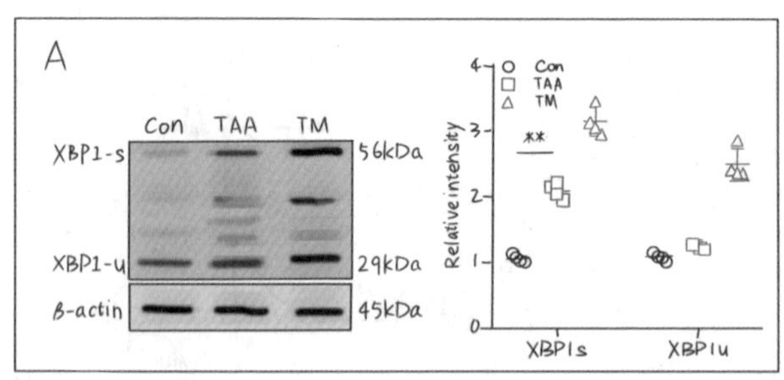

这时候其实有个简单的问题，XBP1到底是促进肝损伤才会过表达的，还是一种反馈机制来保护肝损伤才产生的过表达呢？这只能通过实验进行验证（所以生信其实很难说明表达与表型之间的因果关系），不知道你们能不能理解。所以他们在TAA诱导肝损伤后，敲减了小鼠肝细胞中的XBP1。如果敲减XBP1后肝损伤表型被抑制，那可能XBP1就是促进肝损伤的因素，反之则XBP1是一种反馈的抵抗肝损伤的机制：

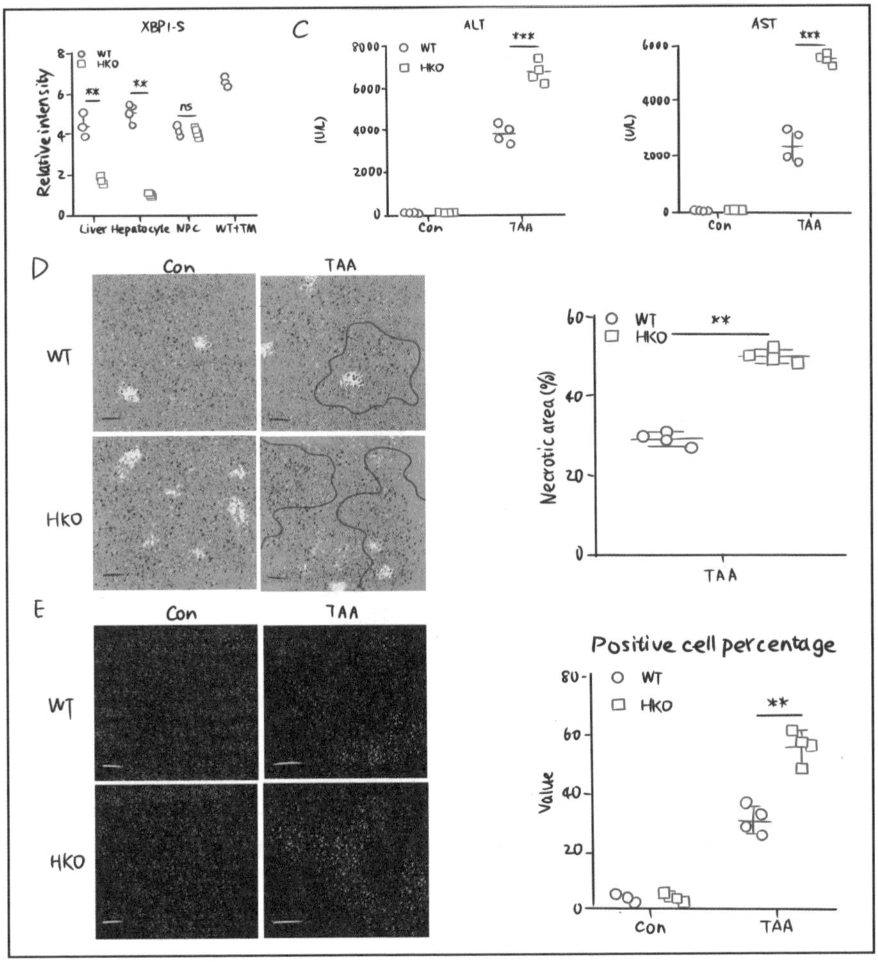

结果是，TAA诱导后，敲除XBP1，肝损伤表型变得更严重了。也就是说XBP1是在肝损伤产生后高表达来挽救肝损伤的机制。肝细胞敲除了XBP1后会导致肝损伤加剧，那么肝损伤加剧的原因，可能是由于肝细胞释放mtDNA有助于STING激活巨噬细胞导致的，所以他们首先检测了mtDNA对于巨噬细胞激活的影响：

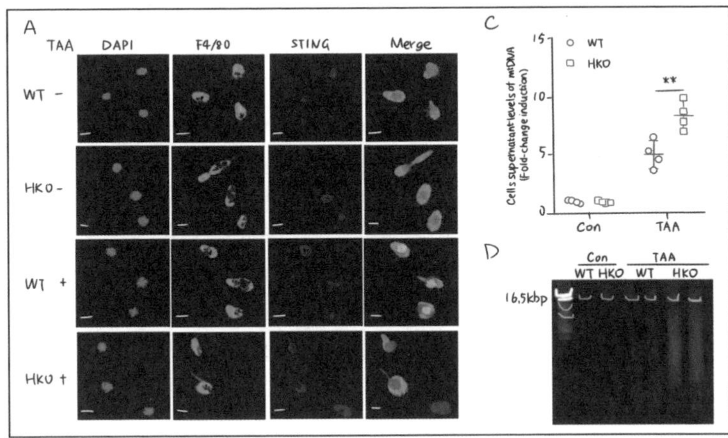

这里用的是F4/80（成熟小鼠巨噬细胞标记物）标记巨噬细胞，可以明显发现巨噬细胞中STING激活了。而敲除XBP1后，用TAA诱导肝损伤，mtDNA的含量也增加了。接着他们用加了荧光标记的mtDNA来体外诱导巨噬细胞的激活，同时分析了TAA及敲减XBP1后，巨噬细胞的cGAS-STING的激活情况：

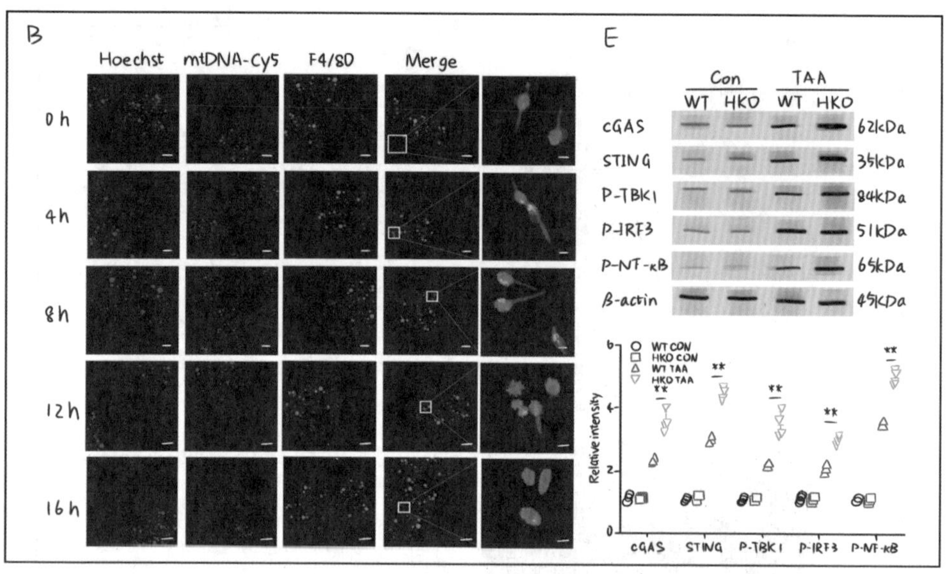

可以看到TAA诱导肝损伤后，巨噬细胞内的cGAS-STING信号通路及下游的IRF3和NF-κB都明显激活了。那么cGAS-STING信号通路中关键的分子，其实就是cGAS和STING：

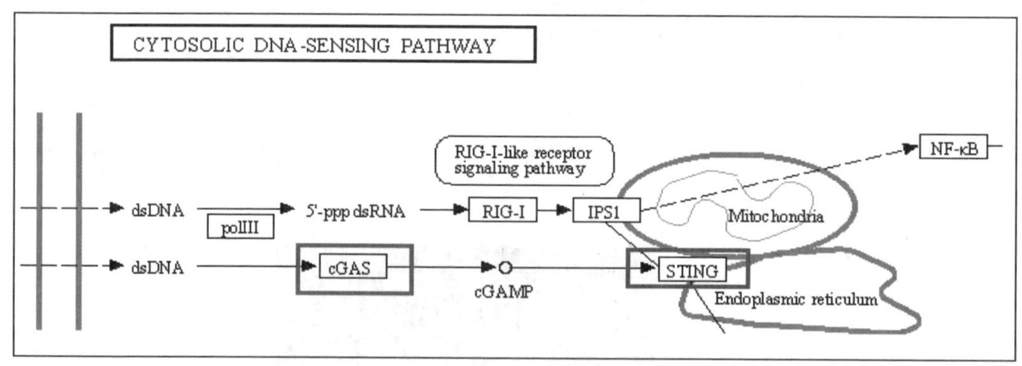

只有当敲减了巨噬细胞中的cGAS后，才能回复巨噬细胞的激活状态。这也就是说敲除肝细胞中的XBP1后，会通过诱导巨噬细胞的cGAS-STING信号通路，从而激活巨噬细胞，引发肝损伤：

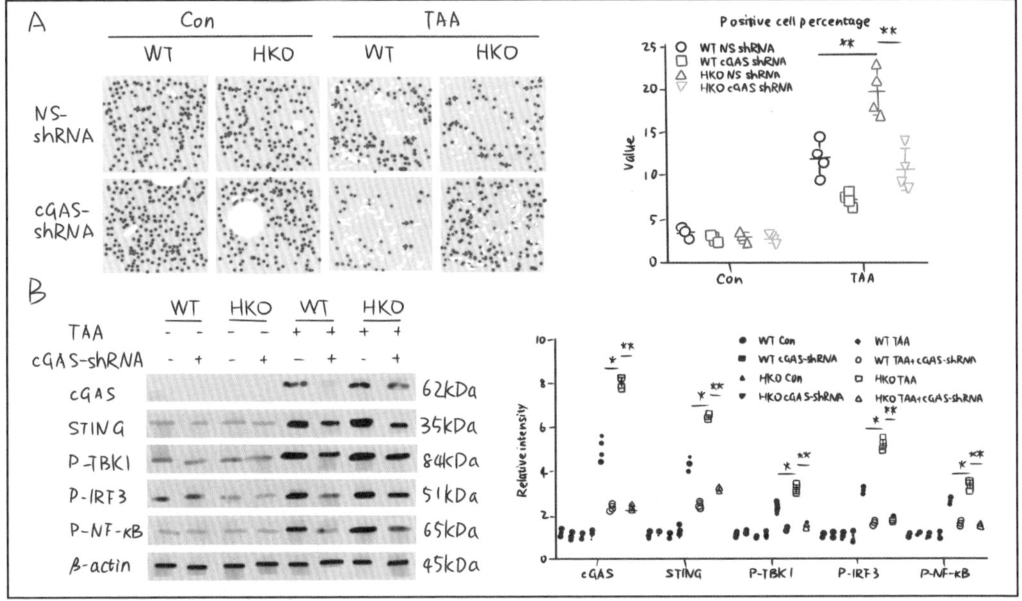

而肝细胞释放出的mtDNA是激活巨噬细胞cGAS-STING信号通路的主要因素：

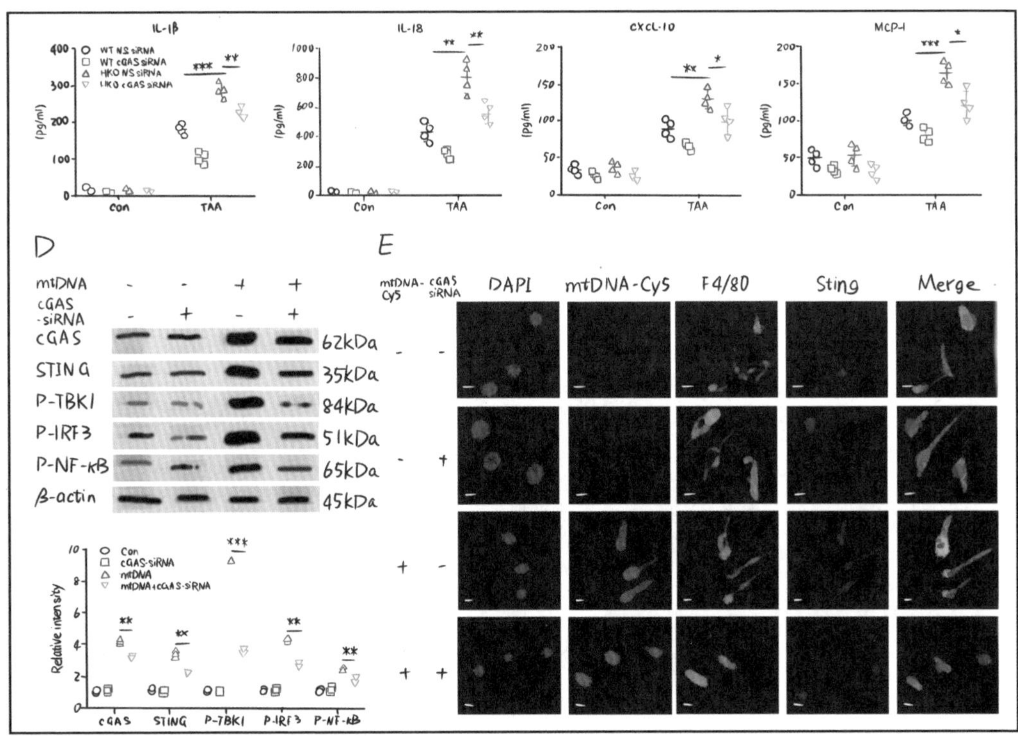

XBP1的缺失，以及TAA诱导的肝损伤，要如何释放这些mtDNA呢？有可能是通过焦亡，因为焦亡导致的细胞胀毙会引起更多的细胞内容物释放。那么XBP1的缺失，以及TAA是否能诱导肝细胞焦亡呢？可以：

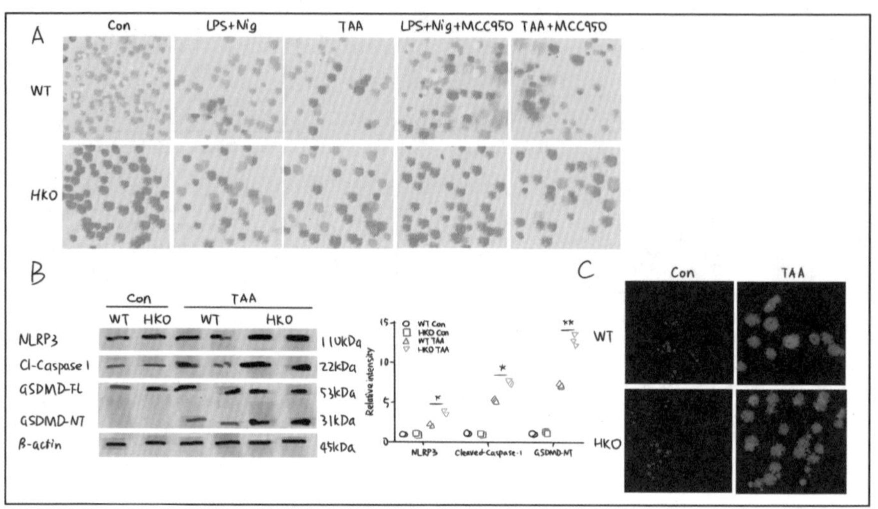

这里用了焦亡抑制剂以及焦亡促进剂，Nigericin（尼日利亚菌素）是促进焦亡的，YVAD-cmk是一种抑制剂，能抑制Caspase1（不会已经忘了焦亡是怎么回事了吧，Caspase1是焦亡的关键分子，也就是NLRP3复合体促进其水解成熟的），MCC950也是一种细胞焦亡抑制剂。

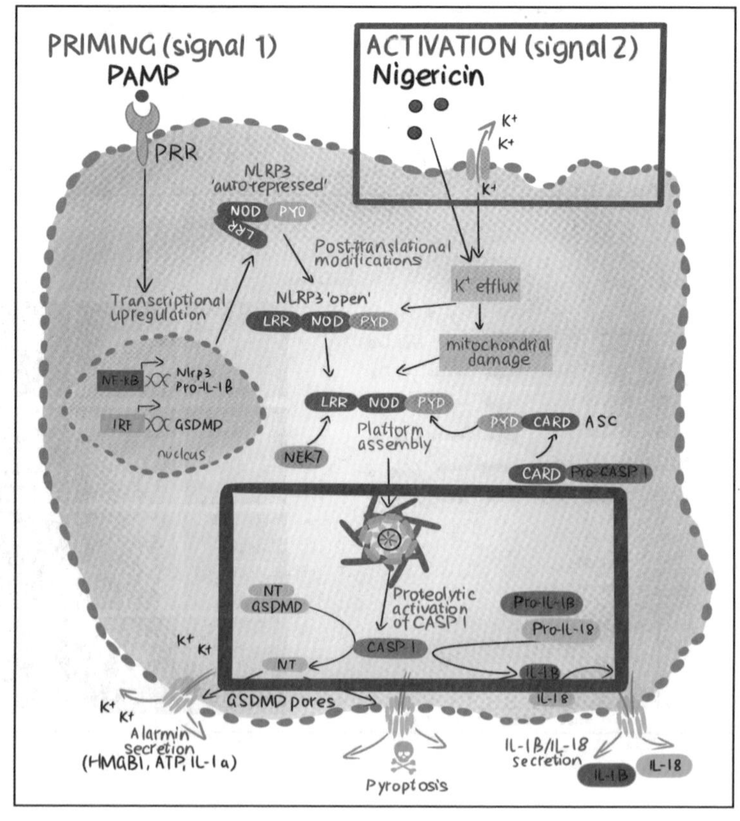

结果就是抑制焦亡后，能有效抑制肝细胞的mtDNA渗出：

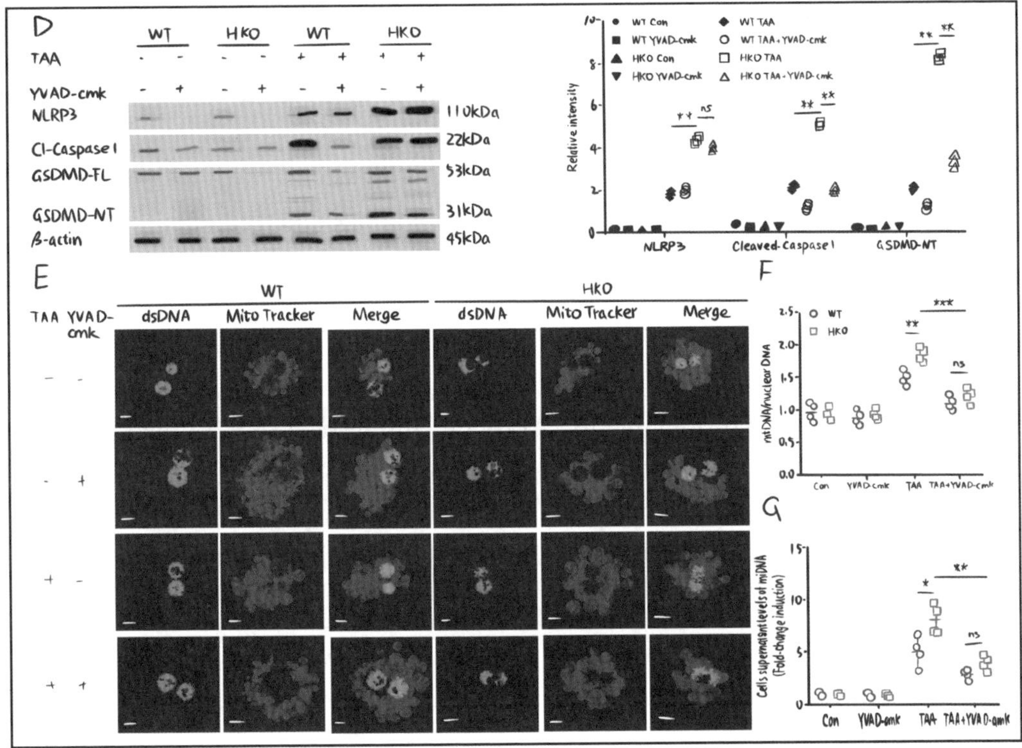

好了，这篇文章还是有点儿长，就给你们讲到这里吧，祝你们心明眼亮。

这篇11.799分的cGAS-STING文章是怎么扯上焦亡和线粒体自噬的呢

继续讲讲这篇线粒体自噬+焦亡+cGAS-STING信号通路的11.799分的文章：

> **Redox Biology**
> XBP1 Deficiency Promotes Hepatocyte Pyroptosis by Impairing Mitophagy to Activate mtDNA-cGAS-STING Signaling in Macrophages During Acute Liver Injury

上次讲到他们发现了TAA诱导肝细胞损失后，同时敲除XBP1，会同时引起肝细胞的焦亡，以及mtDNA渗出，渗出的mtDNA则会进入巨噬细胞中，激活巨噬细胞的cGAS-STING信号通路：

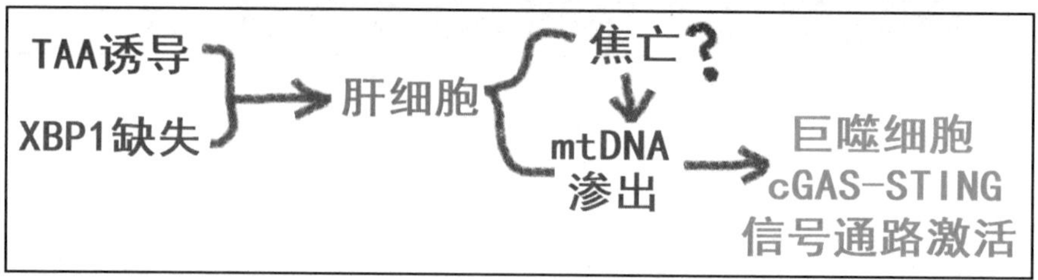

那敲除XBP1后，TAA处理的肝细胞是如何产生焦亡的呢？要是熟悉夏老师之前讲过的细胞的各种死亡的话，就应该知道，细胞死亡都贯穿着一个细胞内的ROS累积。于是，他们检测了一下敲除XBP1后，TAA处理的肝细胞的ROS情况：

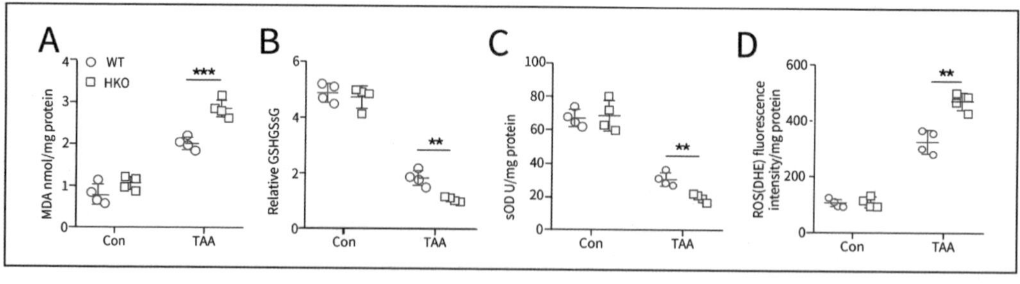

这里的MDA也就是丙二醛，是ROS产生后的产物：

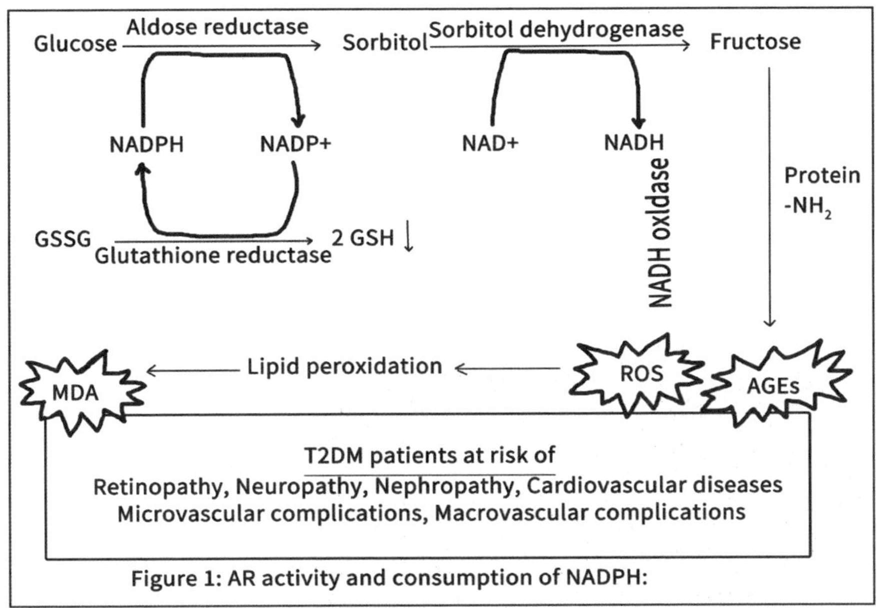

Figure 1: AR activity and consumption of NADPH:

GSH/GSSG的话，大家如果对之前反反复复讲过很多次的铁死亡比较熟悉，就应该还记得GPX4：

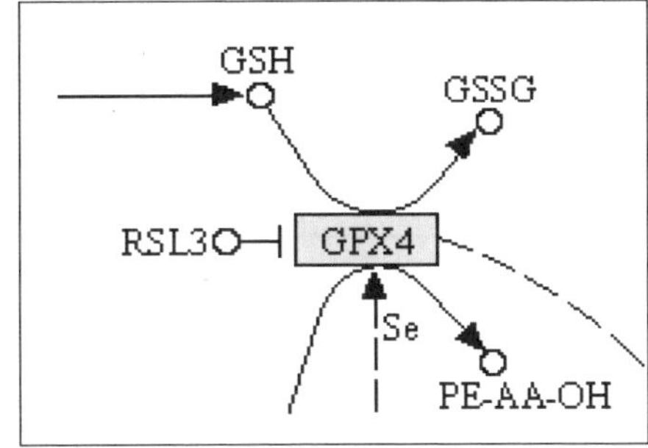

接着他们检测了DHE荧光染色（标记ROS），以及四甲基罗丹明甲酯染色（标记线粒体，因为毕竟有mtDNA渗出了）：

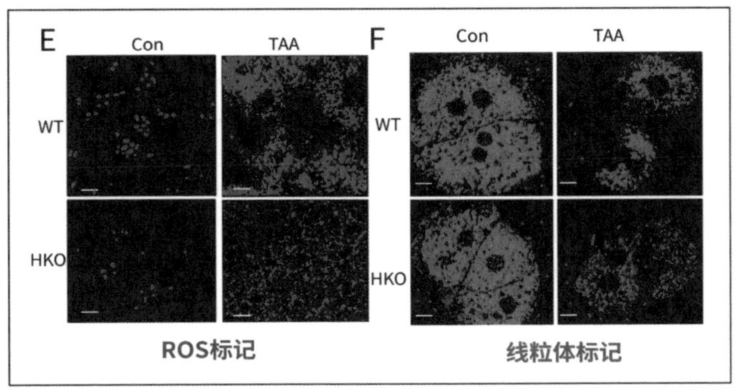

可以看出XBP1缺失后，TAA诱导的肝损伤产生后，肝细胞中ROS增多，而线粒体明显减少。那么是不是线粒体的损伤导致的ROS累积呢？于是他们用MitoTEMpo（线粒体ROS清除剂）处理TAA诱导的细胞，发现肝细胞内部的ROS得到了抑制：

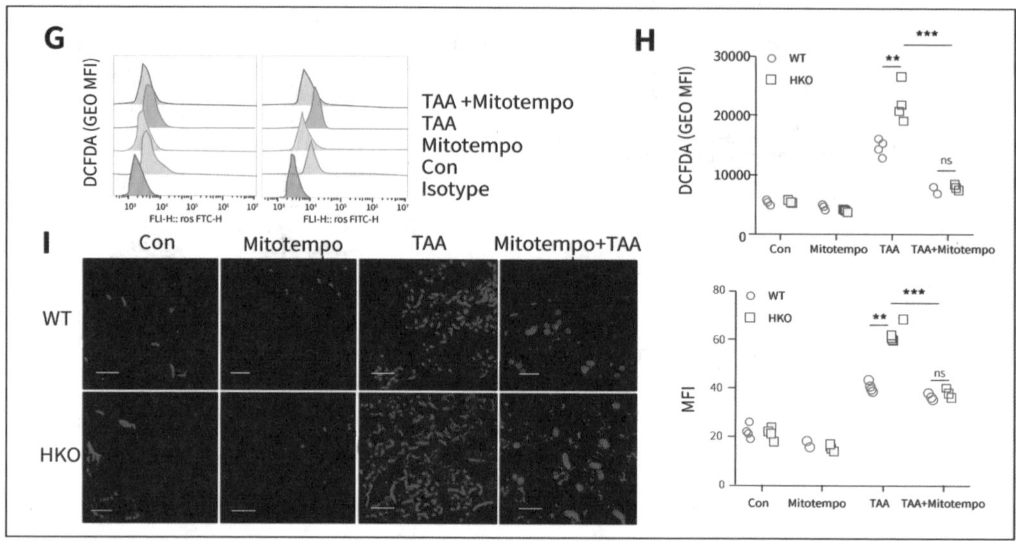

这里他们用的是DCFDA染色，这个其实有点儿像铁死亡常用的4-HNE染色，主要就是为了显示细胞内部的ROS：

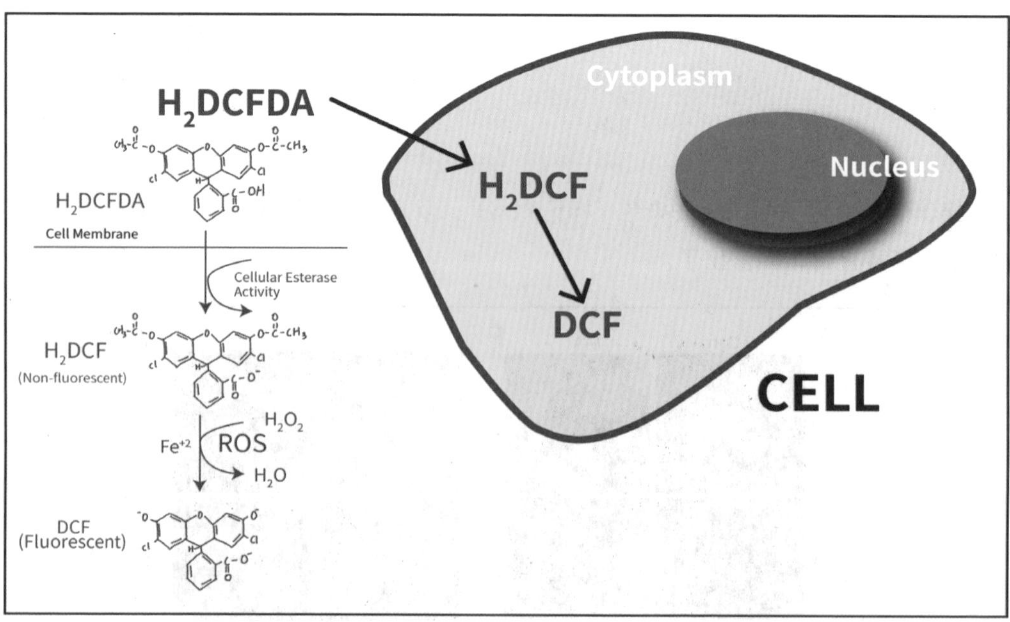

当MitoTEMpo清理了线粒体中的ROS后，焦亡相关的蛋白表达以及GSDMD的剪切也明显被抑制了：

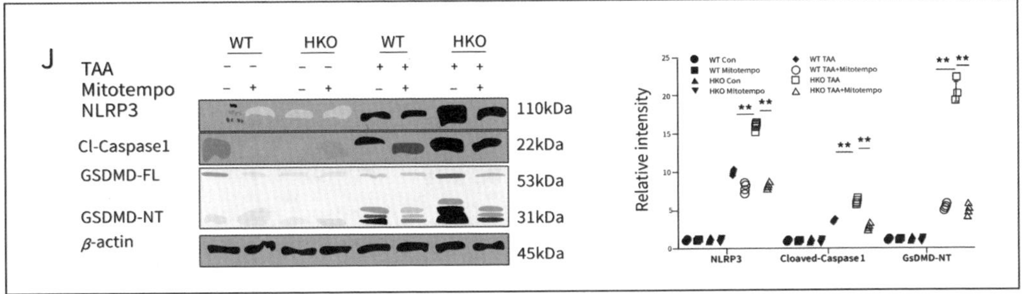

也就说明线粒体中的ROS可能是诱导肝细胞焦亡的关键因素。那线粒体的ROS是如何累积的呢？于是他们想到了线粒体自噬。其实线粒体自噬是为了清除有问题的线粒体的一个过程（之前都给你们讲过了，甚至还讲了内质网自噬之类的一系列微自噬），其中线粒体的ROS也会随着线粒体自噬被清除。

所以，有没有可能是XBP1的缺失，影响了线粒体自噬呢？于是他们分析了一下LC3以及p62，这两个自噬的常见蛋白的表达情况：

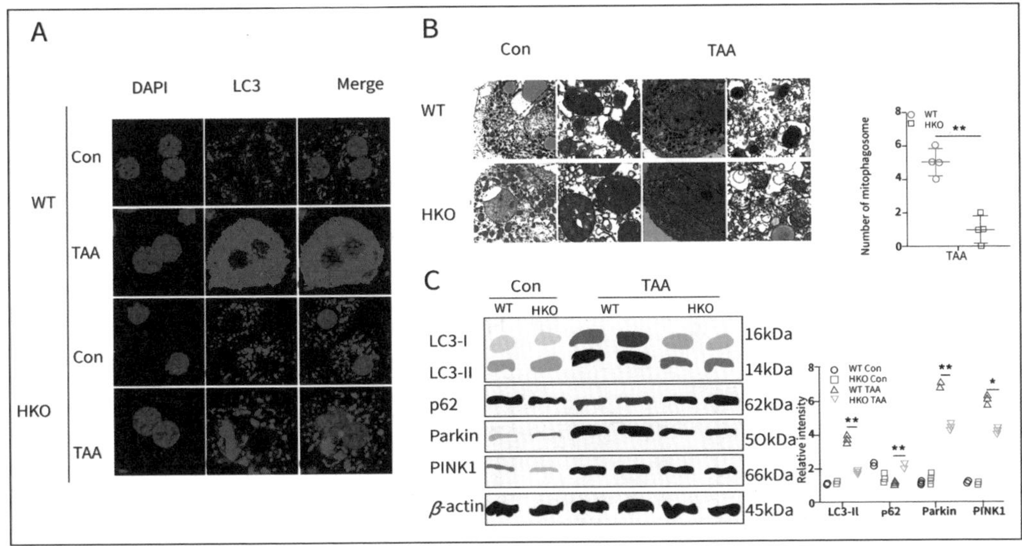

他们发现，TAA处理野生型的细胞后LC3表达增多（在这里也就是自噬增加了），而TAA处理XBP1缺失的肝细胞，LC3的表达几乎没差异。同时他们分析了Parkin以及PINK1，为啥要分析这俩？因为线粒体膜电位下降后，PINK1会招募到线粒体膜上，结合并激活Parkin，Parkin则会对线粒体膜外的一些蛋白组件进行泛素化修饰，促进p62结合，引起线粒体自噬。

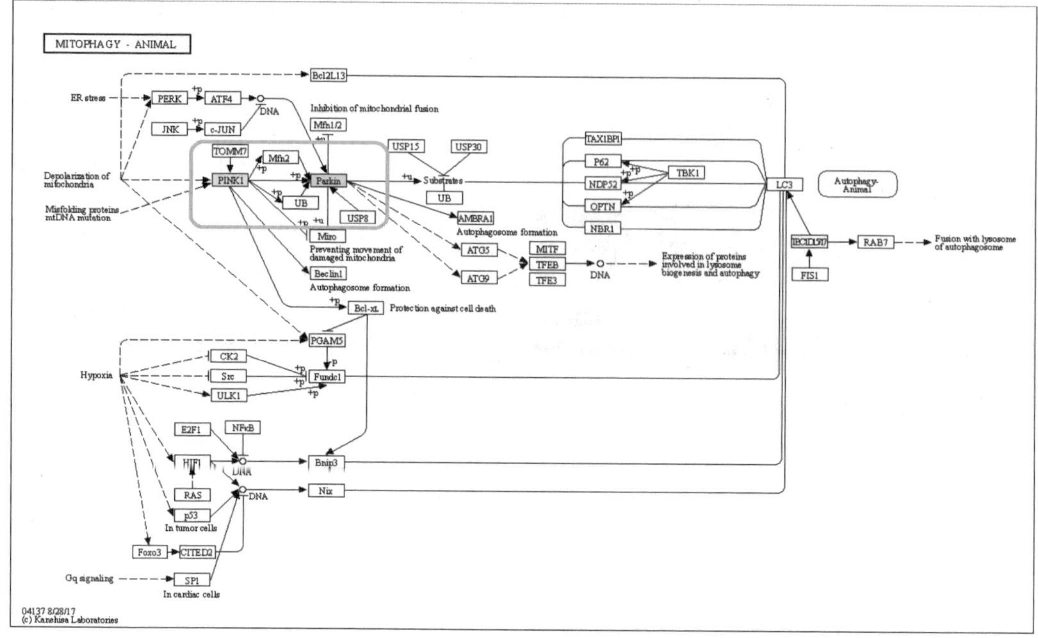

接着他们用了自噬抑制剂CQ（氯喹）来检测自噬通量。CQ是一种抑制自噬体及溶酶体结合的化合物，所以加入CQ后，LC3的表达量会增加（这里并不是指自噬增加了，而是自噬抑制了，导致LC3累积了）：

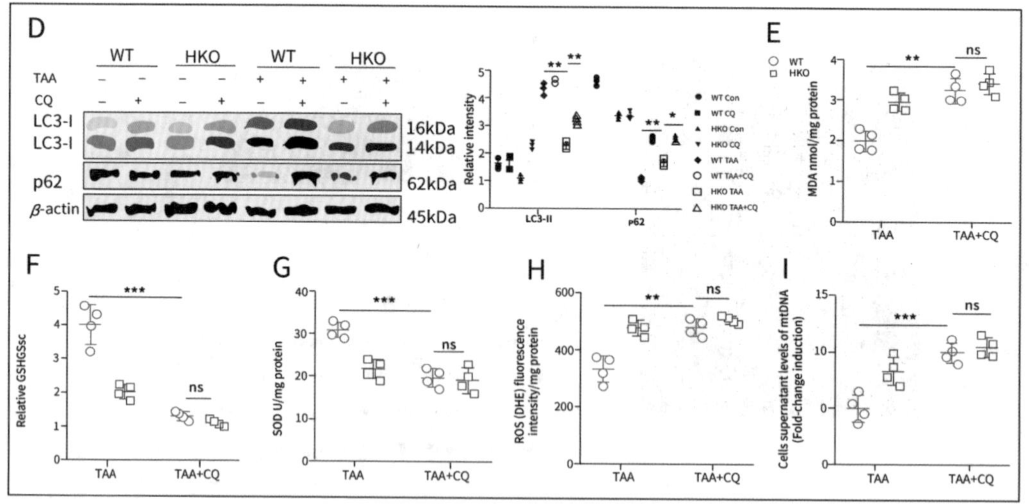

而大家可以看到XBP1敲减后加入CQ，CQ引起的LC3累积并不多，这也就说明了本身XBP1的缺失会导致线粒体自噬途径产生损伤。

用CQ抑制了线粒体自噬后，TAA诱导的肝损伤则会导致更多的肝细胞焦亡，也会导致小鼠中的巨噬细胞的cGAS-STING信号通路的激活，这就说明了肝细胞的线粒体凋亡的损伤会通过mtDNA激活巨噬细胞中的cGAS-STING信号通路。

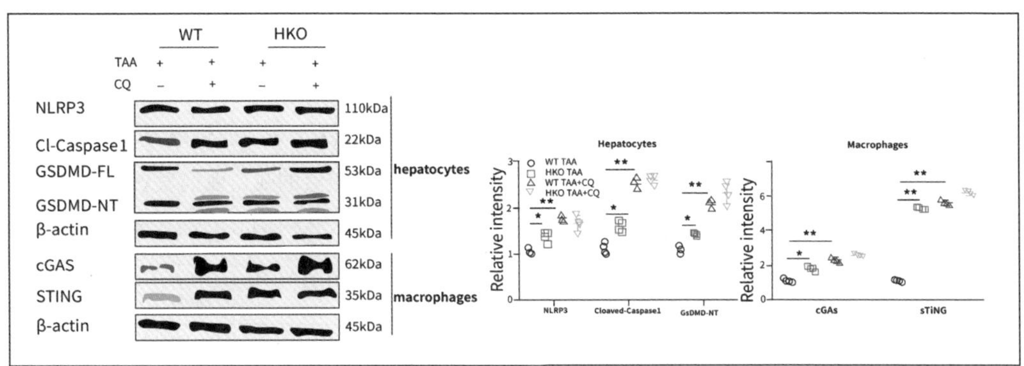

这篇文章还没讲完，下节继续讲。就给你们讲到这里吧，祝你们心明眼亮。

看完这篇11.799分的cGAS-STING文章才发现，它好像什么都没证明一样

回忆一下上节，他们首先发现肝损伤细胞中XBP1蛋白表达上调。通过敲减发现XBP1缺失后，肝损伤的炎症反应加重了。那炎症反应是如何激活的呢？他们发现肝细胞附近的巨噬细胞的cGAS-STING信号通路被激活，而激活巨噬细胞的cGAS-STING信号通路的可能是mtDNA。肝损伤极有可能通过焦亡使肝细胞释放出诱导mtDNA：

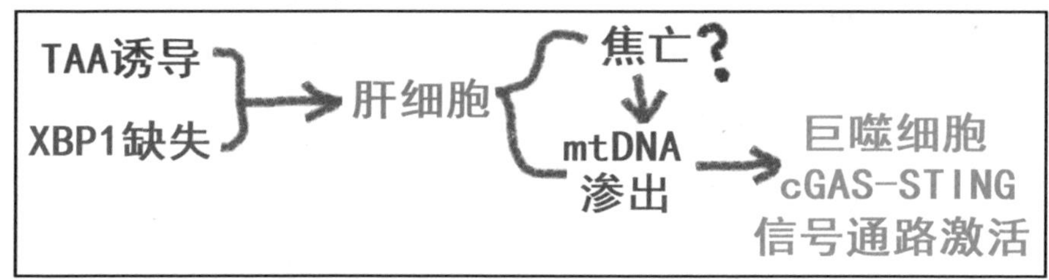

既然XBP1的缺失在肝损伤过程中可能会引起mtDNA的渗出以及焦亡，那他们倒推上去，分析了XBP1缺失后对于肝细胞ROS及焦亡的影响，以及XBP1缺失后对于线粒体自噬的影响（线粒体自噬会消除ROS的负面作用）。他们发现XBP1缺失后会抑制线粒体自噬，导致ROS增多并引起肝细胞焦亡，同时渗出大量mtDNA。

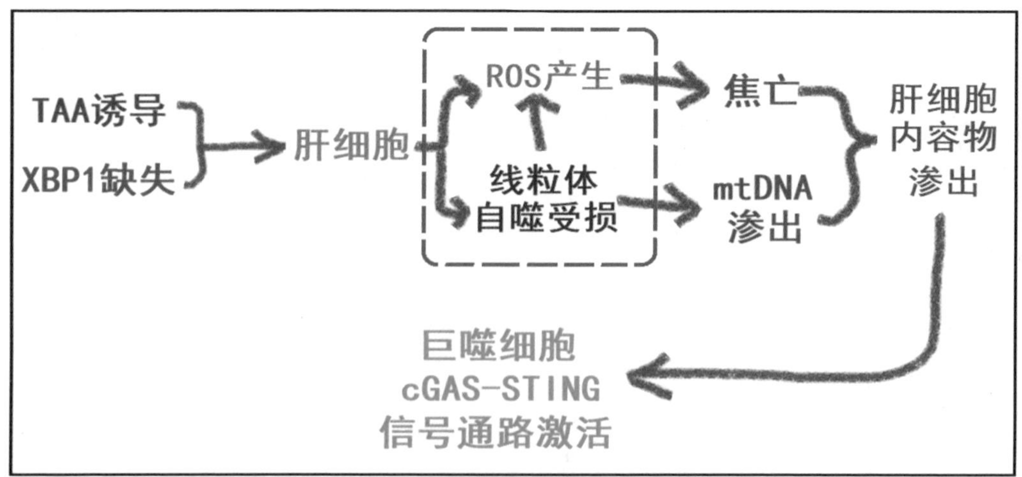

做完了上面这些，他们做了体内实验，首先分析了肝损伤患者体内XBP1的表达情况，发现肝损伤患者的XBP1表达明显上调：

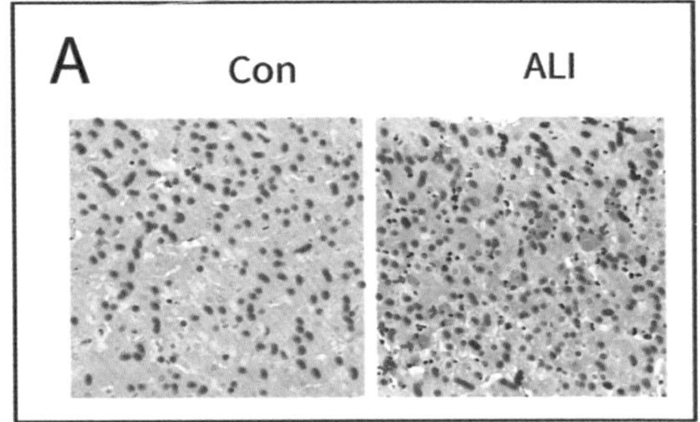

然后分析了肝损伤患者的自噬以及焦亡变化，很明显肝损伤患者的焦亡（成熟的Caspase1以及剪切了的GSDMD）都表达上调，自噬（LC3表达）也明显增多：

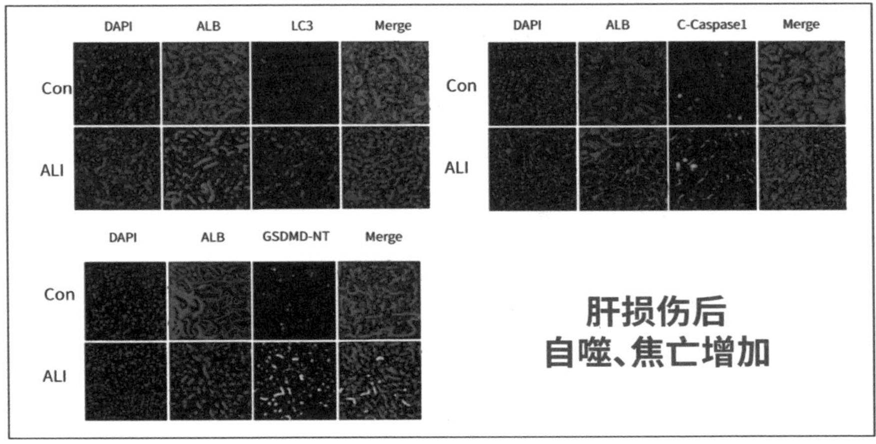

最后他们看了一下肝损伤后肝细胞周围的巨噬细胞中的cGAS-STING信号通路激活情况：

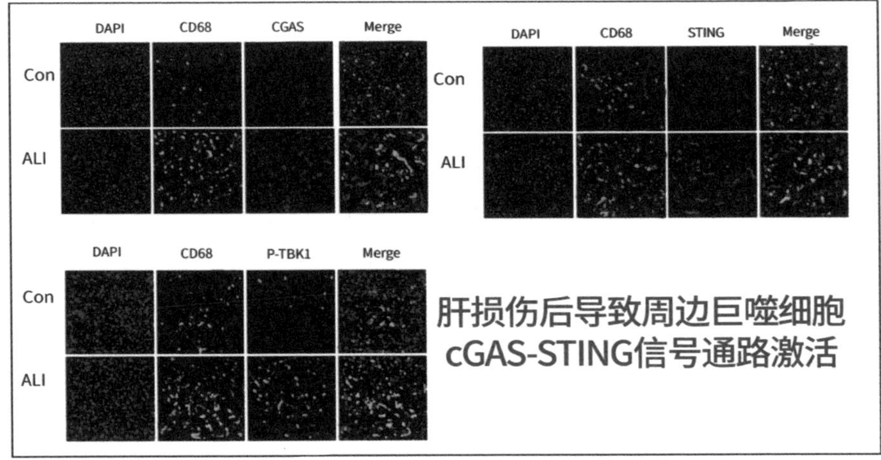

肝损伤患者的cGAS-STING明显被激活了（这里做了cGAS，STING以及下游的TBK1的磷酸化），也就是说炎症反应可能会增多。

于是他们做出了这样的模式图：

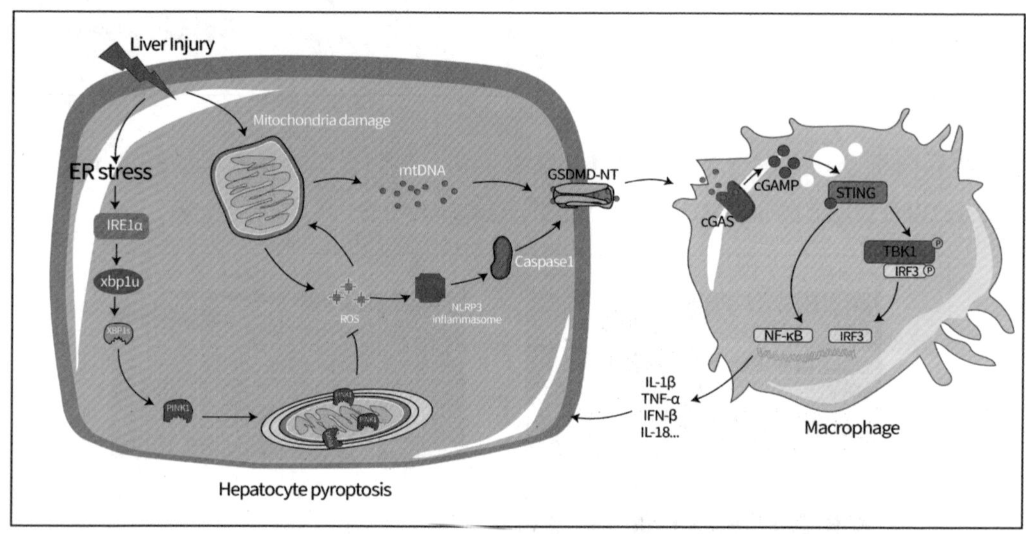

看完觉得哪里不对劲了吗？如果你们注意的话，可能会发现，这篇文章之前的实验全都是在讨论缺失XBP1后所产生的影响（自噬受损，ROS产生，焦亡增加，mtDNA释放，巨噬细胞的cGAS-STING信号通路激活）。而最后的体内实验却显示高表达XBP1后，肝损伤一样会造成这些影响，只是自噬增加了。所以XBP1并不会在自然条件下缺失，只有XBP1表达缺失后会增强巨噬细胞的cGAS-STING信号通路激活。所以过表达XBP1后所产生的作用到底是什么，其实并没有说清楚。举个不恰当的例子，就比如，“打断一条腿后，可能就没法跑步了”。那是否能得到“增加一条腿，人就能跑得更快”这样的结论呢？所以这篇文章最后的体内论证总觉得是怪怪的。

当你看完这篇11.799分的文章，就好像看完了一篇11.799分的文章一样

讲完了这篇11.799分的cGAS-STING信号通路的文章，我相信你们也未必能想清楚这篇文章到底出了什么问题。这次就继续再梳理一下这篇文章看看。其实这篇文章最后的示意图并不能算是完全错误的，只是紫色虚线框的位置这部分内容明显应该是文章的大头，却和这整张示意图关联并不紧密：

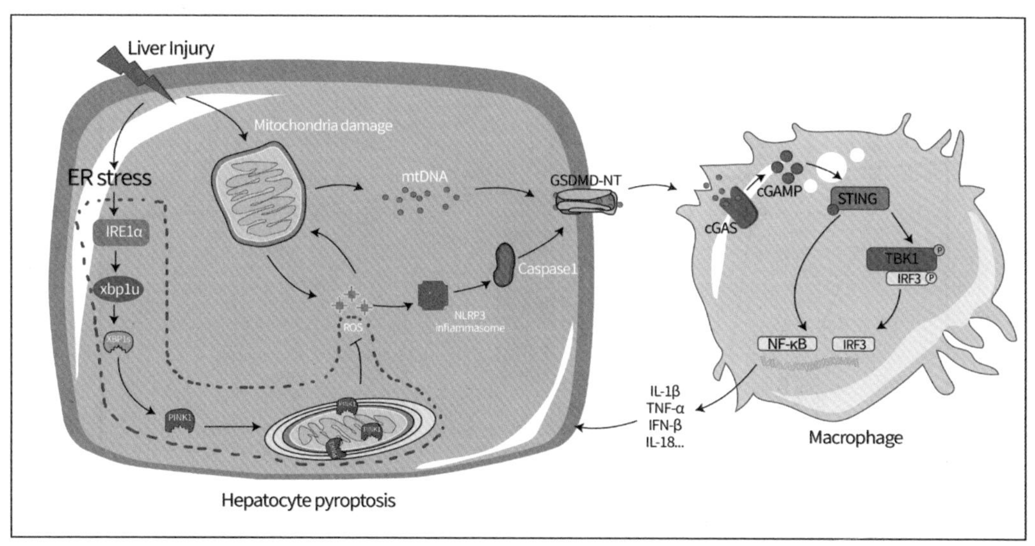

我们就从文章的结构来讲讲看，夏老师随便画了一下：

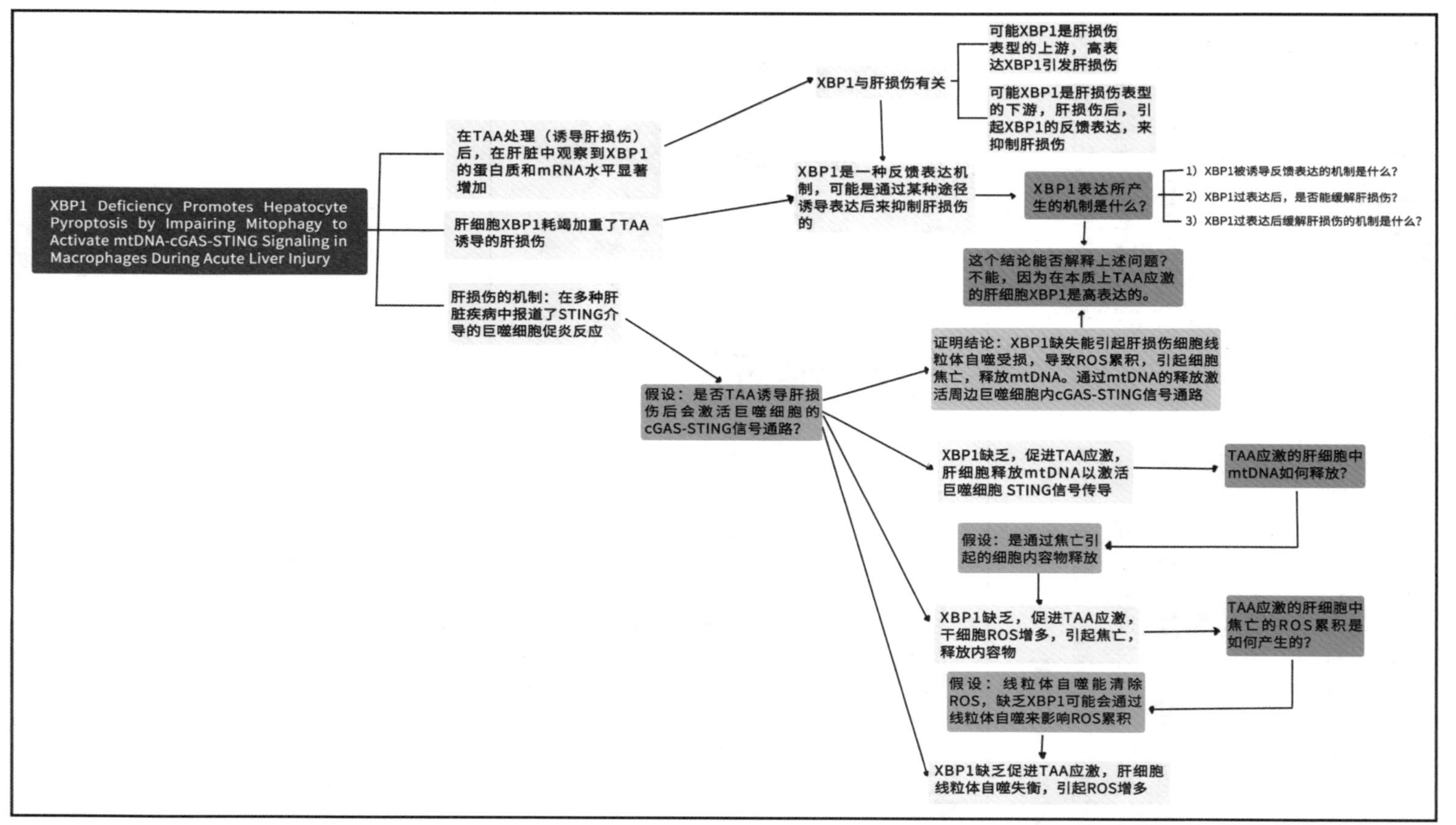
XBP1 Deficiency Promotes Hepatocyte Pyroptosis by Impairing Mitophagy to Activate mtDNA-cGAS-STING Signaling in Macrophages During Acute Liver Injury
在TAA处理（诱导肝损伤）后，在肝脏中观察到XBP1的蛋白质和mRNA水平显著增加
肝细胞XBP1耗竭加重了TAA诱导的肝损伤
肝损伤的机制：在多种肝脏疾病中报道了STING介导的巨噬细胞促炎反应
XBP1与肝损伤有关
可能XBP1是肝损伤表型的上游，高表达XBP1引发肝损伤
可能XBP1是肝损伤表型的下游，肝损伤后，引起XBP1的反馈表达，来抑制肝损伤
XBP1是一种反馈表达机制，可能是通过某种途径诱导表达后来抑制肝损伤的
XBP1表达所产生的机制是什么？
1）XBP1被诱导反馈表达的机制是什么？
2）XBP1过表达后，是否能缓解肝损伤？
3）XBP1过表达后缓解肝损伤的机制是什么？
这个结论能否解释上述问题？不能，因为在本质上TAA应激的肝细胞XBP1是高表达的。
证明结论：XBP1缺失能引起肝损伤细胞线粒体自噬受损，导致ROS累积，引起细胞焦亡，释放mtDNA。通过mtDNA的释放激活周边巨噬细胞内cGAS-STING信号通路
假设：是否TAA诱导肝损伤后会激活巨噬细胞的cGAS-STING信号通路？
XBP1缺乏，促进TAA应激，肝细胞释放mtDNA以激活巨噬细胞 STING信号传导
TAA应激的肝细胞中mtDNA如何释放？
假设：是通过焦亡引起的细胞内容物释放
XBP1缺乏，促进TAA应激，干细胞ROS增多，引起焦亡，释放内容物
TAA应激的肝细胞中焦亡的ROS累积是如何产生的？
假设：线粒体自噬能清除ROS，缺乏XBP1可能会通过线粒体自噬来影响ROS累积
XBP1缺乏促进TAA应激，肝细胞线粒体自噬失衡，引起ROS增多

首先，这篇文章的起因是发现了TAA诱导的肝损伤会导致XBP1的表达增加。这有两种可能，一种是XBP1位于肝损伤表型的上游，TAA通过XBP1引起了肝损伤。另一种可能是XBP1位于肝损伤表型的下游，产生肝损伤后，导致XBP1的反馈表达（可以理解为应激后，细胞自救一下）：

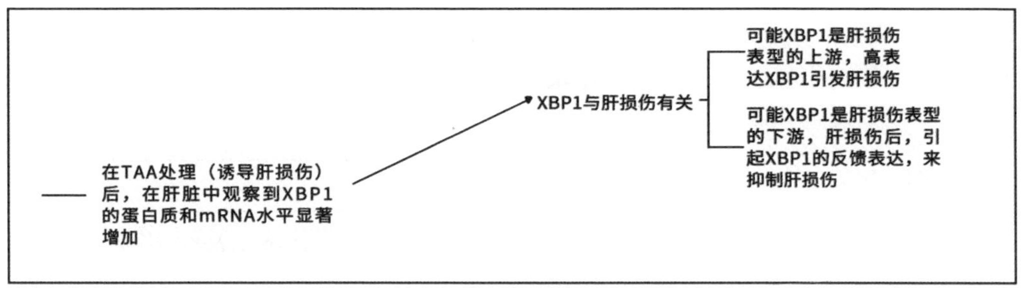

这些其实都可以理解为XBP1是和诱导的肝损伤有关联性的，他们通过XBP1敲减发现了XBP1其实位于TAA诱导的肝损伤的下游。也就是说，XBP1可能真的是肝损伤后某种反馈机制，导致了其表达增加。其实这里，这个假设应该迭代成“XBP1的表达所产生的机制到底是什么”“XBP1在肝损伤后表达的意义在哪里”等这些方向。

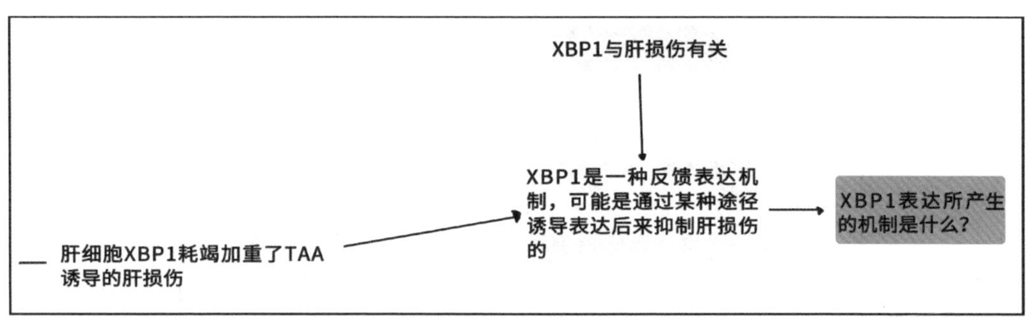

但他们没继续这个话题，去另一头找答案，试图补完整个机制。也就是肝损伤的机制，肝细胞与巨噬细胞cGAS-STING信号通路的Cross Talk。假设在肝损伤后，TAA应激的肝细胞会诱导巨噬细胞cGAS-STING信号通路的激活：

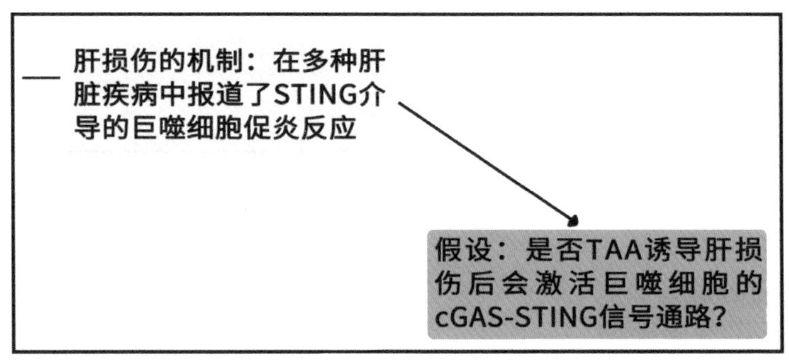

确定了肝损伤后，会通过mtDNA诱导巨噬细胞cGAS-STING信号通路的激活，那么mtDNA是怎么来的呢？有可能是通过细胞的焦亡，于是假设迭代成了肝损伤后的焦亡因素：

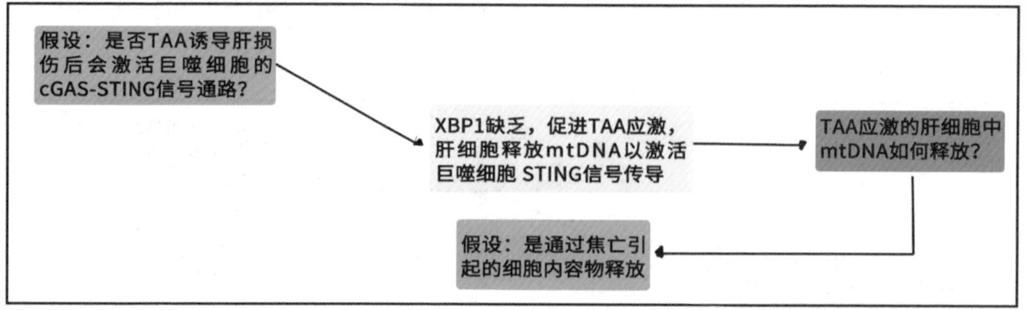

肝损伤后的焦亡是由ROS产生的，于是他们就又将假设迭代成了ROS的形成。而ROS是可以被线粒体自噬清除的，于是假设就又变成了缺失XBP1后，肝损伤细胞线粒体自噬会受到影响：

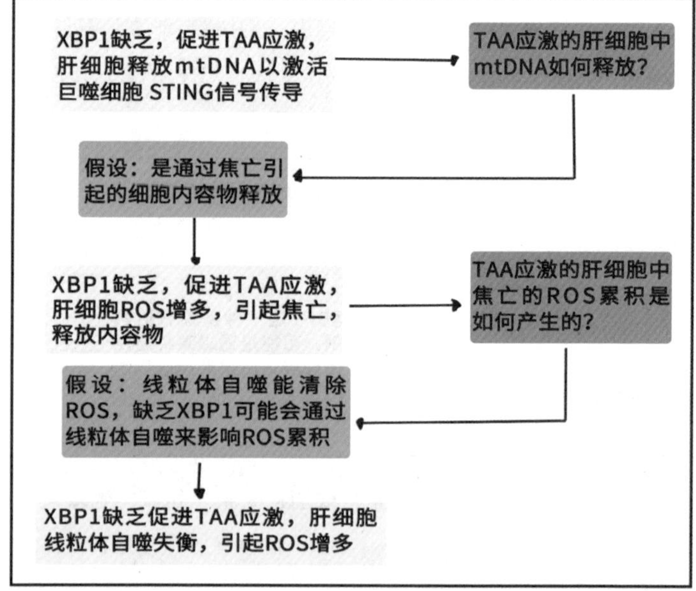

这些步骤的假设迭代都很完整，同时他们也得出了这个假设的结果，也就是缺失XBP1后，会影响线粒体自噬，导致ROS累积，引起肝细胞焦亡，导致mtDNA渗出，进入到巨噬细胞后，激活巨噬细胞cGAS-STING信号通路，促进肝损伤。

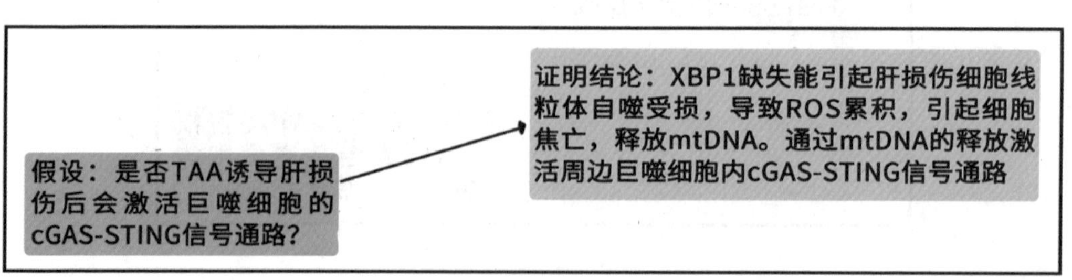

但是这个结果和最初的肝损伤细胞中XBP1表达增多有关系吗？大家是不是已经忘了，XBP1在TAA诱导的肝损伤细胞中是高表达的啊……

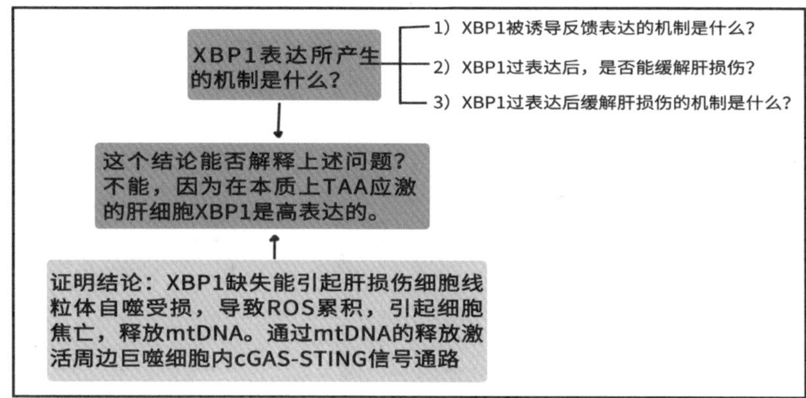

其实刚开始的时候，我们可能关心的是肝损伤后过表达的XBP1到底起到了什么样的作用？XBP1应激表达的原因是什么？过表达XBP1所产生的机制是什么？

而现在，这篇文章却告诉我们，缺了XBP1后，肝损伤更严重了。其实有没有XBP1，肝损伤都会引起自噬，也一样会激活巨噬细胞的cGAS-STING信号通路。

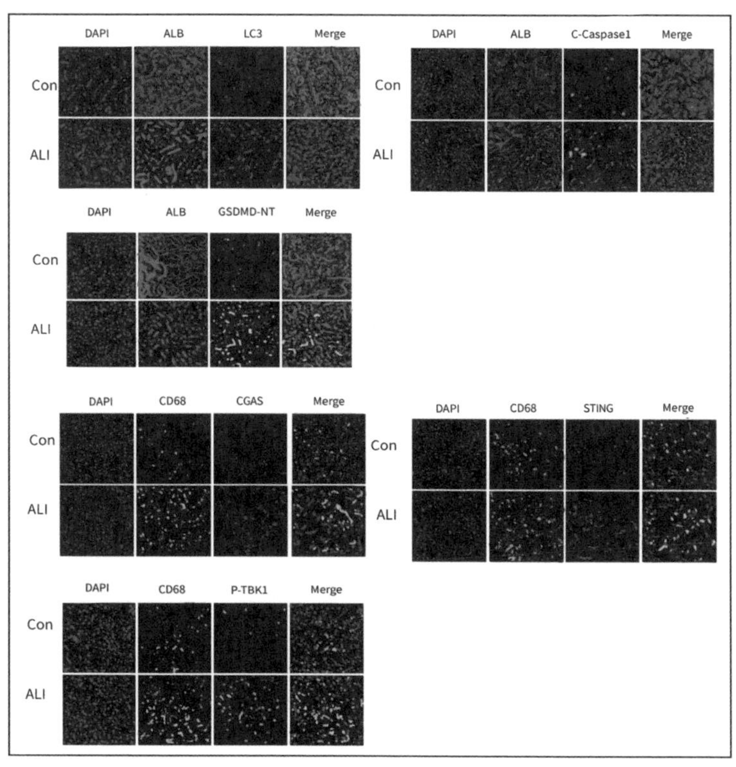

所以敲除XBP1的意义在啥地方呢？有临床意义吗？应该也没有吧。所以你再回头看看这篇文章的这个示意图，就会发现：

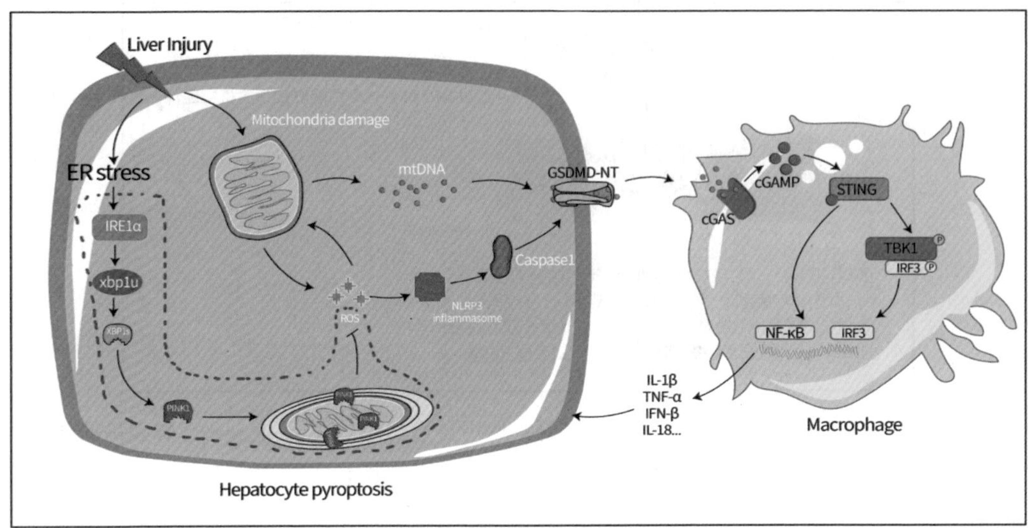

研究了半天的XBP1，就和没有研究过一样。对于肝损伤后XBP1的反馈表达的机制，以及反馈表达后的影响只字未提……虽然在机制研究的假设迭代上做得还可以，但文章一开始的思路和方向就跑偏了。结果就是：听君一席话，胜读一席话……就给你们讲到这里吧，祝你们心明眼亮。

这篇12.153分的cGAS-STING是怎么扯上焦亡的

本来夏老师想随便看看有没有分高的但内容并不是那么高质量的文章，于是就找了一篇12.153分的*Experimental and Molecular Medicine*，从原来的8分膨胀到12分，其实也算是起飞了……

> Experimental & Molecular Medicine
>
> **Cytosolic Escape of Mitochondrial DNA Triggers cGAS-STING NLRP3 Axis-Dependent Nucleus Pulposus Cell Pyroptosis**
>
> **Abstract**
>
> Low back pain (LBP) is a major musculoskeletal disorder and the socioeconomic problem with a high prevalence that mainly involves intervertebral disc (IVD) degeneration, characterized by progressive nucleus pulposus (NP) cell death and the development of an inflflammatory microenvironment in NP tissue. Excessively accumulated cytosolic DNA acts as a damage-associated molecular pattern (DAMP) that is monitored by the cGAS-STING axis to trigger the immune response in many degenerative diseases. NLRP3 inflflammasome-dependent pyroptosis is a type of inflflammatory programmed death that promotes a chronic inflflammatory response and tissue degeneration. However, the relationship between the cGAS-STING axis and NLRP3 inflflammasome-induced pyroptosis in the pathogenesis of IVD degeneration remains unclear. Here, we used magnetic resonance imaging (MRI) and histopathology to demonstrate that cGAS, STING, and NLRP3 are associated with the degree of IVD degeneration. Oxidative stress induced cGAS STING axis activation and NLRP3 inflflammasome-mediated pyroptosis in a STING-dependent manner in human NP cells. Interestingly, the canonical morphological and functional characteristics of mitochondrial permeability transition pore (mPTP) opening with the cytosolic escape of mitochondrial DNA (mtDNA) were observed in human NP cells under oxidative stress. Furthermore, the administration of a specifific pharmacological inhibitor of mPTP and self-mtDNA cytosolic leakage effectively reduced NLRP3 inflflammasome-mediated pyroptotic NP cell death and microenvironmental inflflammation in vitro and degenerative progression in a rat disc needle puncture model. Collectively, these data highlight the critical roles of the cGAS-STING-NLRP3 axis and pyroptosis in the progression of IVD degeneration and provide promising therapeutic approaches for discogenic LBP.

这篇文章还讲的线粒体DNA触发cGAS-STING→焦亡的过程，看着就挺热。但细看了一下，这篇文章其实还不错。首先你们要回忆一下cGAS-STING信号通路，其实很简单，游离的DNA结合到了cGAS上后，环化产生了cGAMP，然后激活STING。

信号通路是什么“鬼”？5

接着是焦亡，其实焦亡会涉及两个信号通路，一个是NOD样受体信号通路，另一个就是坏死性凋亡（《信号通路是什么“鬼”？3》里有）。焦亡主要就是NLRP3-ASC-Pro-Caspase1形成炎性小体，剪切出成熟的Caspase1，然后Caspase1再去剪切GSDMD，GSDMD上膜，往膜外释放DAMPs的过程……

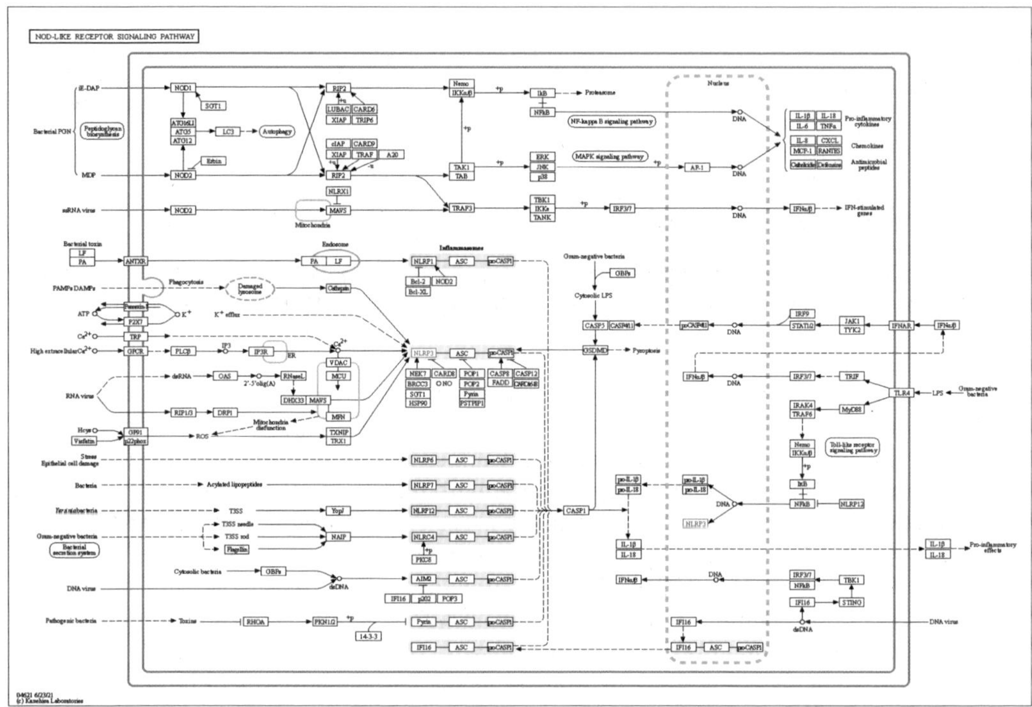

这篇文章研究的是椎间盘（IVD）变性的腰痛，这个病变的特征就是进行性髓核（NP）细胞死亡和NP组织中炎症微环境的发展。

> The process of IVD degeneration is complicated by the occurrence of three intertwined events that form a vicious cycle: (i) the progressive loss of NP cells, (ii) inflammation, catabolic cascades, and ECM dehydration, and (iii) declines in cellular functions and biomechanical properties.

所以他们首先按照腰椎间盘退行性病变的阶段，分析了一些炎性小体以及cGAS-STING信号通路的表达变化，结果发现退化阶段越高，炎性小体以及cGAS-STING信号通路表达越强。也就是说，可能在这个阶段NP细胞发生cGAS-STING信号通路介导的焦亡。

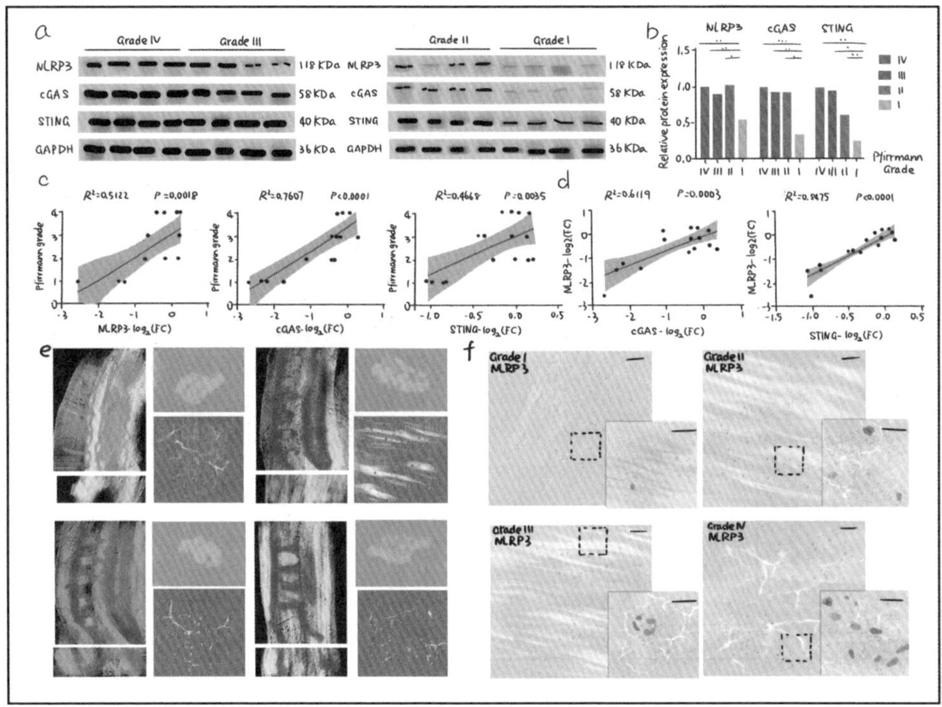

那是什么引起了cGAS-STING信号通路介导的焦亡呢？之前的研究表示，细胞氧化应激在细胞死亡和微环境失衡中发挥关键作用。所以他们用TBHP处理了人工培养的NP细胞。啥是TBHP呢？你可以理解为过氧化氢的高级替代品，主要是促进氧化应激的。

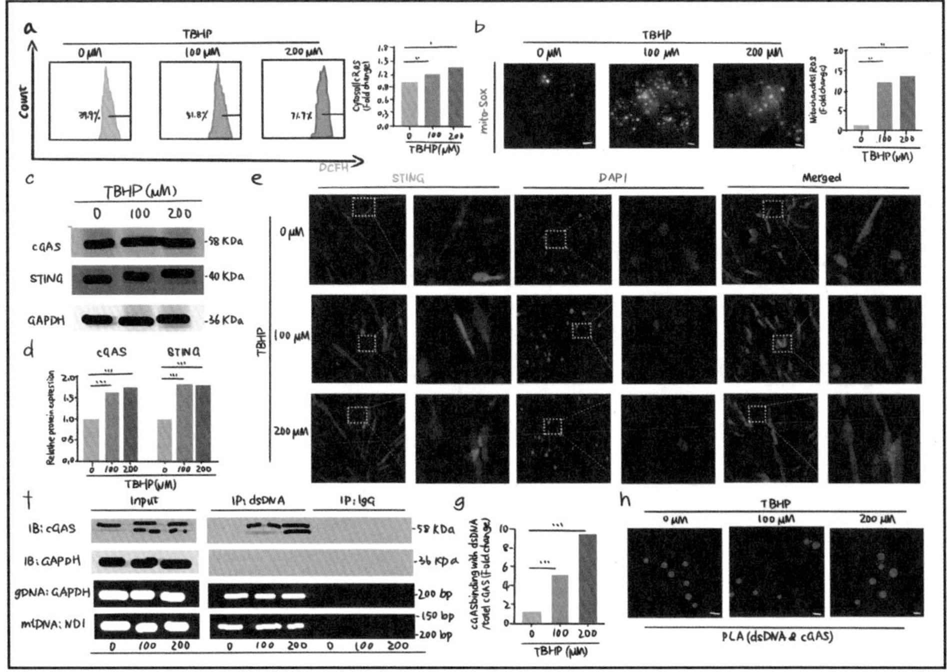

结果发现，氧化应激确实促进了cGAS-STING信号通路，特别是线粒体内ROS的累积，以及dsDNA的量增加。

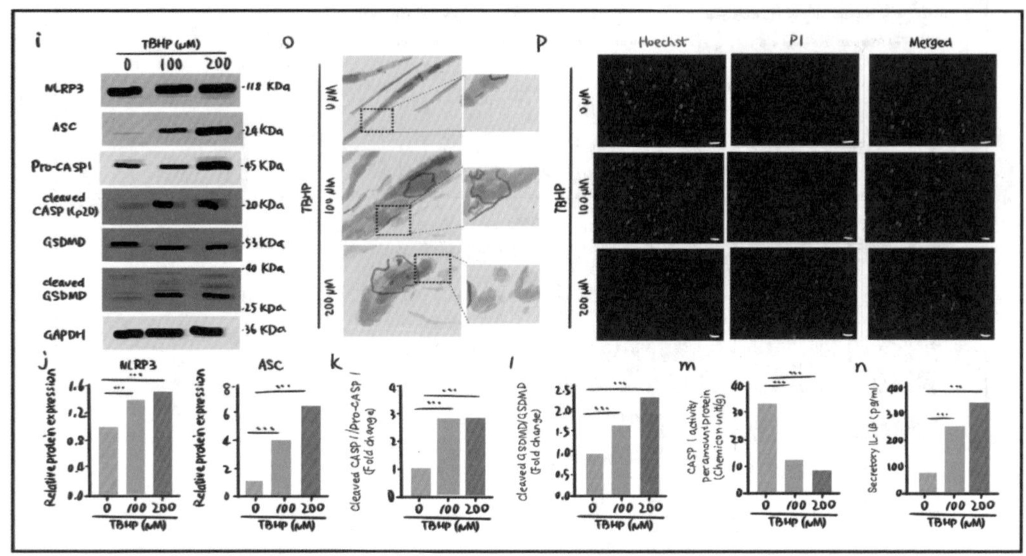

他们这里分析了炎性小体的几个结构的表达情况，特别是Pro-Caspase1的剪切，和GSDMD的剪切。还记得焦亡吗？

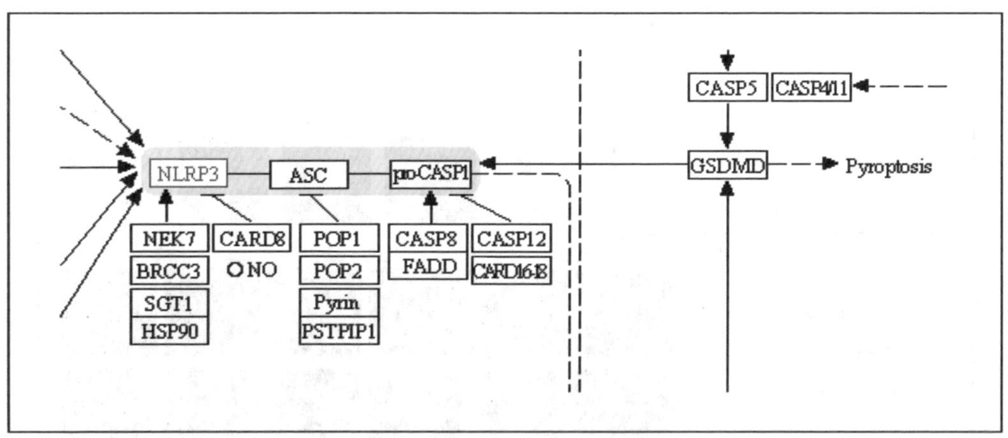

那要怎么来说明是cGAS-STING信号通路引起的焦亡呢？于是他们在氧化应激的条件下，加入了STING抑制剂，发现抑制了STING后，氧化应激引起的焦亡明显下调了。

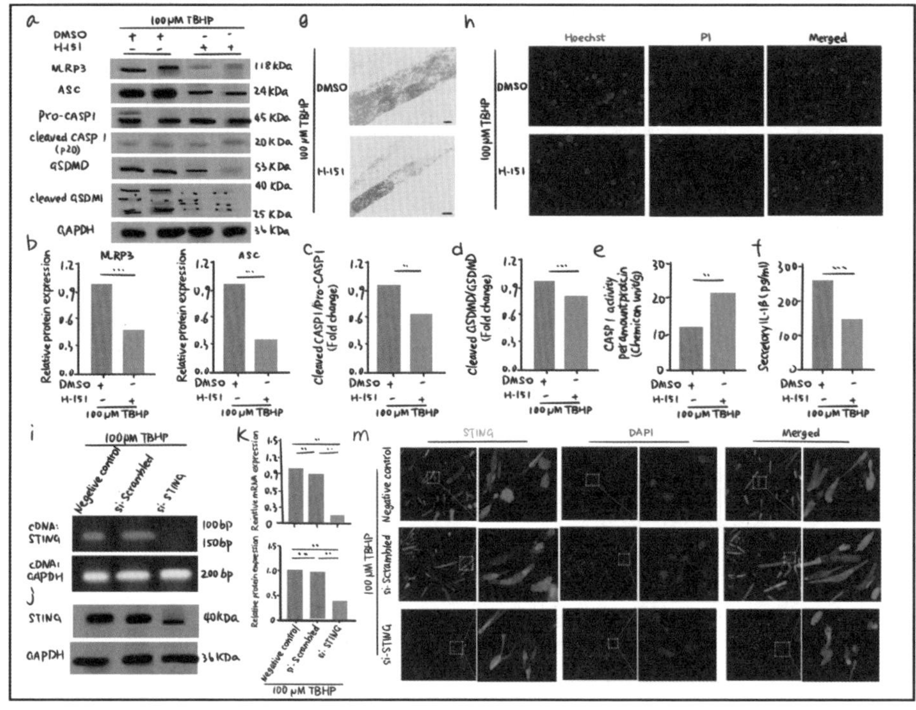

是啥诱导cGAS-STING信号通路激活了呢？激活cGAS-STING信号通路需要有dsDNA，氧化应激应该不会引起外源的dsDNA。之前不是说线粒体ROS累积了吗？是不是线粒体ROS累积导致了线粒体DNA渗出呢？他们做了一下线粒体膜电位JC-1的染色，发现在氧化应激后，线粒体的膜电位崩溃，同时有线粒体DNA渗出：

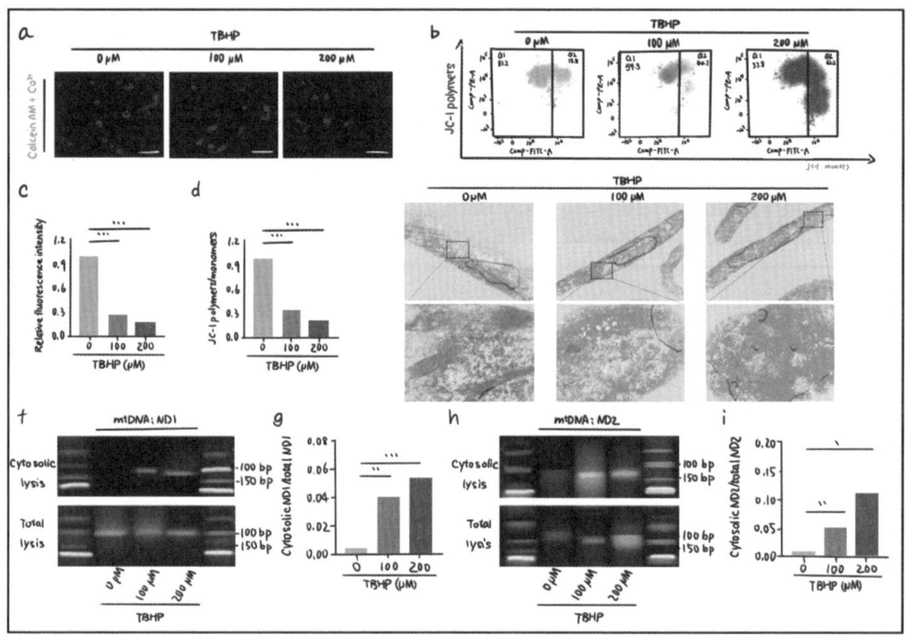

为啥要检测线粒体膜电位呢？其实就是线粒体膜电位崩溃会导致线粒体通透性转换孔（mPTP）通透增加，释放线粒体内物质。而JC-1染色就是为了说明线粒体膜电位的变化情况：

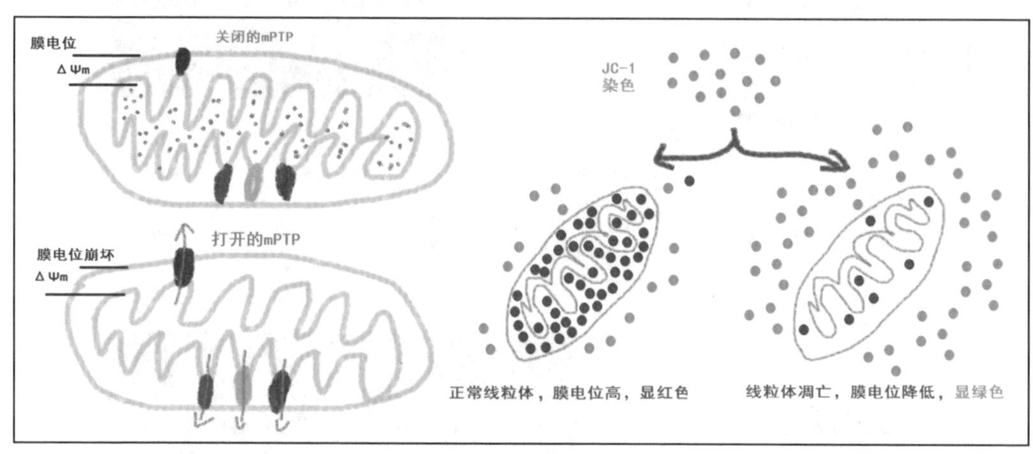

用免疫荧光，明显可以看出氧化应激后，线粒体中dsDNA的渗出状态：

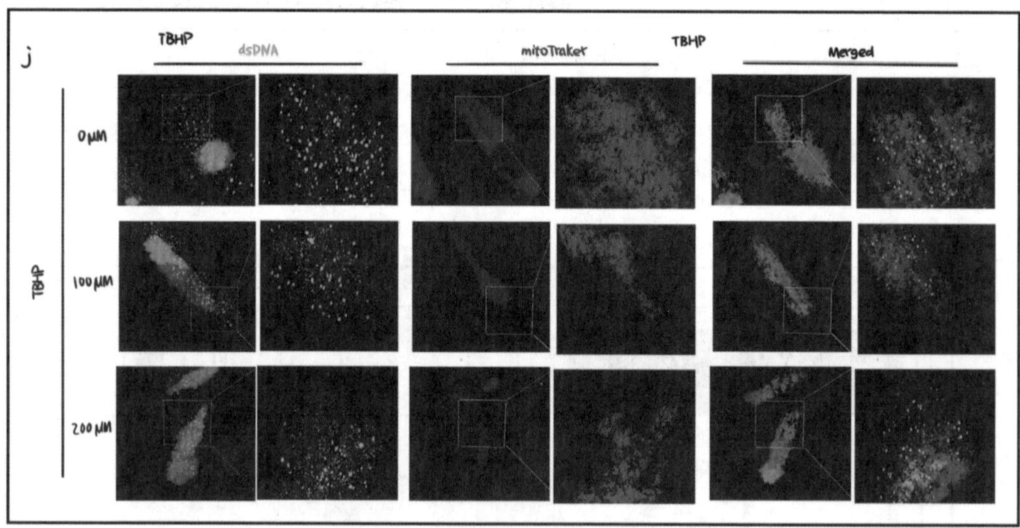

那要怎么证明是线粒体膜上的mPTP导致的线粒体崩坏，从而释放线粒体dsDNA呢？这个他们就用了mPTP的抑制剂，氧化应激后，阻止mPTP开放。结果发现，氧化应激引起的cGAS-STING信号通路降低了……

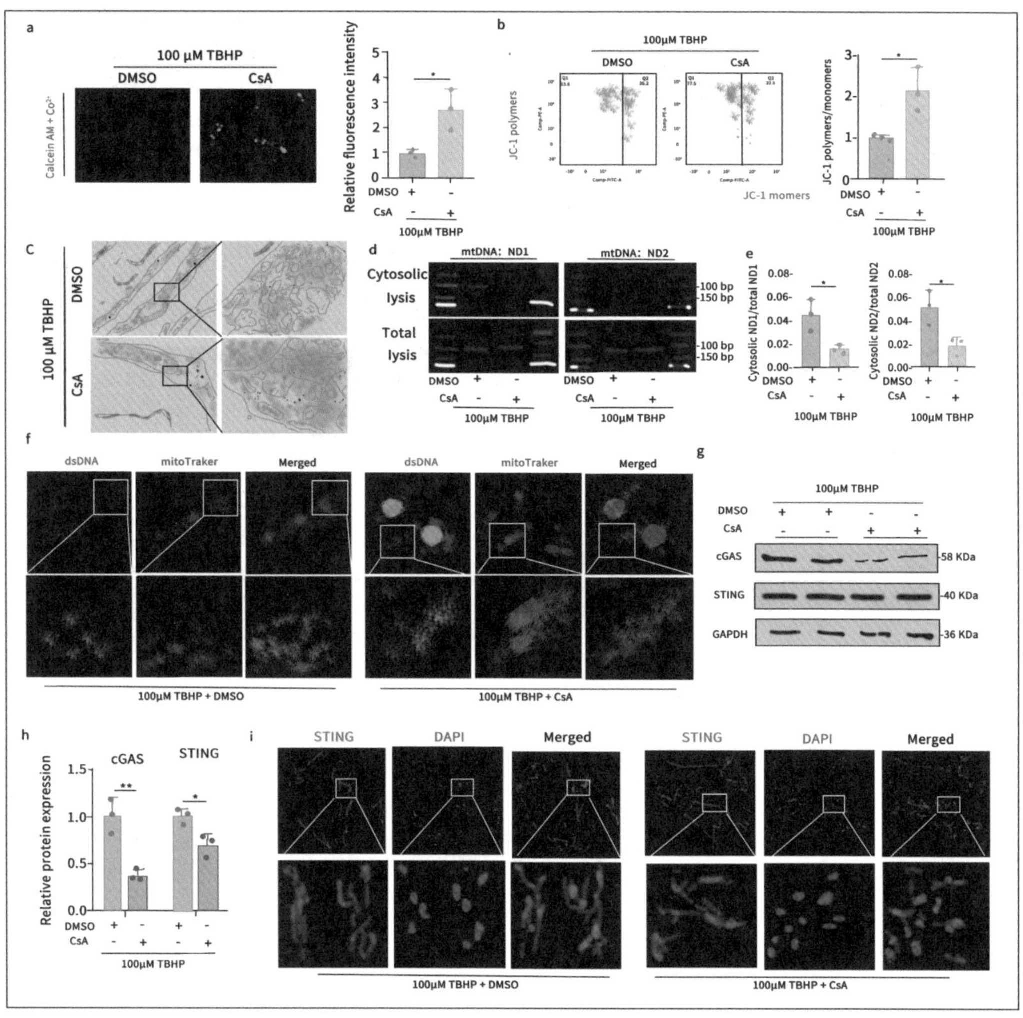

同样，氧化应激引起的炎性小体介导的细胞焦亡也降低了：

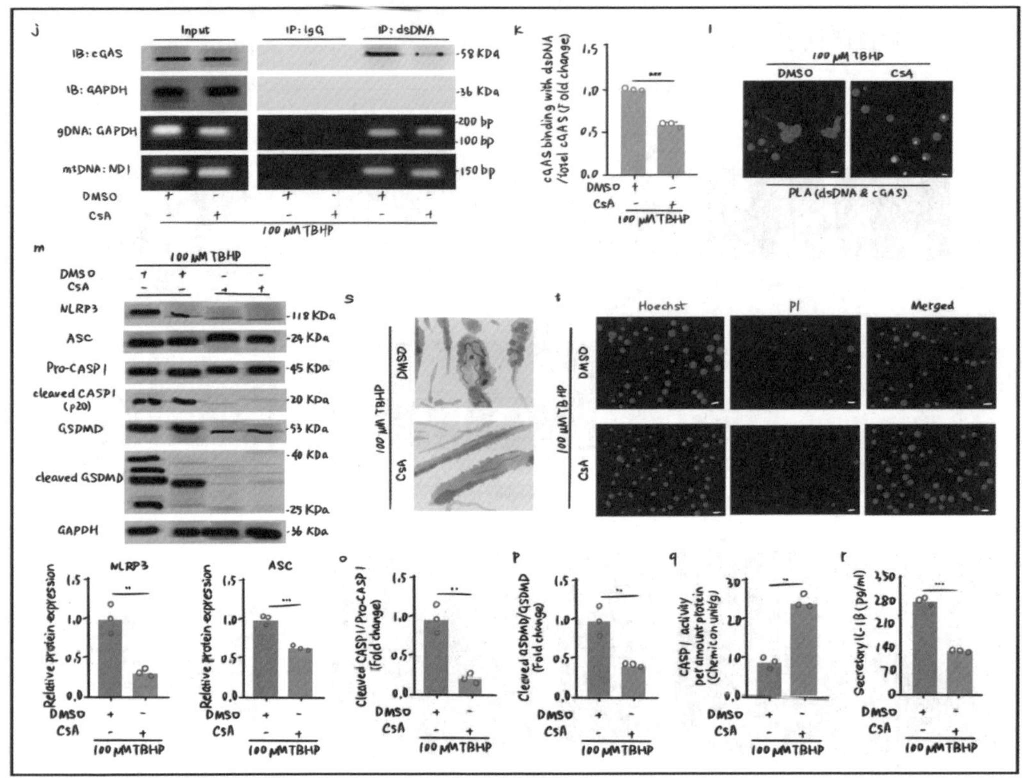

这篇文章从思路上看上去就很顺畅了，还没讲完，留一点儿下节继续。就给你们讲到这里吧，祝你们心明眼亮。

这篇12.153分的cGAS-STING诱导焦亡文章是这样一步步迭代假设的

上节讲了12分的cGAS-STING诱导细胞焦亡的文章，这次我们就梳理一下这篇文章讲的都是什么内容，看看他们的思路到底是怎么样的。首先椎间盘的退化，主要是NP细胞的死亡和炎症流失导致的。

而NP细胞的死亡，伴随的是大量的dsDNA的产生，那么这就和cGAS-STING信号通路搭上了，炎症反应其实和炎性小体产生以及细胞焦亡有关联，所以这个关联性就变成了这样：

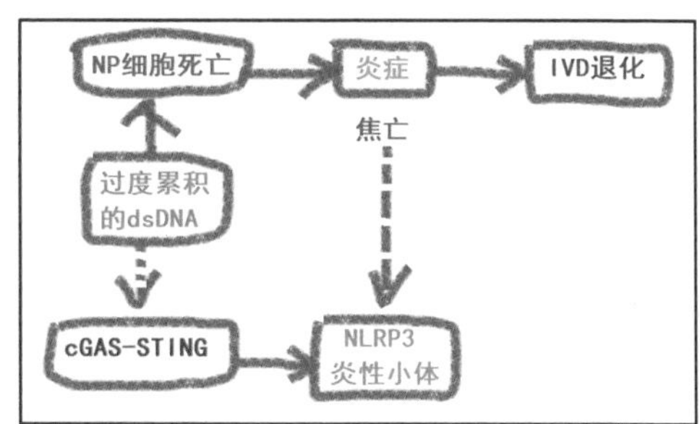

于是他们首先分析了，椎间盘衰老的小鼠模型内cGAS-STING信号通路和细胞焦亡相关的表型，确认了cGAS-STING信号通路和细胞焦亡与椎间盘退化有关：

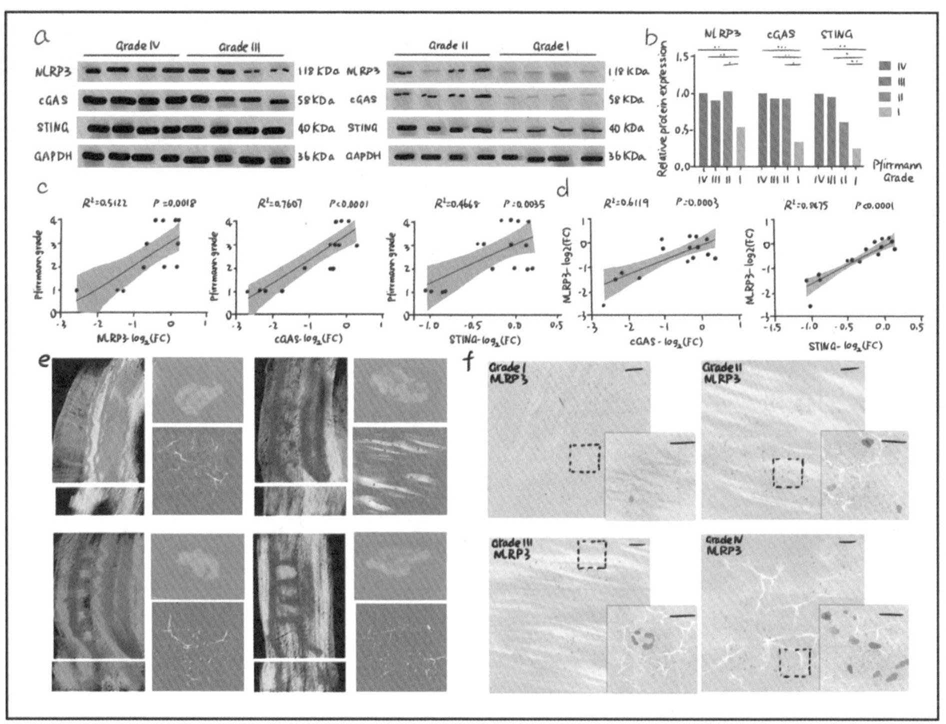

一般而言，氧化应激也是导致NP细胞死亡的关键因素，那么氧化应激是否会导致cGAS-STING信号通路和细胞焦亡的变化呢？

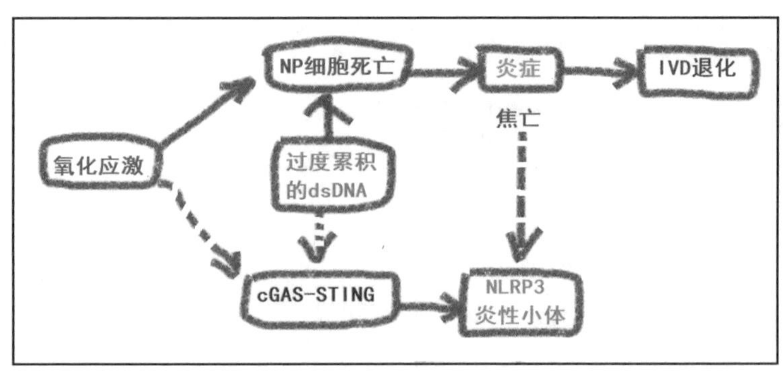

于是他们在体外培养的NP细胞中，用TBHP诱导氧化应激，检测氧化应激和cGAS-STING信号通路、细胞焦亡的关联性：

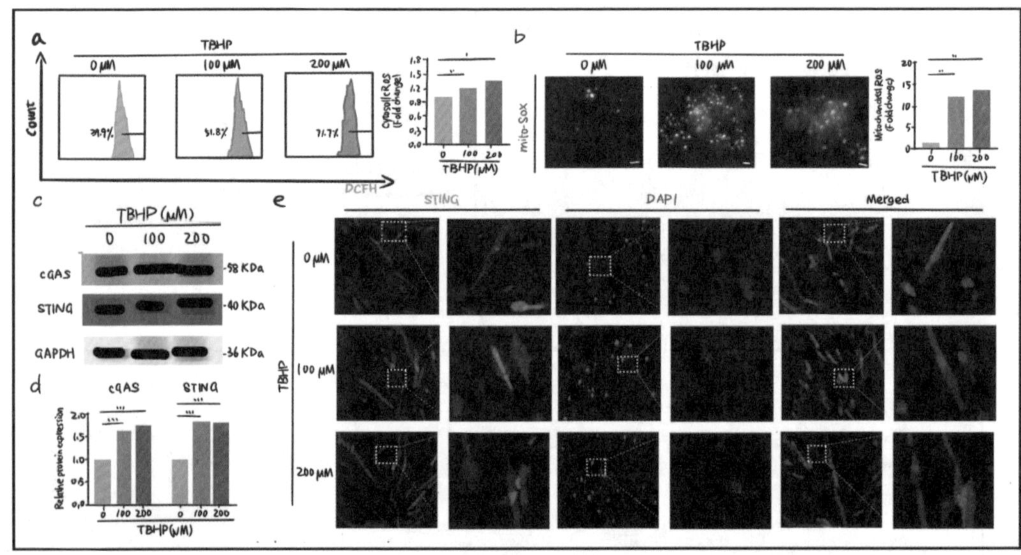

而这个流程如果需要成立的话，也就是cGAS-STING信号通路会起到较大的作用，也就是说如果截断cGAS-STING信号通路，那么整个过程就会被中断：

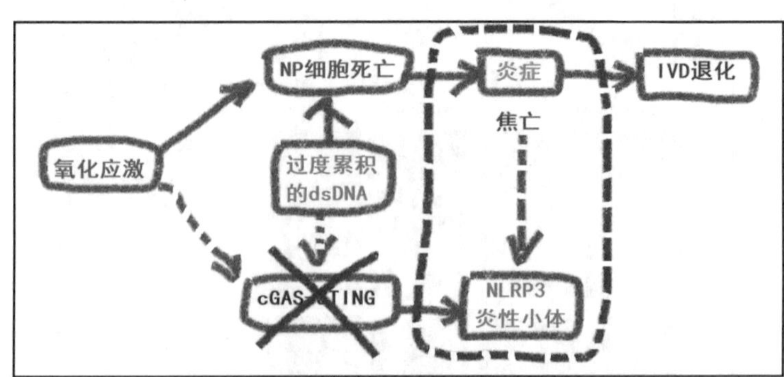

于是他们敲减了一下STING，确实在氧化应激下焦亡被抑制了：

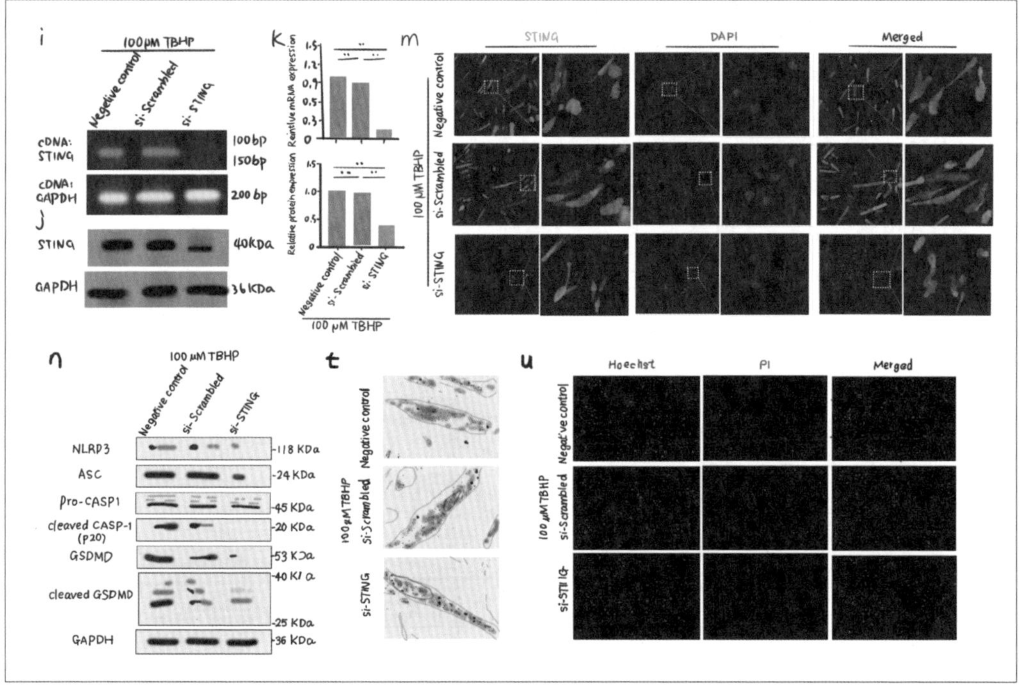

那么氧化应激条件下，cGAS-STING信号通路是怎么被激活的呢？之前也发现，氧化应激会造成线粒体中ROS的累积。他们的假设就迭代成了：假设是线粒体中的mtDNA泄露，激活了cGAS-STING信号通路。

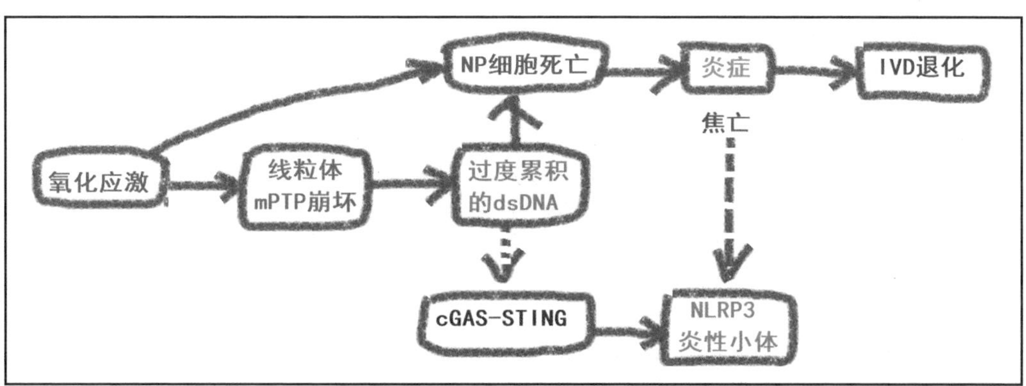

结果发现确实氧化应激条件下会导致线粒体膜电位失衡，线粒体崩溃：

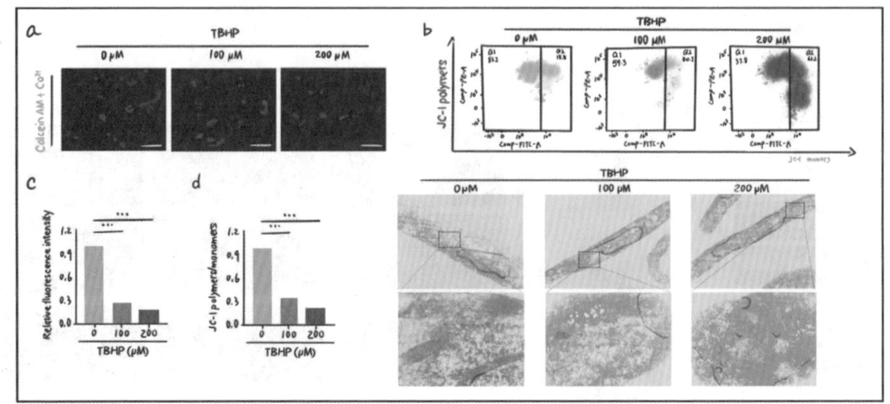

那如果是通过线粒体崩溃泄露了mtDNA，激活了cGAS-STING信号通路，那么抑制线粒体崩溃就能阻止下游cGAS-STING以及焦亡：

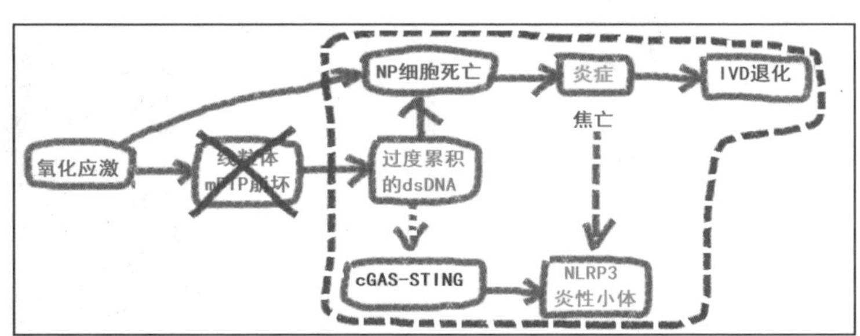

于是他们做了体外的实验，药物抑制线粒体崩溃：

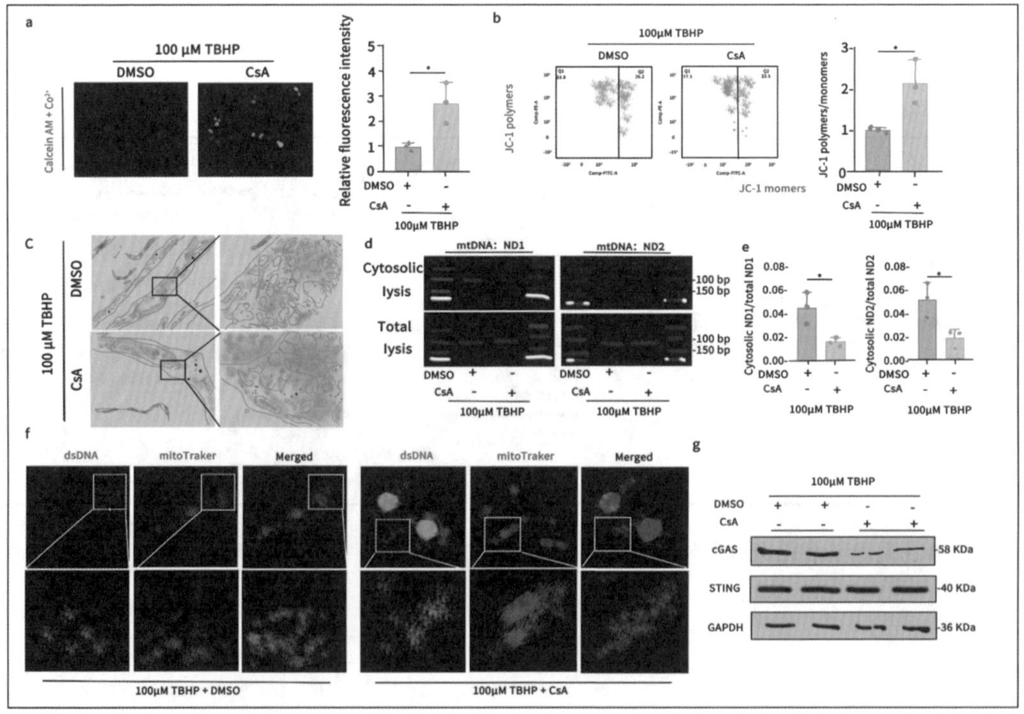

也通过体内实验验证了这个假设：

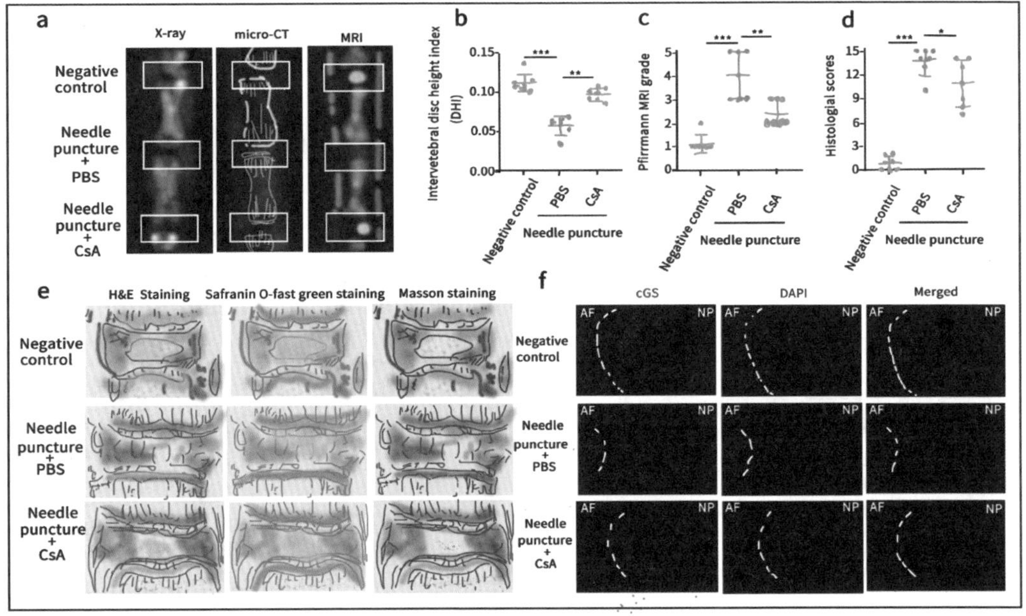

最后形成了这样的示意图：

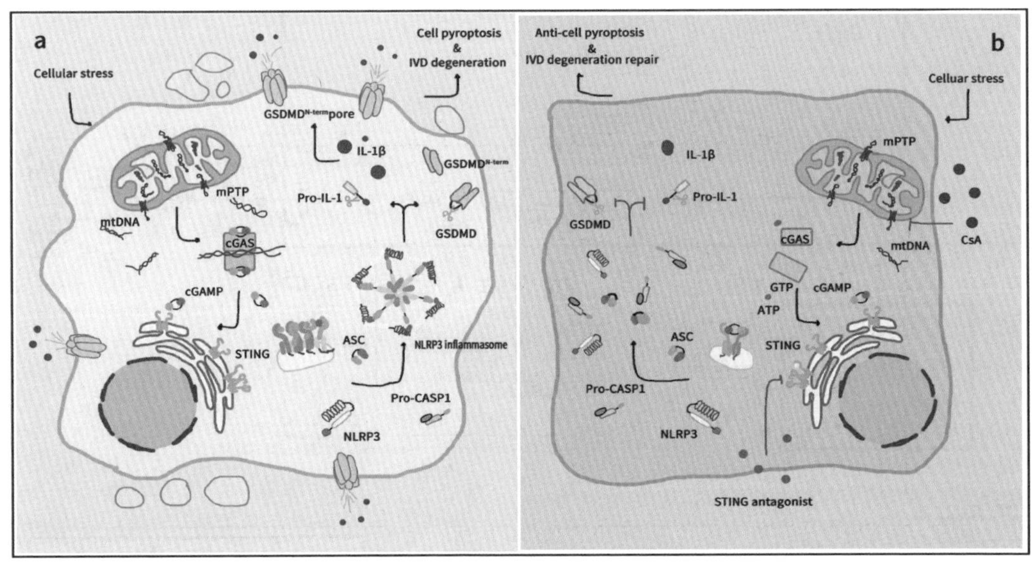

总结一下，这篇文章一步步地推演还是挺有意思的，值得起12分的影响因子，也值得你们参考，有兴趣的可以自己看看。就给你们讲到这里吧，祝你们心明眼亮。

啥是T细胞受体（TCR）信号通路？这个信号通路差不多就是这样的

这节来讲讲这个T细胞受体信号通路，看上去虽然复杂，但是T细胞受体信号通路可以分成三大块，上、下两块是对T细胞信号通路的调控、抑制和促进，中间这块是T细胞受体信号通路的核心：

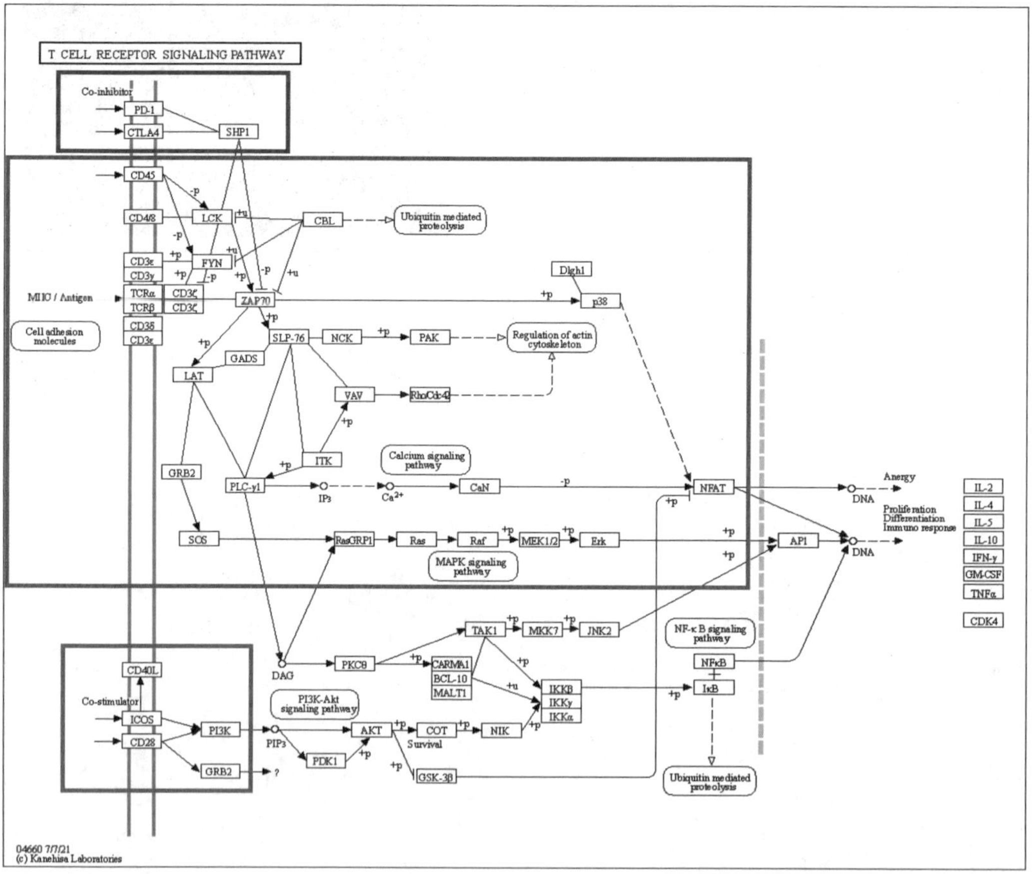

首先T细胞受体关键的复合体，就是由TCR和CD3组成的复合体。膜外的受体部分是TCRα和TCRβ，两边分别是CD3的γ、δ、ε亚基，膜内部分是CD3的ζ亚基。在CD3ζ上，由ITAM结构域：

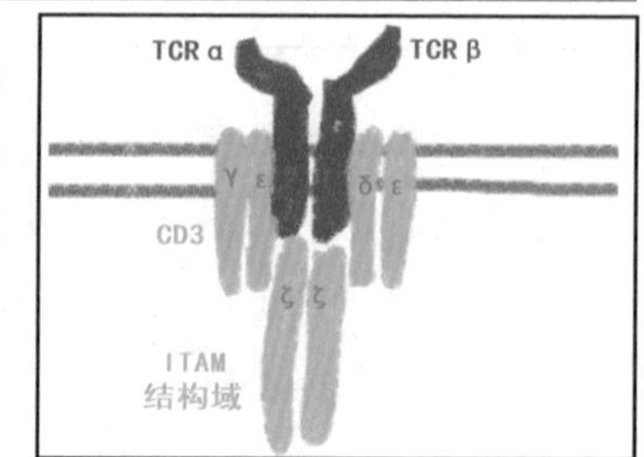

MHC I类或者II类分子，与TCR结合后，旁边的CD4/8招募到TCR复合体附近。CD45会对CD4/8结合的LCK的Y505位点去磷酸化，这样会使得LCK在Y394位点自磷酸化激活。LCK则会磷酸化激活CD3ζ上了ITAM结构域：

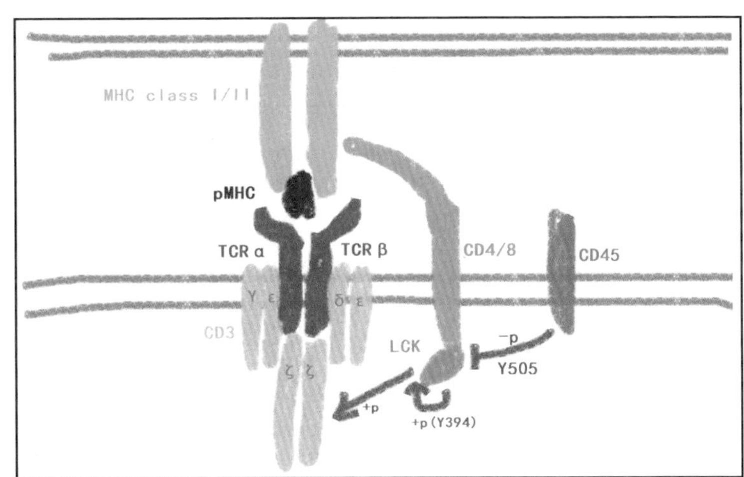

CD3ζ上磷酸化后，会招募ZAP70，同时LCK也能磷酸化激活招募来的ZAP70：

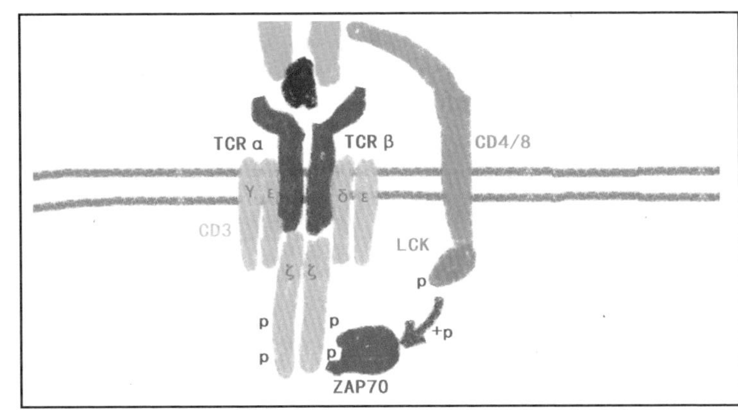

ZAP70则作为第二信使，磷酸化激活跨膜的LAT以及SLP76这俩蛋白：

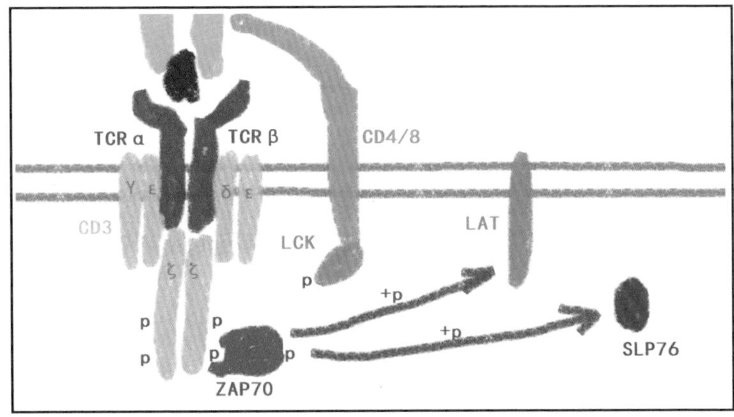

磷酸化的 LAT 会募集含 SH2 结构域的蛋白质，包括 PLCγ1、GRB2 和 GADS ，GRB2还结合了SOS1。SLP76 通过富含脯氨酸的区域与 Gads 和 PLCγ1 结合来加入复合物。此外，ITK 会和SLP76的结合保持其与其底物PLCγ1的紧密接近，而LCK在Y511处直接磷酸化ITK并促进其活化。也就是会形成这样复合的结构：

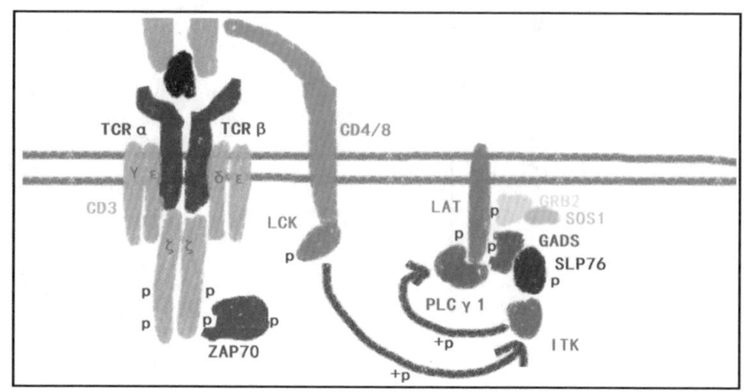

被激活的ITK则能磷酸化PLCγ1，接下去的T细胞受体信号通路都会通过PLCγ1激活。磷酸化激活的PLCγ1会分别促进IP_3和DAG的产生。注意，是IP_3，不是PI3K-AKT信号通路的PIP3，IP_3激活的是钙离子信号通路。DAG，如果大家还记得之前介绍过的MAPK和NF-κB信号通路的话，应该还有印象。

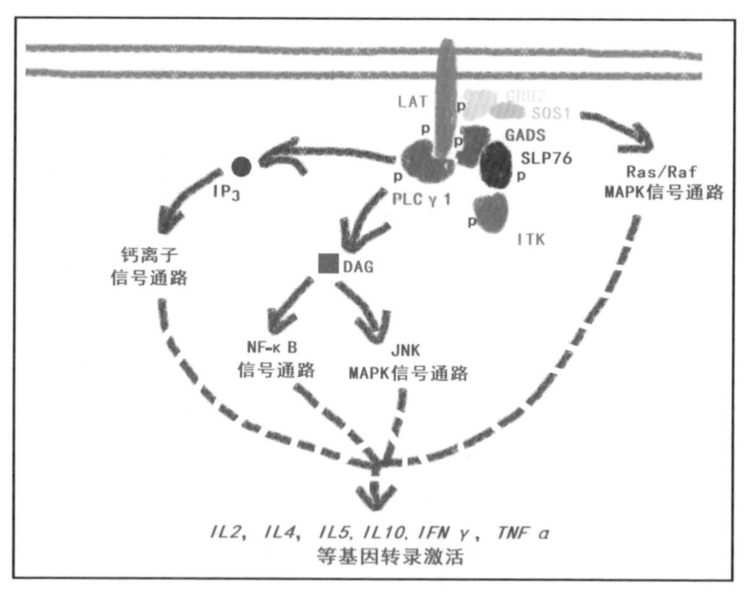

同时LAT上结合的GRB2-SOS1也能激活Ras、Rap1以及MAPK信号通路（这些之前都有讲过哦）。这些信号通路最终都会激活下游的基因转录，导致 T 细胞增殖、细胞因子产生和分化为效应细胞。

对T细胞受体信号通路的抑制，是通过SHP1实现的，这个SHP1要是大家还记得JAK-STAT信号通路的话，应该会记得，它也是JAK的抑制蛋白。

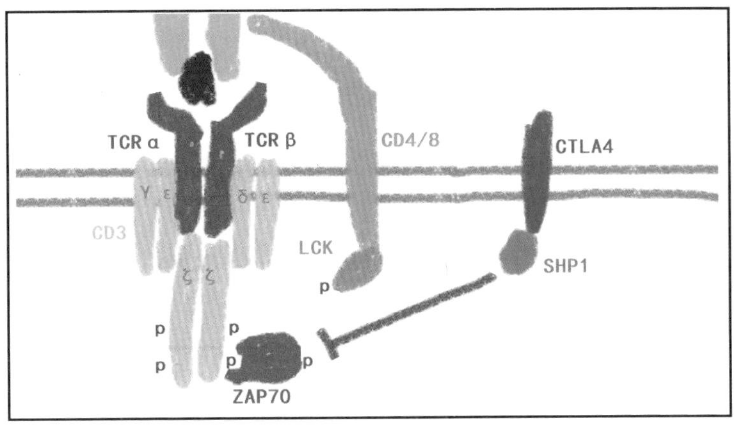

而通过PI3K-AKT信号通路的激活，能通过下游的NF-κB信号通路以及GSK3β（熟悉Wnt信号通路的话应该记得），促进T细胞受体信号通路的激活。

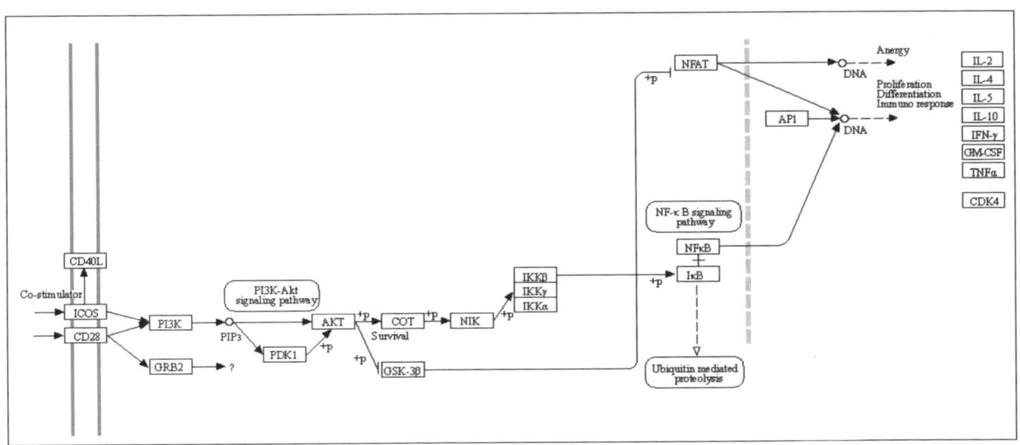

好了，T细胞受体信号通路差不多就是这样啦。等有机会，就拿点儿相关文章来实际看看这个信号通路人家都是怎么做的吧。好了，有兴趣看这个信号通路的话，可以自己去KEGG上搜一下。就给你们讲到这里吧，祝你们心明眼亮。

看看这篇7.561分的文章是怎么做TCR信号通路的

上节讲了T细胞受体信号通路，这节就找一篇文章来讲解。这篇是发在7.561分的*Frontiers in Immunology*上的：

> **Front Immunol**
>
> Mesenchymal Stromal Cells Rapidly Suppress TCR Signaling-Mediated Cytokine Transcription in Activated T Cells Through the ICAM-1/CD43 Interaction

讲的是间充质基质细胞（MSCs）对于T细胞的一个细胞因子转录的影响，细胞因子的产生是活化T细胞的主要特征。他们首先发现，用CD3和CD28的单克隆抗体刺激后，会使得TNF-α和IFN-γ分泌表达增加。

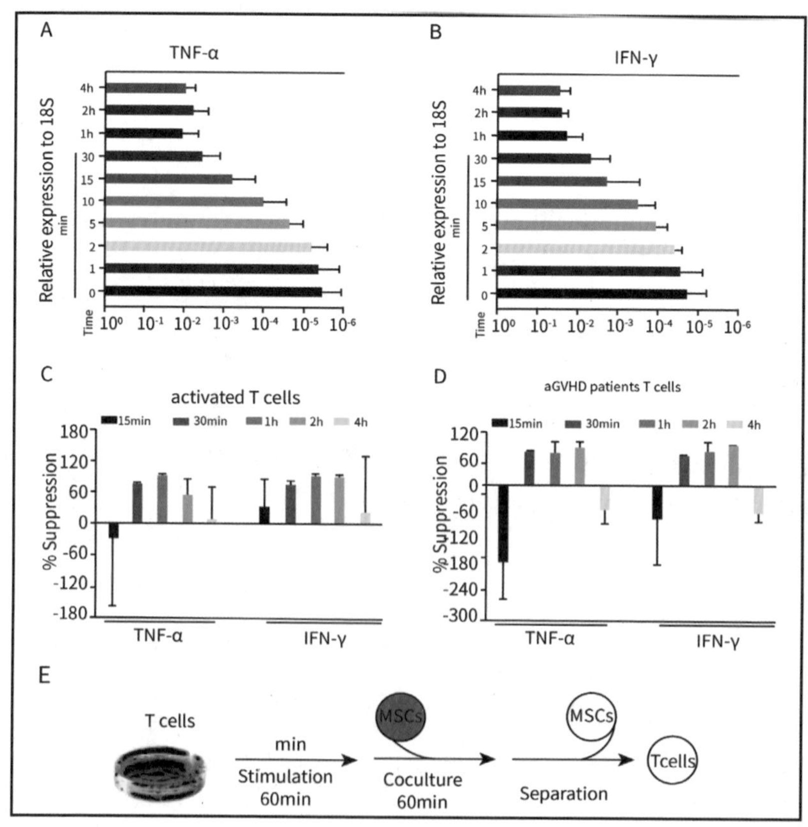

T细胞会迅速黏附到MSCs，所以他们建立了体外MSCs/活化T细胞共培养系统。在共培养的条件下，TNF-α和 IFN-γ的表达却明显受到了抑制，也就是MSCs能快速抑制活化 T 细胞中细胞因子的转录。这种影响也表现在活化的T细胞中钙离子信号通路被抑制：

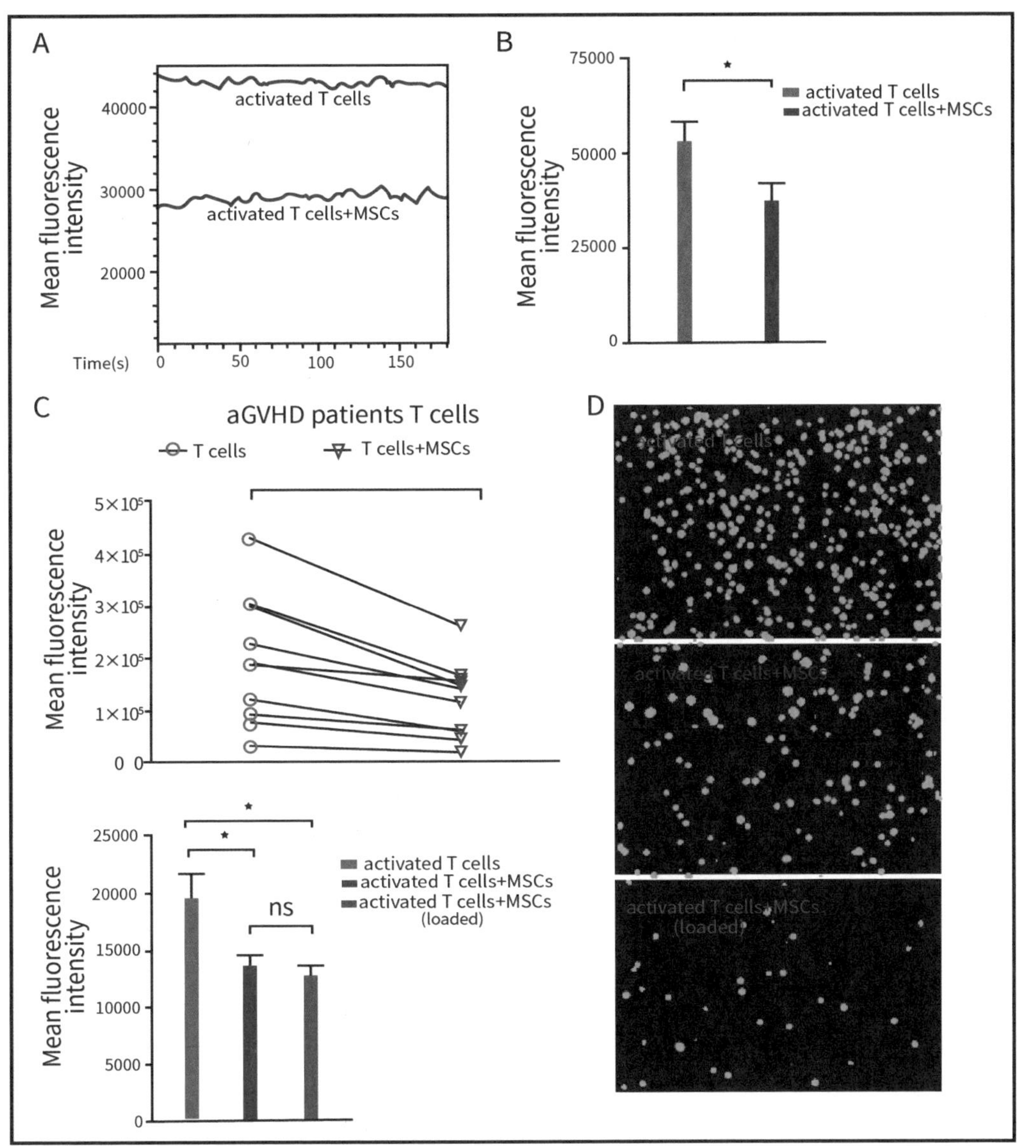

他们用钙离子荧光进行了检测，发现了MSCs与活化的T细胞共培养后，T细胞中钙离子明显受到了下调。如果还记得T细胞受体信号通路的话，应该记得这个是咋回事，也就是ZAP70激活PLCγ1后，会通过IP_3和DAG激活下游信号通路，其中IP_3就是激活钙离子信号通路的：

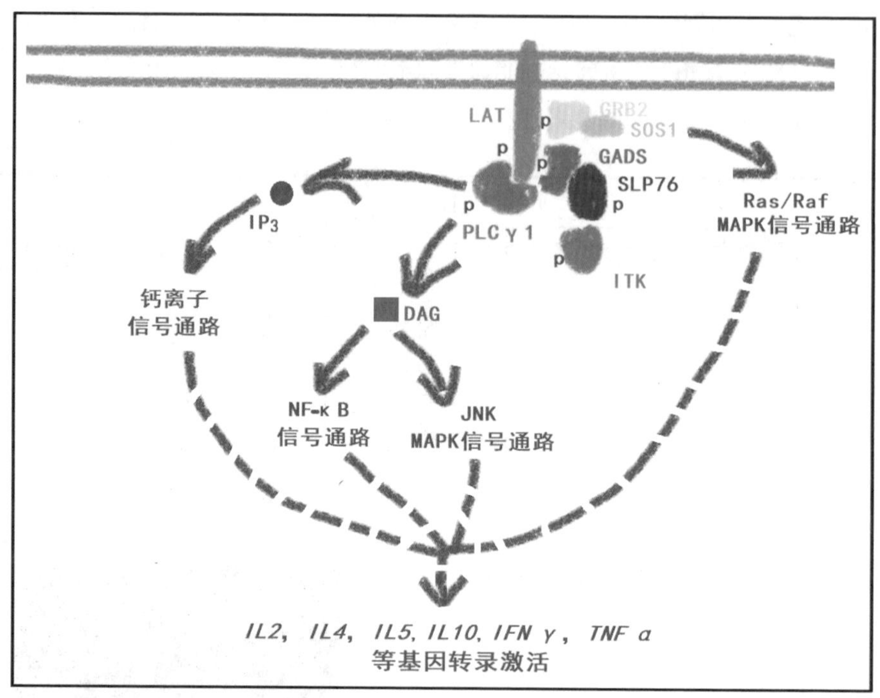

这也就说明了MSCs与T细胞的结合很可能影响了TCR信号通路。于是他们分析了TCR信号通路近端的变化：

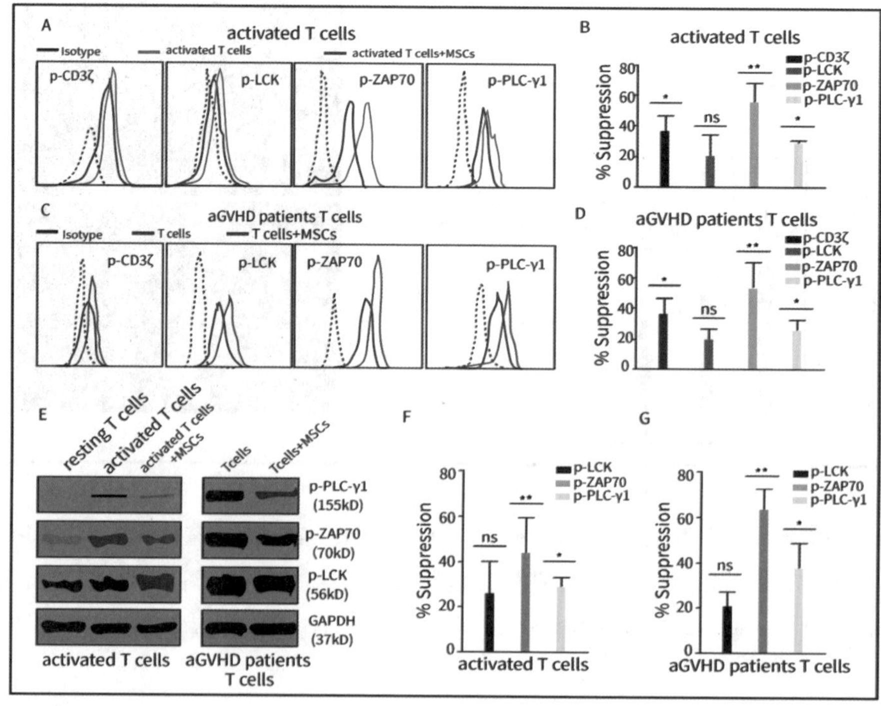

发现活化的T细胞内，包括LCK，ZAP70等蛋白的磷酸化都被MSCs抑制了。近端信号通路，也就是TCR/CD3复合体下游的这些信号的激活过程是这样的：

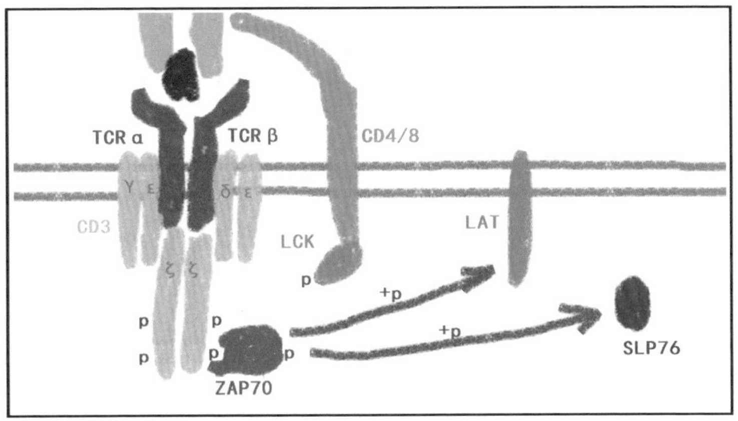

那造成这个结果的原因是啥呢？毕竟MSCs会和T细胞直接结合，而之前有文献表示ICAM-1缺陷型 MSCs在体外和体内的免疫抑制作用降低。ICAM-1是细胞黏附相关的蛋白：

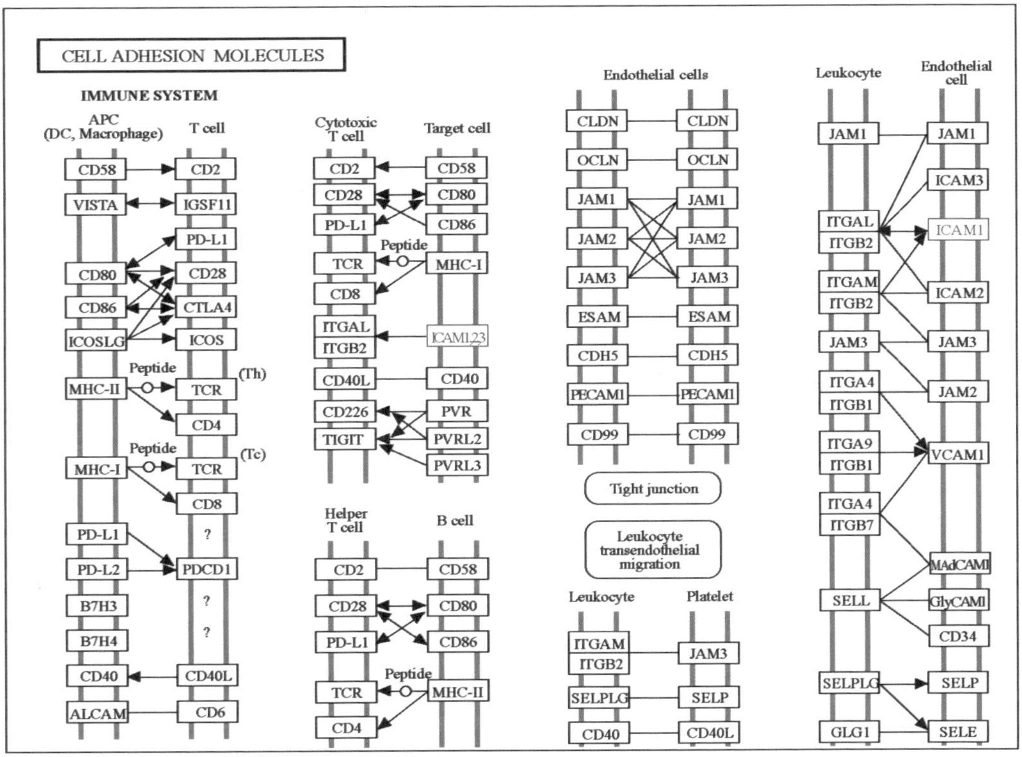

CELL ADHESION MOLECULES
IMMUNE SYSTEM
APC (DC, Macrophage)
T cell
CD58 CD2
VISTA IGSF11
PD-L1
CD80 CD28
CD86 CTLA4
ICOSLG ICOS
Peptide
MHC-II TCR (Th)
CD4
Peptide
MHC-I TCR (Tc)
CD8
PD-L1 ?
PD-L2 PDCD1
B7H3 ?
B7H4 ?
CD40 CD40L
ALCAM CD6
Cytotoxic T cell
Target cell
CD2 CD58
CD28 CD80
PD-L1 CD86
Peptide
TCR MHC-I
CD8
ITGAL
ITGB2 ICAM1,2,3
CD40L CD40
CD226 PVR
TIGIT PVRL2
PVRL3
Helper T cell
B cell
CD2 CD58
CD28 CD80
PD-L1 CD86
Peptide
TCR MHC-II
CD4
Endothelial cells
CLDN CLDN
OCLN OCLN
JAM1 JAM1
JAM2 JAM2
JAM3 JAM3
ESAM ESAM
CDH5 CDH5
PECAM1 PECAM1
CD99 CD99
Tight junction
Leukocyte transendothelial migration
Leukocyte
Platelet
ITGAM
ITGB2 JAM3
SELPLG SELP
CD40 CD40L
Leukocyte
Endothelial cell
JAM1 JAM1
ICAM3
ITGAL
ITGB2 ICAM1
ITGAM
ITGB2 ICAM2
JAM3 JAM3
ITGA4
ITGB1 JAM2
ITGA9
ITGB1 VCAM1
ITGA4
ITGB7
MAdCAM1
SELL GlyCAM1
CD34
SELPLG SELP
GLG1 SELE

那是不是由ICAM-1造成的TCR信号通路抑制呢？于是他们分析了一下：

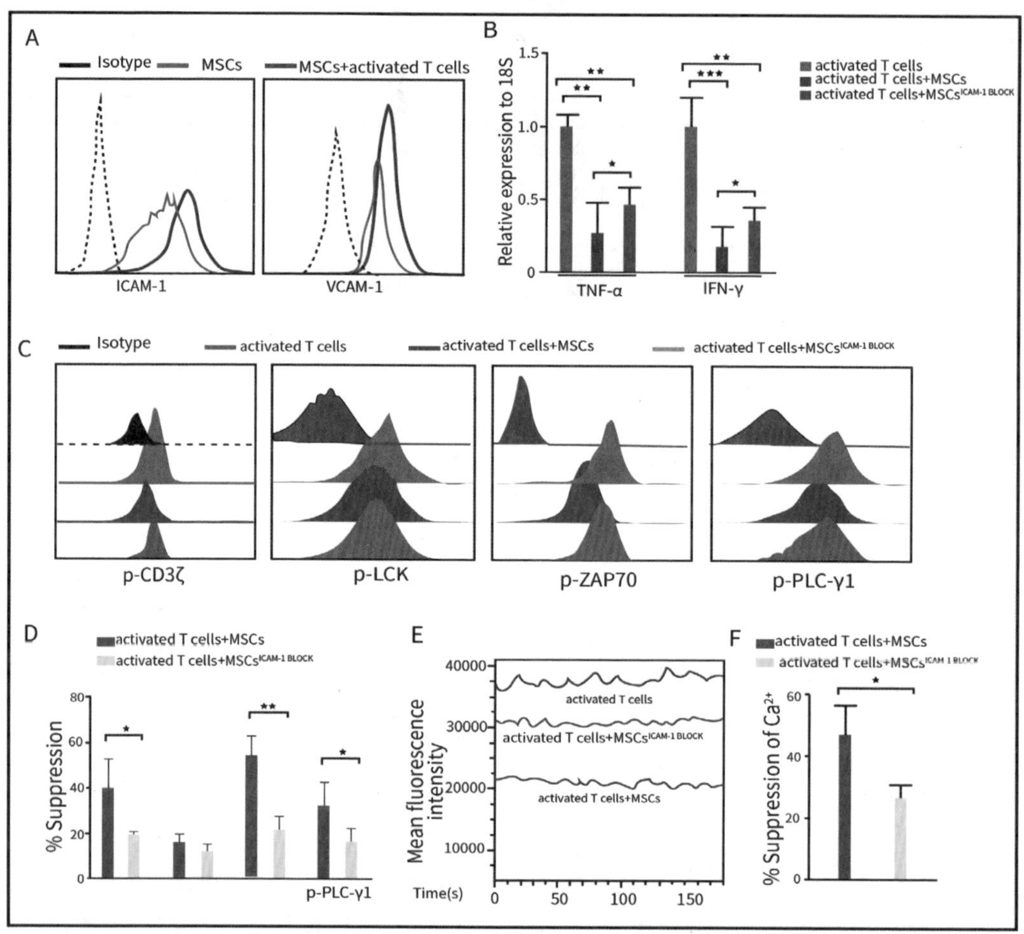

结果发现MSCs上的ICAM-1敲除后，对T细胞细胞因子的转录抑制也被消除了。那在T细胞上接受ICAM-1信号的膜蛋白是什么呢？在已知的ICAM-1受体中，CD11a/CD18，CD11b/CD18和CD43是主要受体。几乎所有T细胞都表达CD11a/CD18和CD43，于是他们选择了CD43进行敲除：

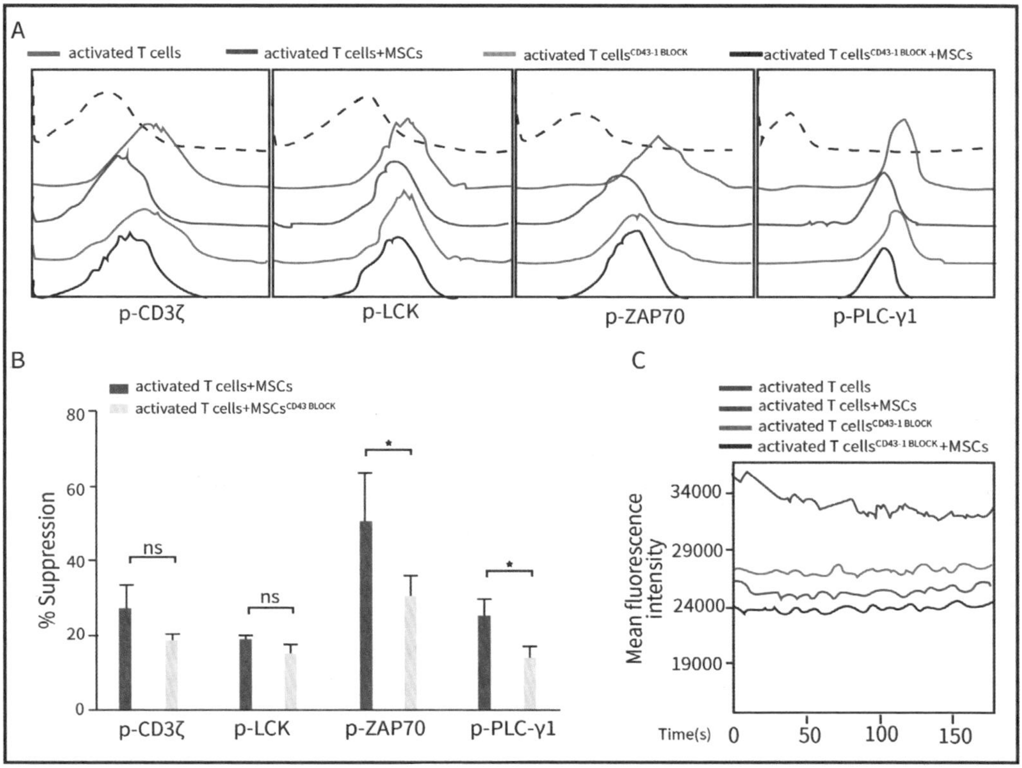

A
activated T cells　activated T cells+MSCs　activated T cells$^{CD43-1\ BLOCK}$　activated T cells$^{CD43-1\ BLOCK}$+MSCs
p-CD3ζ　p-LCK　p-ZAP70　p-PLC-γ1

B
activated T cells+MSCs
activated T cells+MSCs$^{CD43\ BLOCK}$
% Suppression
80 60 40 20 0
ns　ns　*　*
p-CD3ζ　p-LCK　p-ZAP70　p-PLC-γ1

C
activated T cells
activated T cells+MSCs
activated T cells$^{CD43-1\ BLOCK}$
activated T cells$^{CD43-1\ BLOCK}$+MSCs
Mean fluorescence intensity
34000 29000 24000 19000
Time(s) 0 50 100 150

结果是CD43的缺失，缺失能阻止MSCs对于T细胞中细胞因子转录的抑制（这话好绕）。同时，他们发现ICAM-1和CD43结合的主要作用与T细胞上TCR相关蛋白的成簇有关：

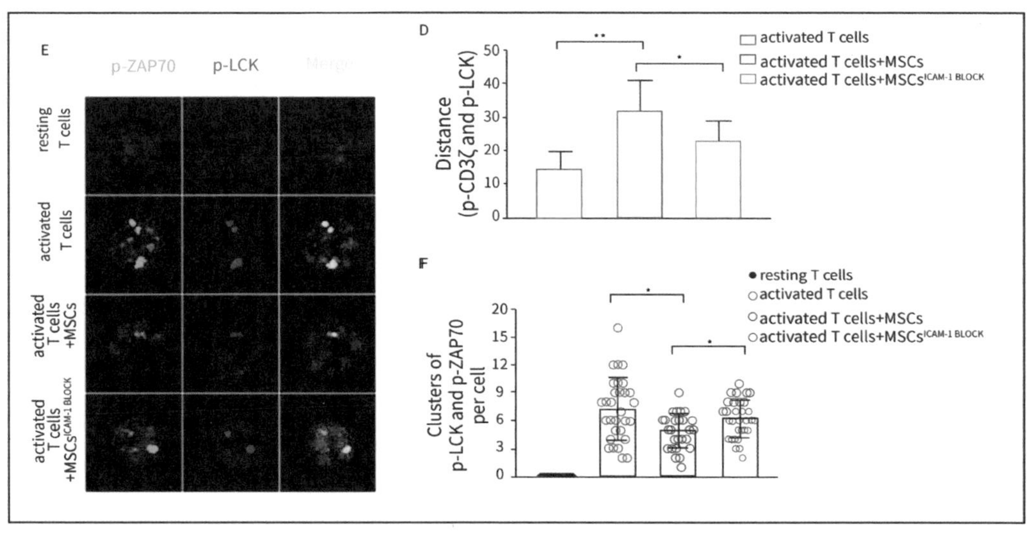

虽然这样的文章内容不算很多，但基本上能让你们了解TCR信号通路大概的研究内容。就给你们讲到这里吧，祝你们心明眼亮。

刚看这篇14.808分的文章我就“懵”了，他们为什么要这么设计实验

虽然讲了TCR的文章，但是其实我看T细胞相关的信号通路还是很“懵”，为什么呢？因为光知道TCR信号通路，对于T细胞研究还是不够的。比如这篇14.808分的*The Journal of Clinical Investigation*：

> The Journal of Clinical Investigation
>
> **CD146 Bound to LCK Promotes T Cell Receptor Signaling and Antitumor Immune Responses in Mice**
>
> **Abstract**
>
> Initiation of T cell receptor (TCR) signaling involves the activation of the tyrosine kinase LCK; however, it is currently unclear how LCK is recruited and activated. Here, we have identified the membrane protein CD146 as an essential member of the TCR network for LCK activation. CD146 deficiency in T cells substantially impaired thymocyte development and peripheral activation, both of which depend on TCR signaling. CD146 was found to directly interact with the SH3 domain of coreceptorfree LCK via its cytoplasmic domain. Interestingly, we found CD146 to be present in both monomeric and dimeric forms in T cells, with the dimerized form increasing after TCR ligation. Increased dimerized CD146 recruited LCK and promoted LCK autophosphorylation. In tumor models, CD146 deficiency dramatically impaired the antitumor response of T cells. Together, our data reveal an LCK activation mechanism for TCR initiation. We also underscore a rational intervention based on CD146 for tumor immunotherapy.

首先他们发现T细胞上的CD146缺失的话，会影响T细胞发育：

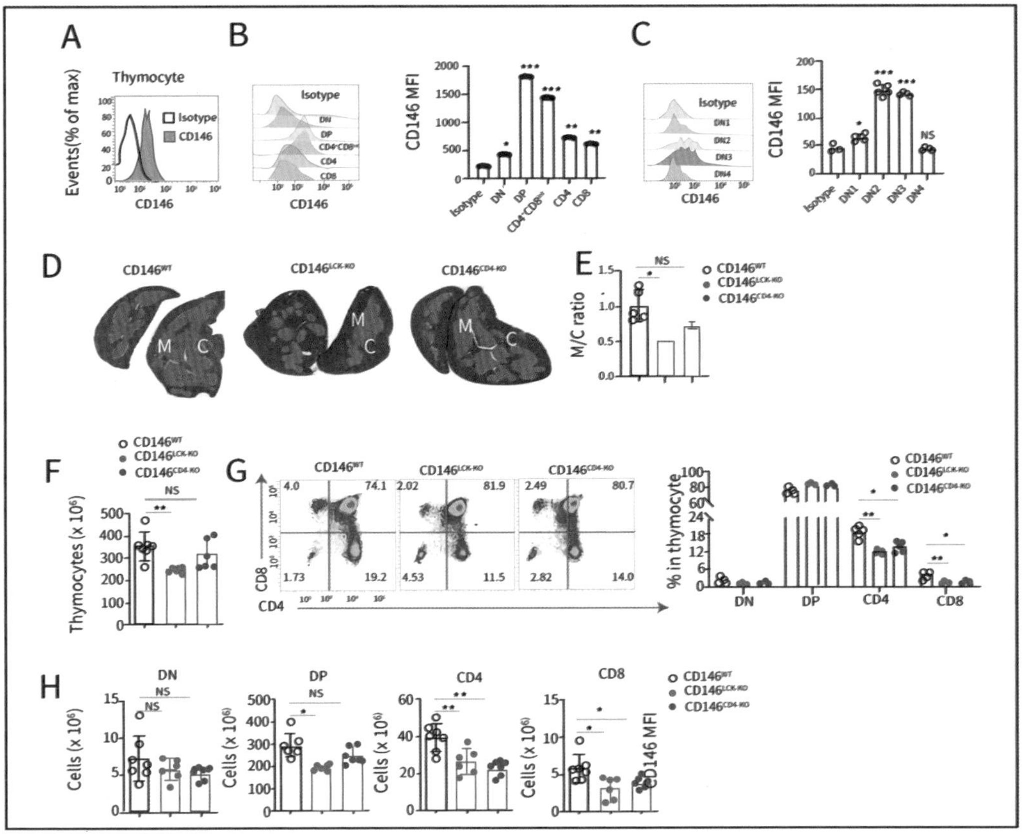

光看这张图，我真的是已经蒙了。啥是$CD146^{LCK\ KO}$？啥是$CD146^{CD4\ KO}$？为啥要这么做？这个图都说明了啥？首先T细胞表面会有TCR+CD3的受体，以及CD4/8和LCK：

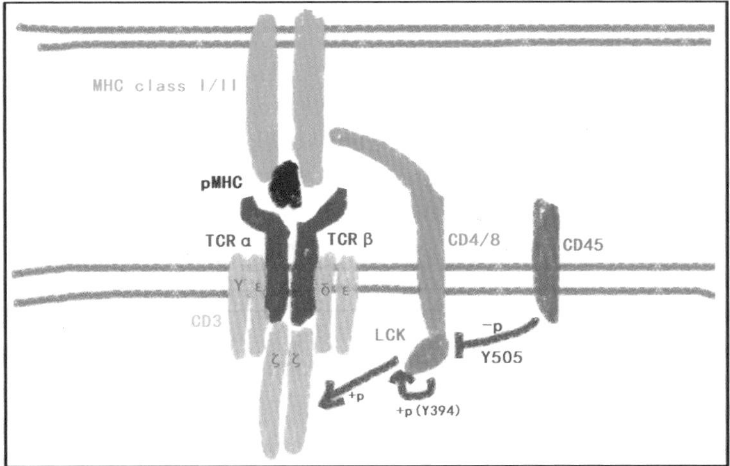

从TCR的角度来区分T细胞，通常是分成TCRαβ和TCRγδ两类成熟的T细胞。早期胸腺祖细胞（Early Thymic Progenitor，ETP），发育成前T细胞（Pre T），接着发育成为双阴细胞（DN1-4），DN的双阴，其实就是$CD4^-$/$CD8^-$。在DN3的过程中，会经历γδ选择和β选择。β选择，也就是TCR的αβ链重排的过程（γδ选择也一样，只是γδ选择在前，β选择在后）。

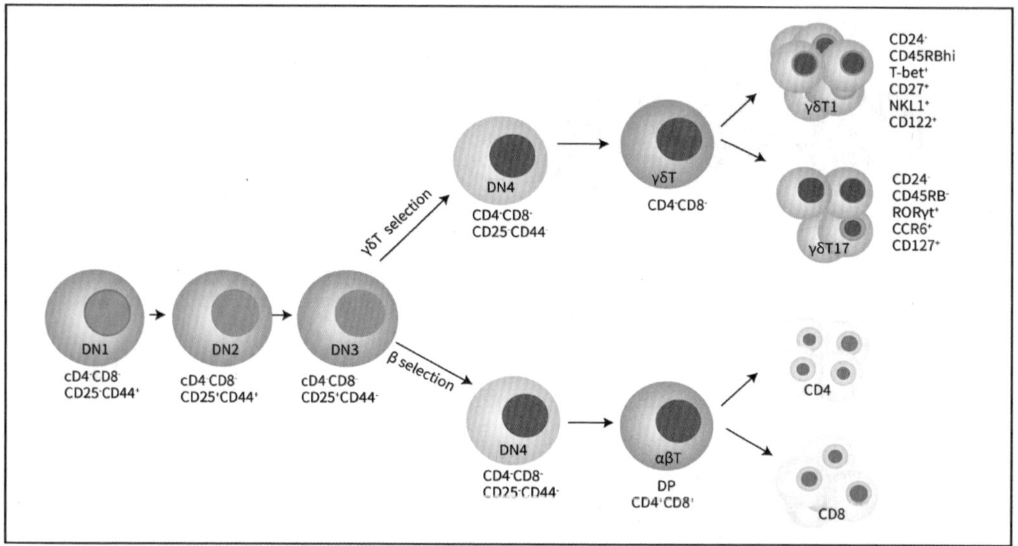

在这里他们使用了CD146 fl/fl的LoxP敲除小鼠，分别用LCK启动子或者CD4的启动子结合了Cre酶，来完成敲除CD146。也就是当LCK表达的时候，Cre酶表达，会敲掉$CD146^{fl/fl}$上的CD146。

> To further clarify the role of T cell–derived CD146 during thymocyte development, we generated 2 conditional Cd146-knockout (KO) mouse strains by crossing $Cd146^{fl/fl}$ mice with mice expressing Cre downstream of the proximal Lck ($CD146^{LCK\text{-}KO}$) or Cd4 ($CD146^{CD4\text{-}KO}$) promoters, which are first activated in DN2 and DP thymocytes, respectively. The genotypes were confirmed by PCR analysis (Supplemental Figure 1A; supplemental material available online with this article.

那为啥还要用CD4的启动子来结合Cre酶呢？这个很简单，其实CD4在DN细胞（$CD4^-$/$CD8^-$）中是不表达的，所以用了CD4的启动子，在DN阶段的T细胞中是没法敲掉CD146的。所以看到这个Figure里，LCK启动子敲除的CD146会表现出T细胞减少的表型：

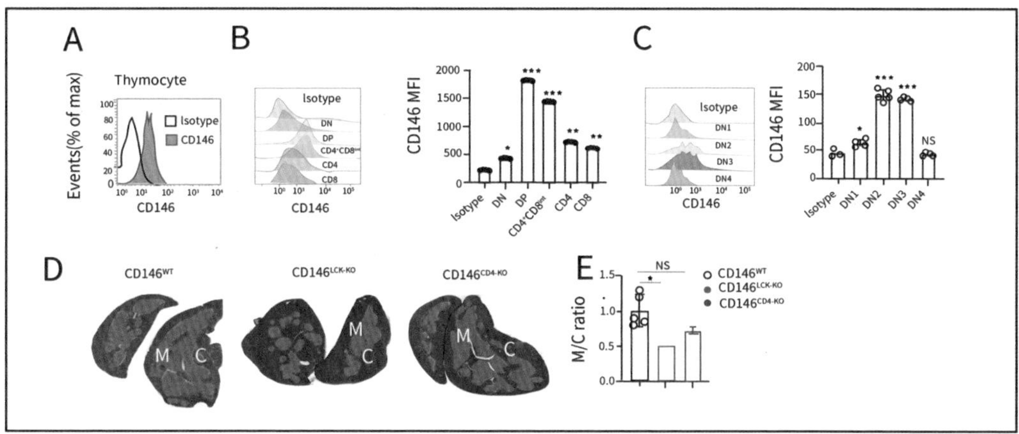

接着他们又做了敲除CD146后，对于T细胞β选择的影响：

> CD146 is required for β selection. β Selection and positive selection are important steps for T cell development. To examine the role of CD146 in T cell development in more detail.

β选择，刚也说了，就是在DN3（CD44⁻/CD25⁺/CD117⁻/CD4⁻/CD8⁻）的过程中，TCR的完整的β链表达，重排到T细胞表面。

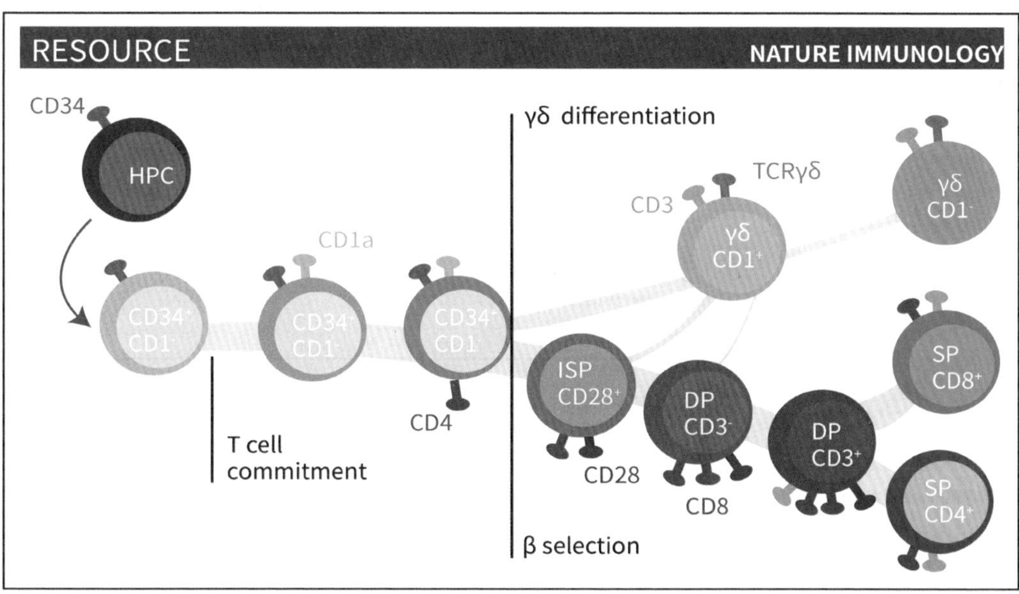

而CD146敲减后，会使得DN4细胞明显减少，同时TCRβ链表达也明显降低，这也就说明CD146缺失后会影响T细胞的β选择：

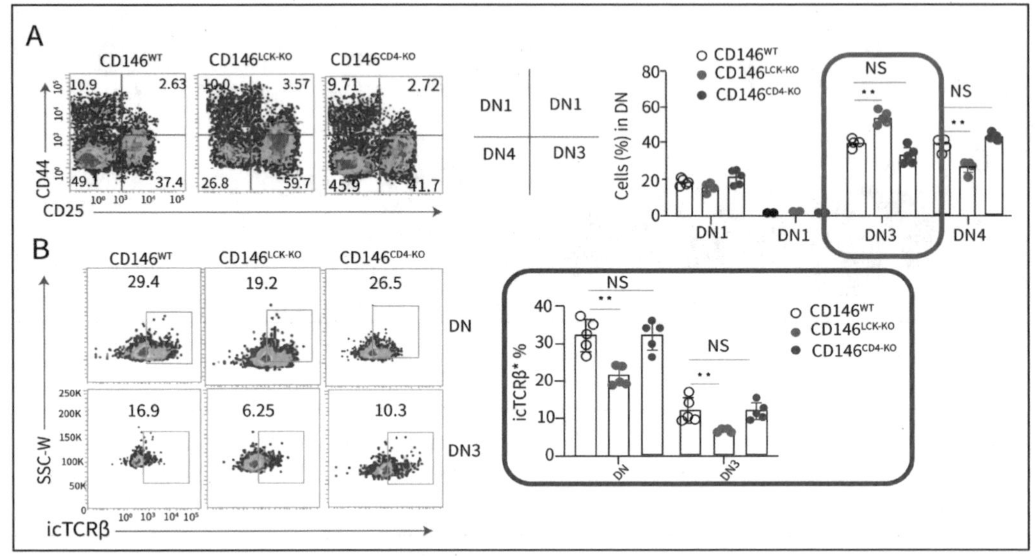

DN3（$CD44^-/CD25^+$）和DN4（$CD44^-/CD25^-$）之间的差异，其实就是CD25，于是他们也分析了一下$CD25^-$和$CD25^+$之间的TCRβ链的表达情况，结果发现TCR的β选择都受到了LCK启动的CD146缺失的影响：

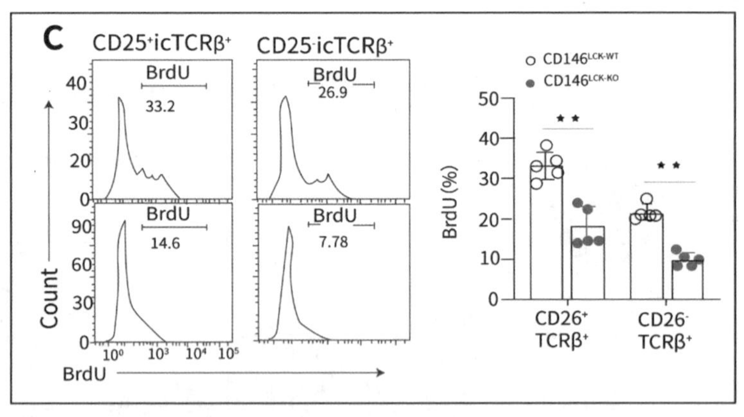

这篇文章讲到这里，其实一半都还没到，这个实验设计已经比普通的敲除过表达要强一点儿了。下节再说吧，因为还涉及T细胞的阳性选择和阴性选择，这俩也是T细胞发育的一个比较重要的Check Point。有兴趣看这篇文章的话，可以自己去PubMed上搜一下。就给你们讲到这里吧，祝你们心明眼亮。

什么是T细胞阳性选择，这篇14.808分的文章又是怎么做的

上一节讲了这篇14.808分的T细胞发育相关的文章的前半部分，但已经能看出他们实验的设计了，他们发现了敲除T细胞表面的CD146后，T细胞的发育受到了阻碍，并且影响了T细胞发育过程中的β选择：

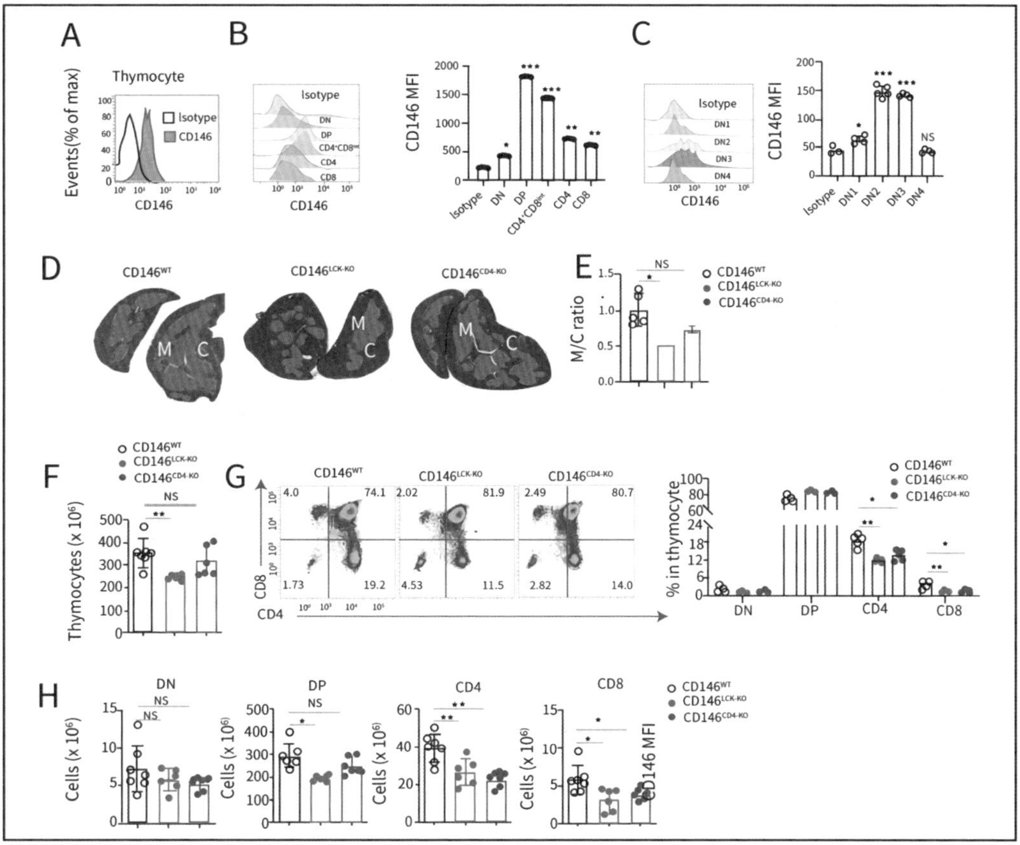

也讲了在T细胞从ETP开始，发育成DN细胞，然后经过γδ选择和β选择，通过DN4细胞形态，变成了DP，也就是双阳性细胞。

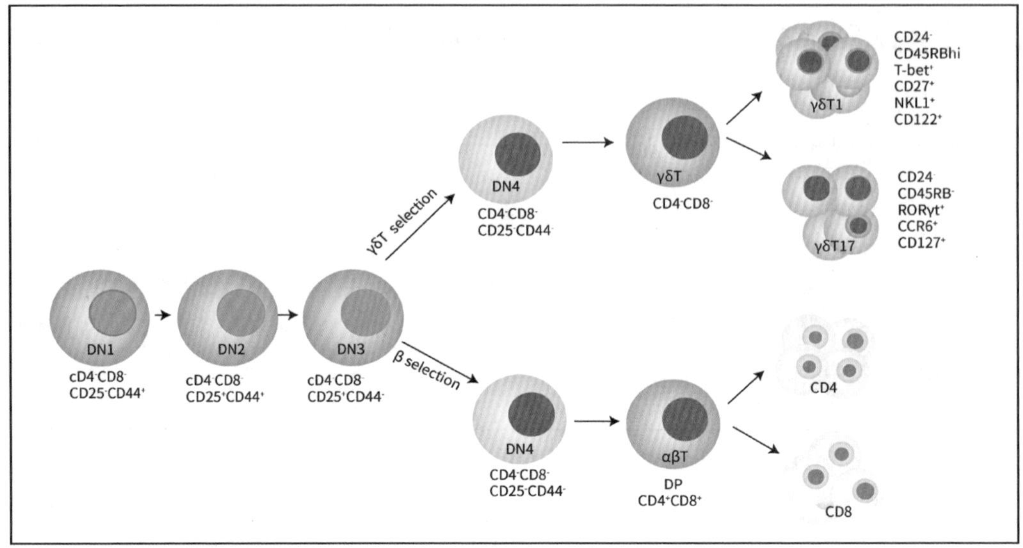

CD146能影响T细胞的β选择，那是否会进一步影响T细胞发育的下一个关键点呢？下一个关键点就是T细胞的阳性选择。有阳性选择，就有阴性选择。

Helsingin Yliopisto

Genetics of T Cell Co-Stimulatory Receptors -CD28, CTLA4, ICOS and PDCD1 in Immunity and Transplantation

这篇综述里，大概描绘了一下。阳性选择就是DP阶段（$CD4^+$，$CD8^+$）的T细胞，表面的TCRαβ，通过适度的亲和力与胸腺上皮细胞的MHC I类或MHC II类分子结合，然后分化成SP单阳细胞（$CD4^+$/$CD8^+$）。不能结合的T细胞就会凋亡（可以当作是不能起到T细胞作用的不合格品被销毁掉了）：

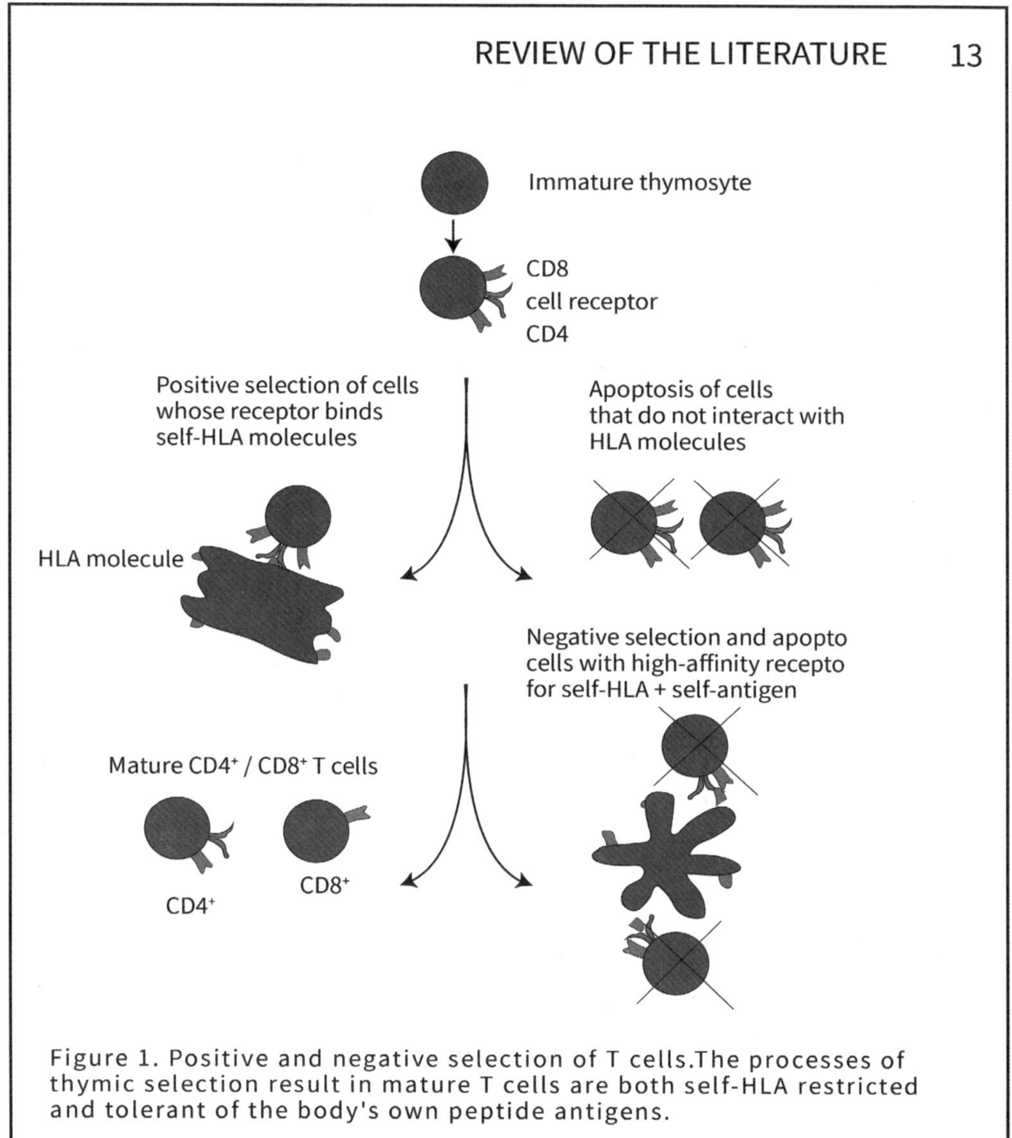

Figure 1. Positive and negative selection of T cells.The processes of thymic selection result in mature T cells are both self-HLA restricted and tolerant of the body's own peptide antigens.

在阳性选择后，就是T细胞的阴性选择。也就是能与胸腺的皮髓交界区、髓质区的DC细胞表面的MHC I类或MHC II类分子结合的SP细胞会激活凋亡（这个其实就是把会引起自身反应的T细胞清除掉）。

这篇文章是怎么做的呢？他们首先用CD69和TCRβ作为SP细胞的筛选因子，然后通过分簇，将SP细胞在阳性筛选过程中的具体过程分为了P1–P5五个阶段。其中P2是预选阶段的DP 细胞（$CD69^-$，TCRβ int）：

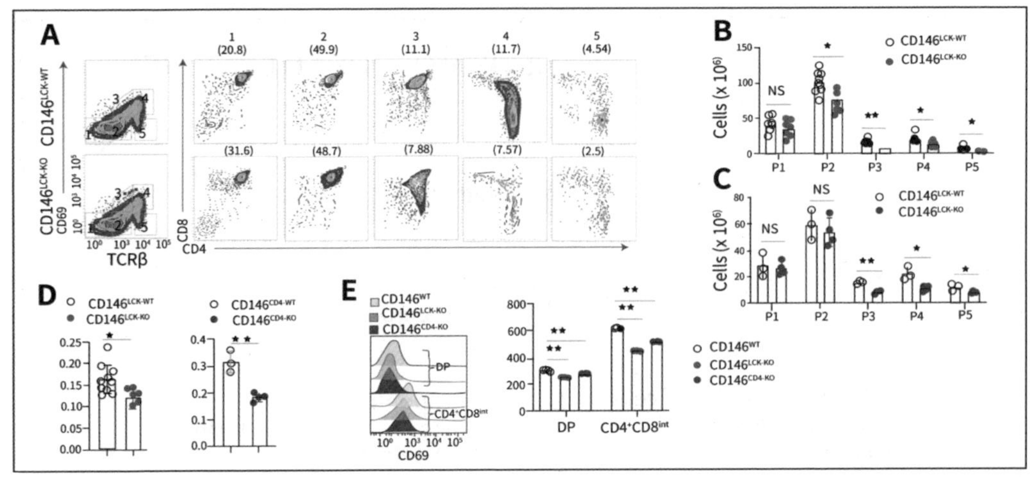

这里可以发现，P2阶段的细胞在CD146缺失后数量明显抑制了。也就是说CD146能影响T细胞的阳性选择。而为了防止有其他因素干扰导致偏倚，他们使用了一种工具小鼠，OT-II。OT-II小鼠，它们的T细胞表面的TCR只能结合OVA这个蛋白（也就是说OVA蛋白通过人工诱导的方法来促进T细胞阳性选择过程），用这个作为人工的阳性筛选的机制，可以限缩其他额外的影响。

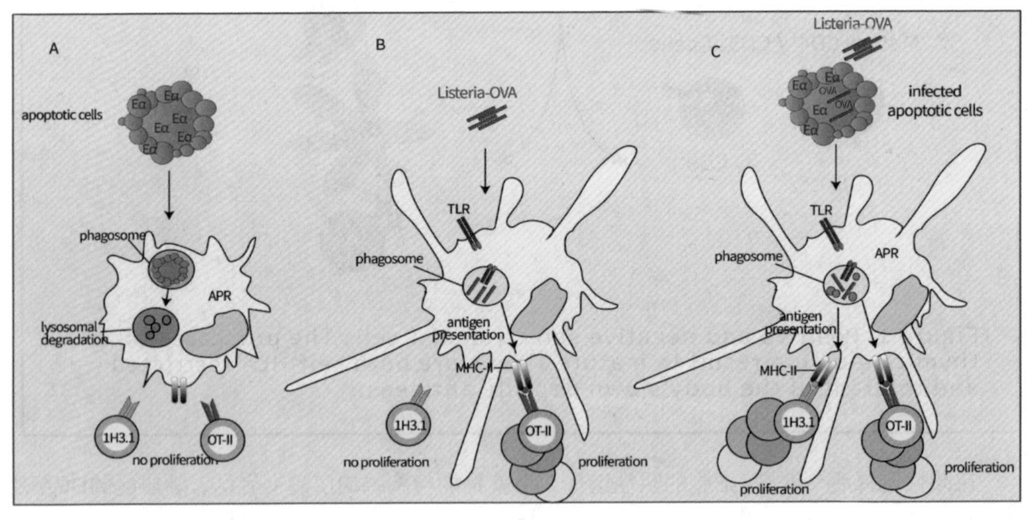

结果CD146的缺失，能明显影响OT-II小鼠胸腺的T细胞形成，也就确证了CD146对于T细胞阳性筛选的作用。既然影响了T细胞阳性筛选，那么CD146对于T细胞凋亡会不会有影响呢？

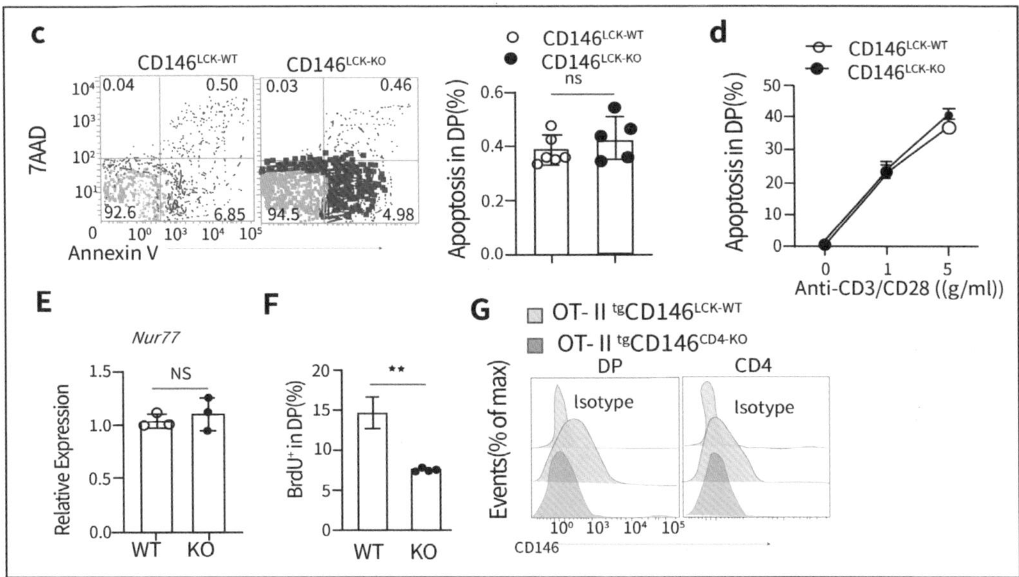

结果发现，CD146对于T细胞凋亡相关的NUR77的表达并没有多大影响，但CD146缺失后，DP细胞的BrdU掺入受到了影响（细胞周期产生变化）。也就是说，CD146影响的是T细胞的阳性选择。这篇文章还剩下一点儿没讲完，但就整篇文章而言，实验的设计上确实比一般的肿瘤研究要有意思得多。就给你们讲到这里吧，祝你们心明眼亮。

铁死亡看多了，47.728分的*Science*教你看看铜死亡

以前一直在讲铁死亡，讲得也实在是很多了。突然看到有人说：啥时候讲铜死亡……查了一下，确实有铜死亡，叫Cuprotosis？但搜出来的全都是Coprostasis：

PubMed.gov

Cuprotosis | × Search

Advanced Create alert Create RSS User Guide

Save Email Send to Sorted by: Most recent Display options

按分数筛选 按分数排序

MY NCBI FILTERS

JCR QUARTILE

Q1 Q2 Q3 Q4

EASYPUBMED FILTER

IMPACT FACTOR

JCR QUARTILE

Q1 Q2 Q3 Q4

IMPACT FACTOR

1,444 results Page 1 of 8

Showing results for coprostasis

Your search for Cuprotosis retrieved no results

1 SMART TOILETS:INNOVATIVE PREVENTION OF **FECAL IMPACTION** IN OLDER ADULTS.

SWJTU B+ SCIIF 0.978 SCI基础版 医学4区 SCI升级版 医学4区

Cite SSCI SCIQ4 XU三区 CUG护理学T4

Share Gastroenterol Nurs 0.978 2022

Rico JE 3rd, Daniel KM.

DOI: 10.1097/SGA.0000000000000662

PMID:35357343

NA IF: NA Cited by: Loading Sci-Hub Link PDF(NOT FOUND) Citation Collect

当然这个和粪便没关系，实际上Cuprotosis还是挺新的，搜了一篇*Science*（IF=47.728），讲的是铜离子诱导的细胞死亡……

Science

Copper Induces Cell Death by Targeting Lipoylated TCA Cycle Proteins

这篇文章描述了一种，铜离子诱导，线粒体呼吸依赖的细胞死亡，是通过铜与三羧酸（TCA）循环的脂酰化成分直接结合而发生的。

Abstract

Copper is an essential co-factor for all organisms, and yet it becomes toxic if concentrations exceed a threshold maintained by evolutionarily conserved homeostatic mechanisms. How excess copper induces cell death, however, is unknown. Here, we show in human cells that copper dependent, regulated cell death is distinct from known death mechanisms, and is dependent on mitochondrial respiration. We show that copper-dependent death occurs via direct binding of copper to lipoylated components of the tricarboxylic acid (TCA) cycle. This results in lipoylated protein aggregation and subsequent iron-sulfur cluster protein loss leading to proteotoxic stress and ultimately cell death. These findings may explain the need for ancient copper homeostatic mechanisms.

*Science*做得相对来说是严谨的，首先他们要找一个能带入铜离子的分子，他们通过大量化合物和细胞系的筛选，找了一个Elesclomol。这个化合物对于细胞来说并不敏感，但能结合铜离子，带入细胞内。

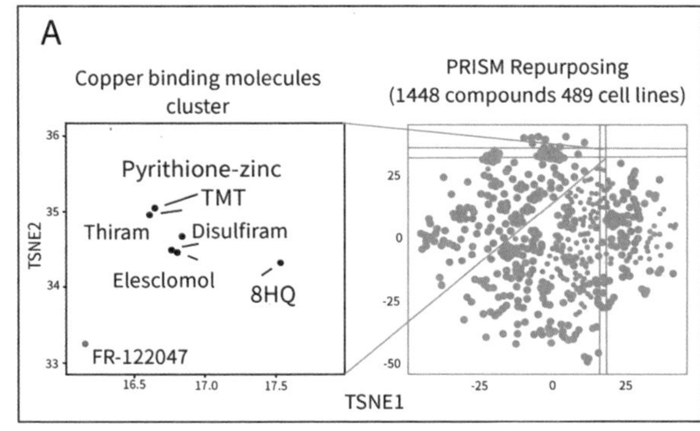

接着他们分析了Elesclomol带入各种离子后对于细胞活性的影响，可以发现，铜离子被Elesclomol带入细胞后，细胞活性明显丧失。接着他们选择了铜离子处理浓度和处理时间：

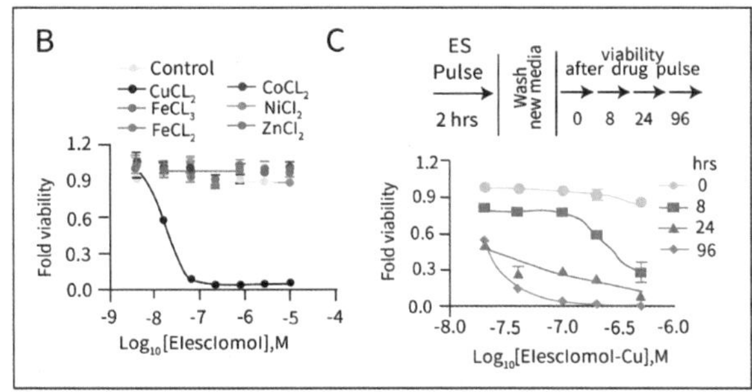

既然是细胞死了，那理所当然，可以先看看是不是凋亡造成的。凋亡影响的下游蛋白就是Caspase，所以他们分析了Elesclomol-铜离子对于Caspase3/7的激活情况：

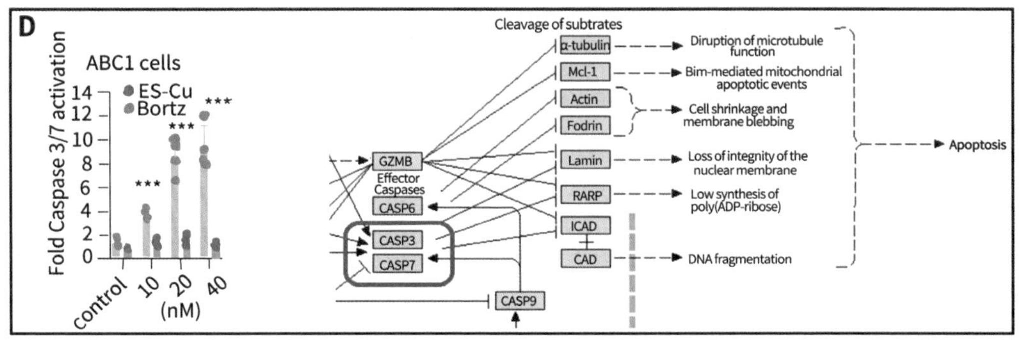

Caspase3是剪切后才变成成熟体的，所以他们做了一个加Elesclomol-铜离子处理后的Caspase3剪切分析，同时还分析了Elesclomol-铜离子处理后Bak/Bax的表达情况。要是还记得的话，应该知道这俩是凋亡信号通路中线粒体上的关键蛋白：

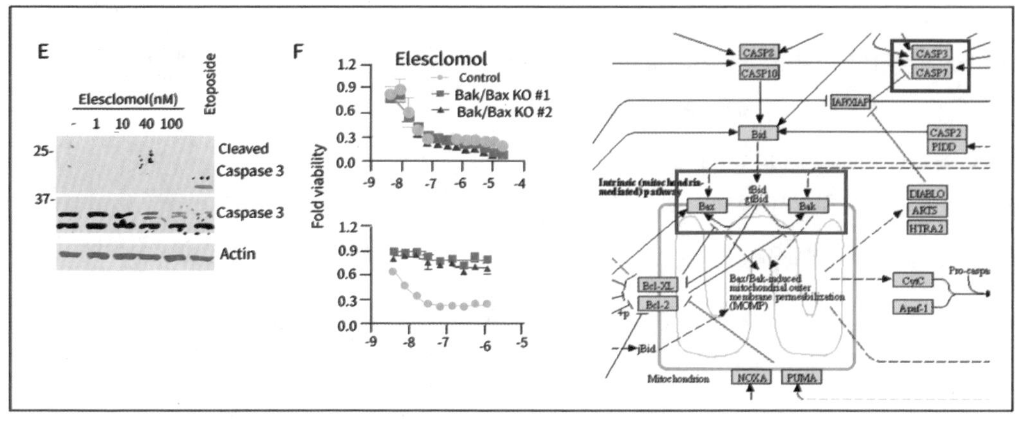

既然铜离子诱导的细胞死亡不是通过凋亡引起的，那么其他死亡形式是否参与了呢？于是他们用了其他各种死亡的抑制剂，给出了这样的热图（有细胞活力的是红色，细胞死了的是蓝色）：

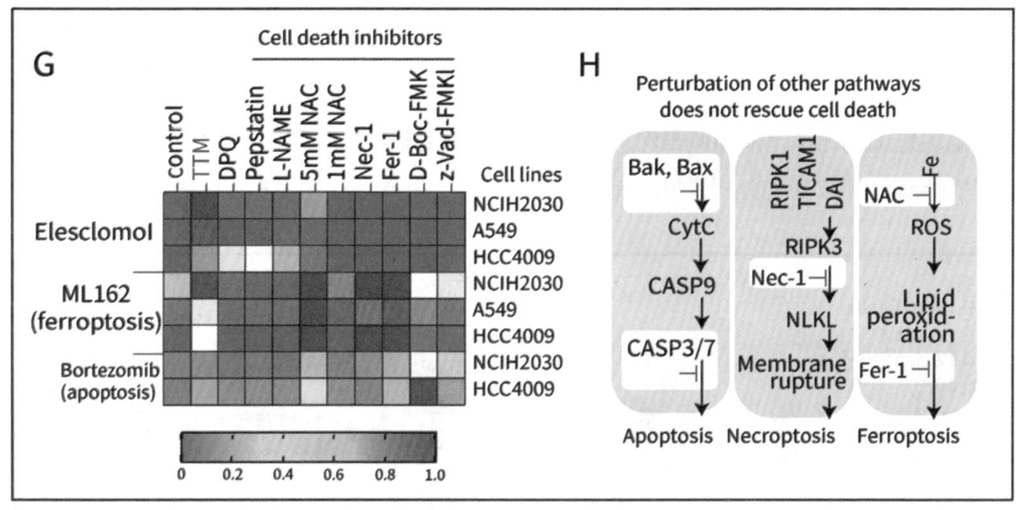

Elesclomol-铜离子处理后，只有铜离子螯合剂（TTM）能对其产生影响，使其回复细胞活性。也就是说铜离子诱导的细胞死亡，与凋亡、坏死、铁死亡、ROS增多等都没有直接关系，是一种独有的细胞花样死亡方式……

好了，先讲这么多，接下去慢慢讲，祝你们心明眼亮。

看这篇47.728分的*Science*讲的铜死亡，真的要恶补一下午生化才行

这节继续来讲这篇铜死亡的*Science*，呃，说实话，这里面的生化知识真的是都还给老师了……

上节讲到他们筛选出了一种带铜离子进入细胞的化合物，然后发现了铜离子导致的细胞死亡。同时用其他死亡抑制剂处理后，铜离子诱导的细胞死亡并没有被抑制，说明铜离子诱导的细胞死亡是有其独特途径的。

接着他们发现糖酵解途径的细胞，与线粒体呼吸的细胞相比，对铜离子有更明显的耐受性：

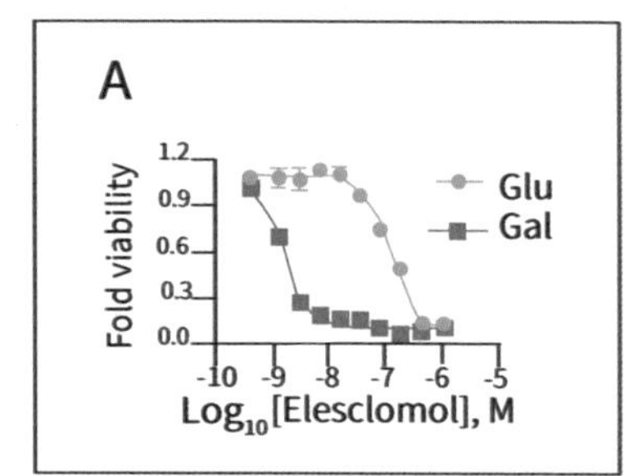

这里分别用了葡萄糖（参与糖酵解）和半乳糖（抑制了糖酵解，促进线粒体呼吸）。糖酵解和线粒体呼吸到底是啥呢？这就要回去翻看生化课本了。简而言之，糖酵解是无氧产生ATP的；线粒体呼吸是通过三羧酸循环，经过有氧的呼吸链产生ATP的：

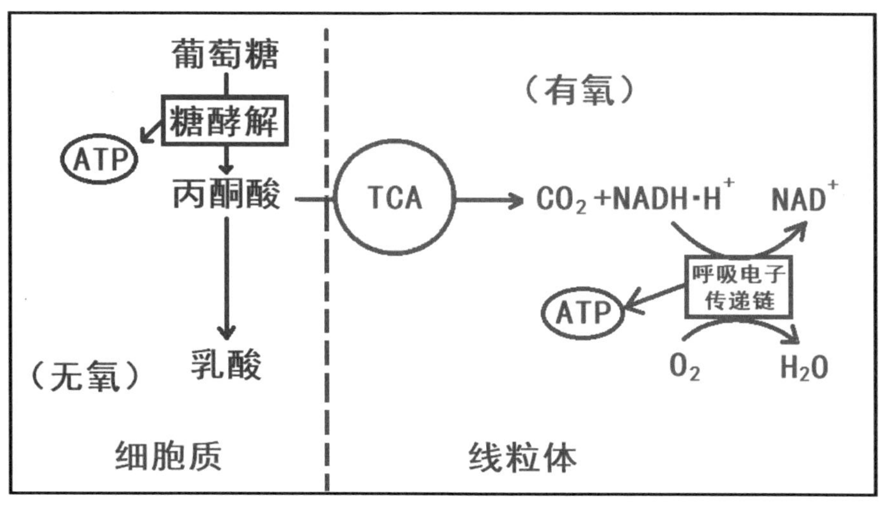

既然是线粒体呼吸的细胞对铜离子更敏感，那他们就用了一些线粒体呼吸中常用的底物等进行处理。发现，电子传递链（ETC）复合物I和II的抑制剂，以及线粒体丙酮酸摄取的抑制剂削弱了铜离子诱导的细胞死亡。

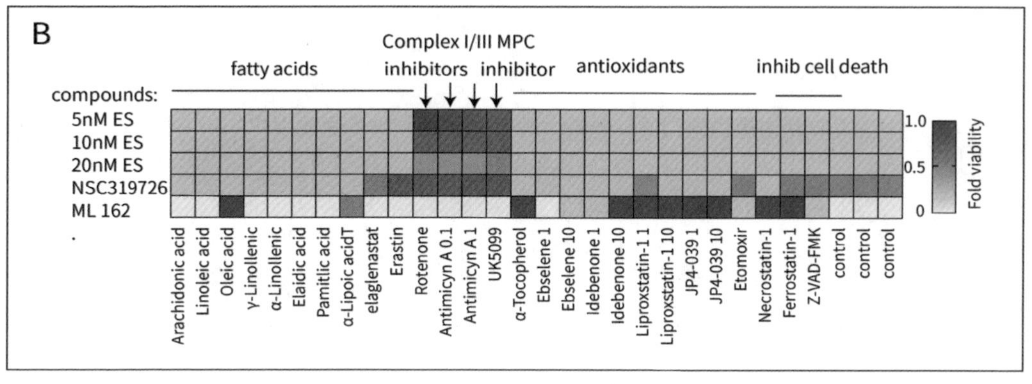

电子传递链差不多就是这样的：

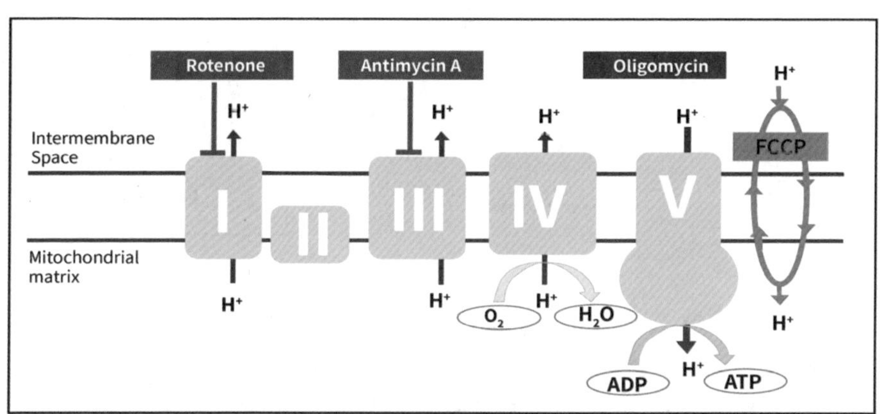

这几个复合体就是线粒体电子传递链的相关蛋白，上面还标识了各个复合物的抑制剂（鱼藤酮、抗霉素A、寡聚霉素和FCCP，下面都会用到），他们发现只有解偶联剂FCCP无法抑制铜离子诱导的死亡：

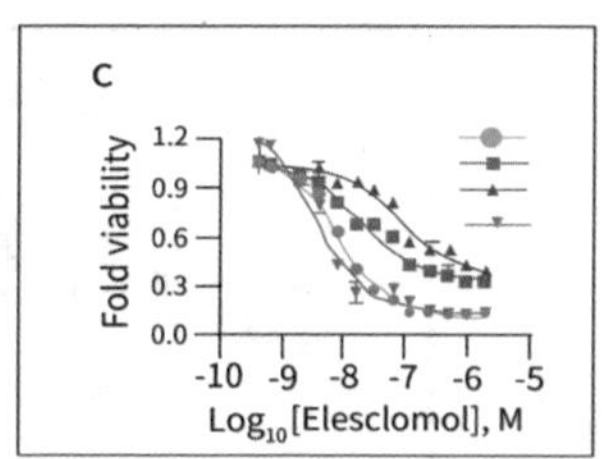

FCCP主要是调控线粒体质子浓度的，以此抑制ATP产生，这也就是说铜离子诱导的细胞死亡和线粒体呼吸中的ATP的产生没有什么关系……

那回过头来，既然糖酵解是无氧条件下产生ATP，线粒体呼吸是有氧条件下产生ATP，那么这和HIF（缺氧诱导因子）信号通路有没有关系呢？

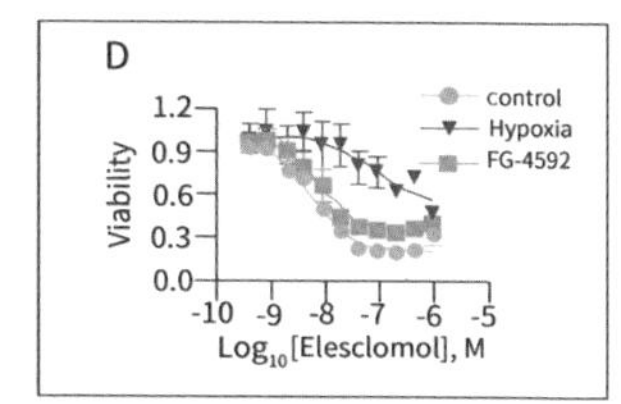

他们在常氧环境下强制稳定HIF信号通路，但铜离子处理后，细胞还是死了。这也就是说，缺氧环境（糖酵解激活）对铜离子诱导的死亡的耐受，并不是通过HIF信号通路，而更可能是呼吸作用引起的。

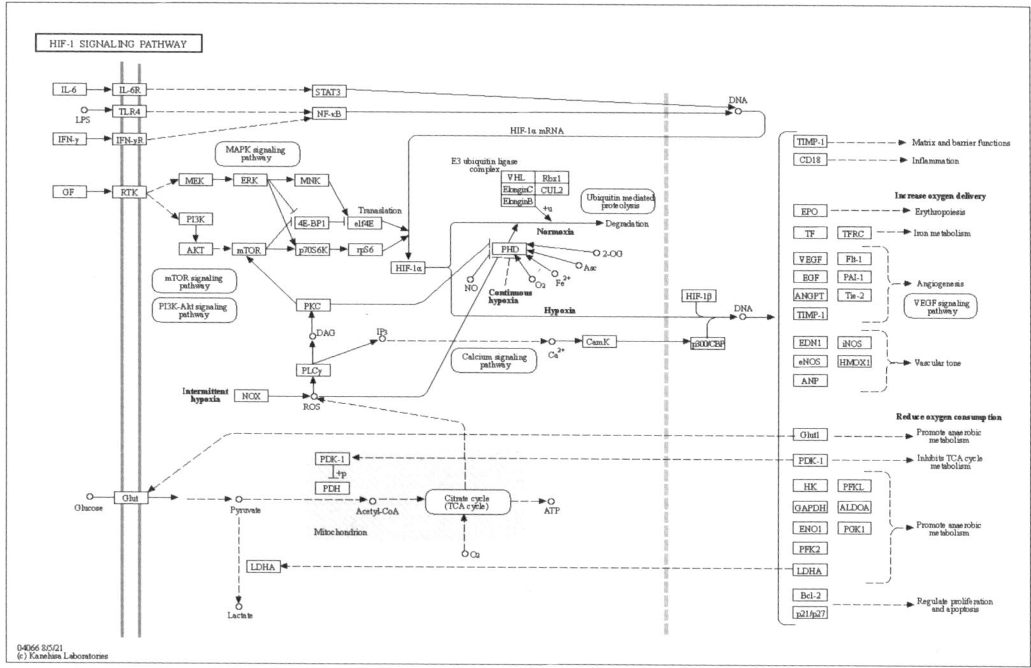

那到底是什么环节产生的影响呢？他们想到了检测线粒体备用呼吸能力：

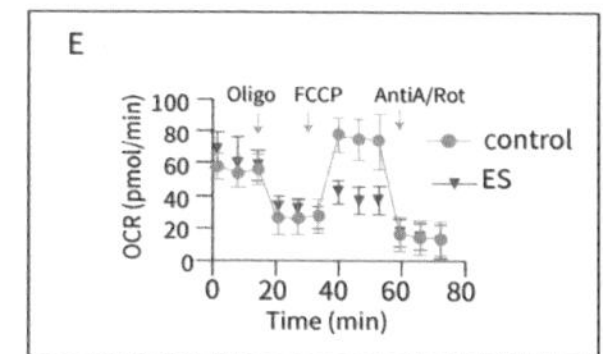

为了这个我还去查了一篇Review：

The FASEB Journal

Mitochondrial Spare Respiratory Capacity: Mechanisms, Regulation and Significance in Non-Transformed and Cancer Cells

检测线粒体备用呼吸能力的方法，差不多就是按时间顺序，以此加入电子传递链的抑制剂，然后通过公式来计算备用呼吸能力（spare respiratory capacity，SRC）。备用呼吸能力就是线粒体满足超出基础水平的额外能量需求的能力，以应对急性细胞应激或繁重的工作量。

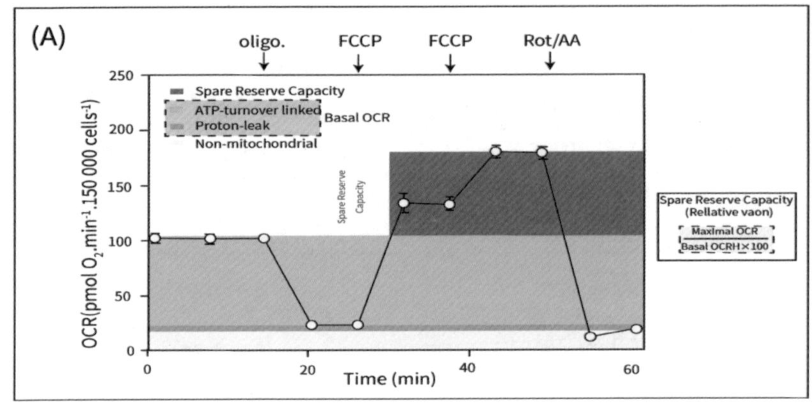

这里的结果显示的是线粒体SRC明显降低，这表明铜离子并不直接针对电子传递链，而是针对TCA循环的组成部分。（FCCP处理后，铜离子抑制了耗氧量，也就是说在电子传递链之前的环节——TCA循环，被铜离子影响了。）

既然是TCA的环节上出现了问题，他们接着分析了铜离子在TCA循环中产生影响的具体环节：

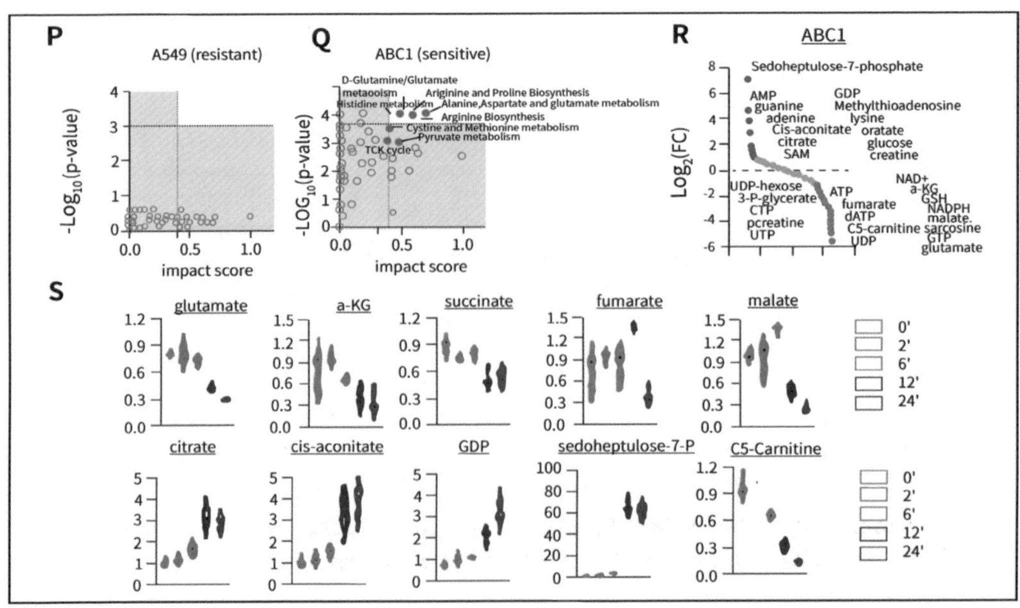

然后得到了这样的示意图：

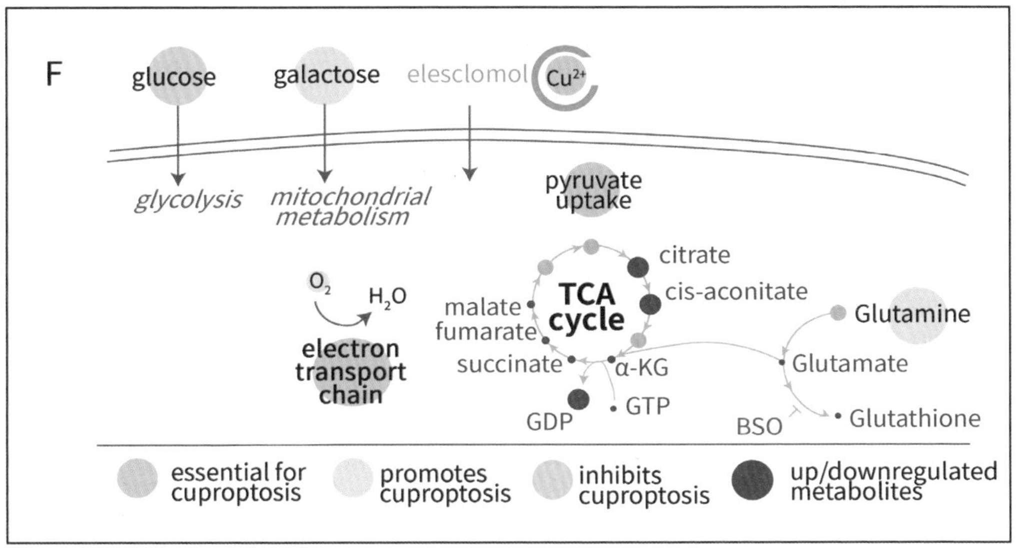

好了，为了看懂这部分，夏老师恶补了一下午的生化。也不知道你们看没看懂……虽然这只是这篇*Science*的一张图而已。剩下的后面慢慢讲吧，祝你们心明眼亮。

这篇47.728分的*Science*终于开始涉及铜死亡机制了

要讲清楚这篇47.728分的*Science*，真的是要人老命了。虽然之前也给你们讲过三羧酸循环的文章，但好像没有这么吃力。上节讲到他们通过铜离子诱导的细胞死亡分析，发现了铜离子诱导的独有的细胞死亡方式。然后通过对线粒体呼吸的敏感性分析，以及电子传递链的抑制分析，发现了铜离子诱导后生化环节产生的差异：

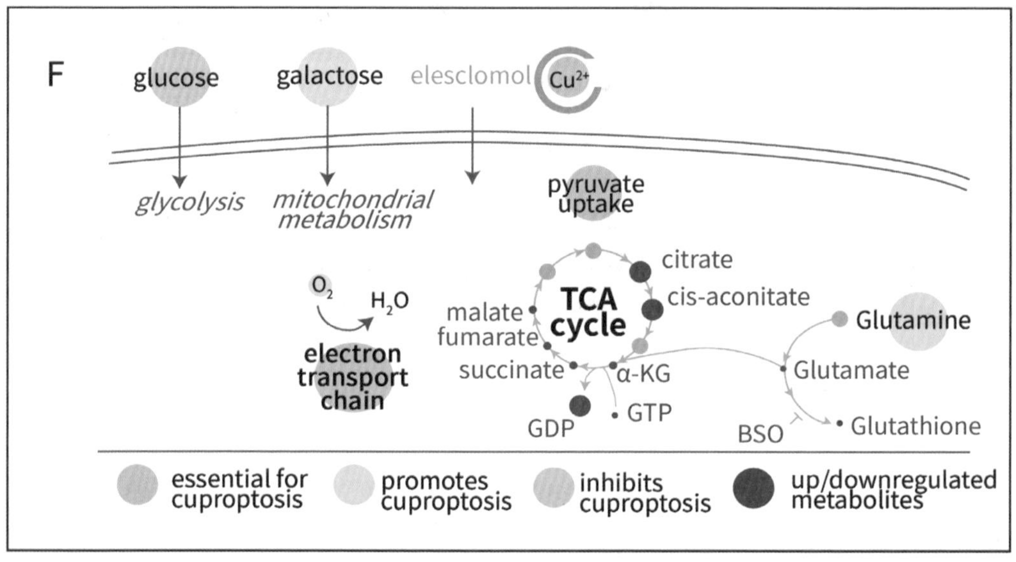

接下来，他们就要找出具体是什么因素导致了铜离子诱导的细胞死亡。他们做了一个CRISPR的筛选。

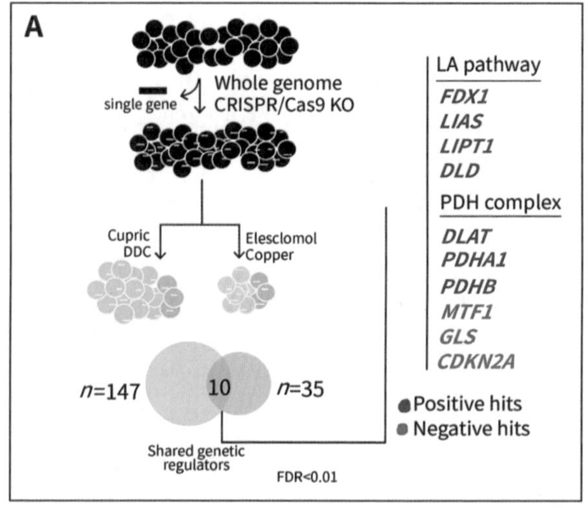

这个其实之前也给大家讲过，就是每个细胞中转入一个敲除基因的sgRNA，然后通过CRISPR进行敲除。这里是寻找铜离子诱导并且敲除后还能存活的基因，也就是按照柯霍氏法则敲除后，无法完成铜离子诱导的细胞死亡的基因。他们用了两种不同的铜离子带入剂，将结果取了交集。

结果发现，这些敲除后抑制铜离子诱导死亡的基因，有一部分就是在线粒体呼吸电子传递链及上游的三羧酸循环上的。

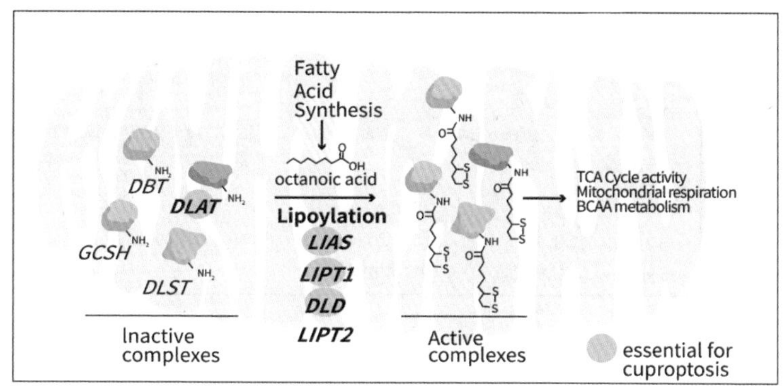

特别是硫辛酸合成的这个途径（硫辛酸也参与了TCA循环），以及电子传递链的复合物I。所以他们又用定向的3000个代谢相关的基因的CRISPR库，再一次进行了敲除，来验证这个结果：

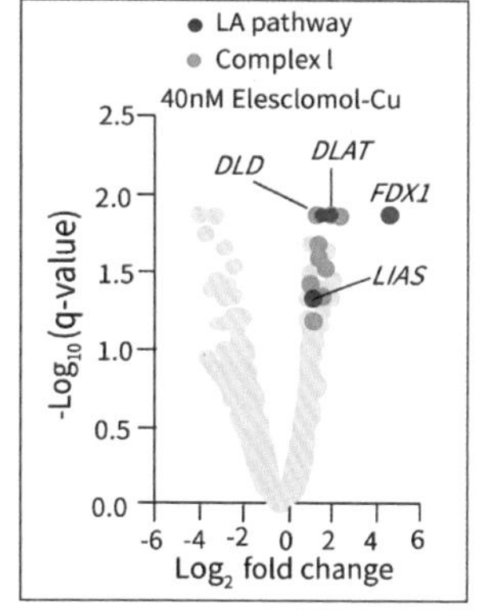

他们找到的关键基因是*FDX1*以及*LIAS*，分别敲除这两个基因后，细胞对铜离子的耐受增加了：

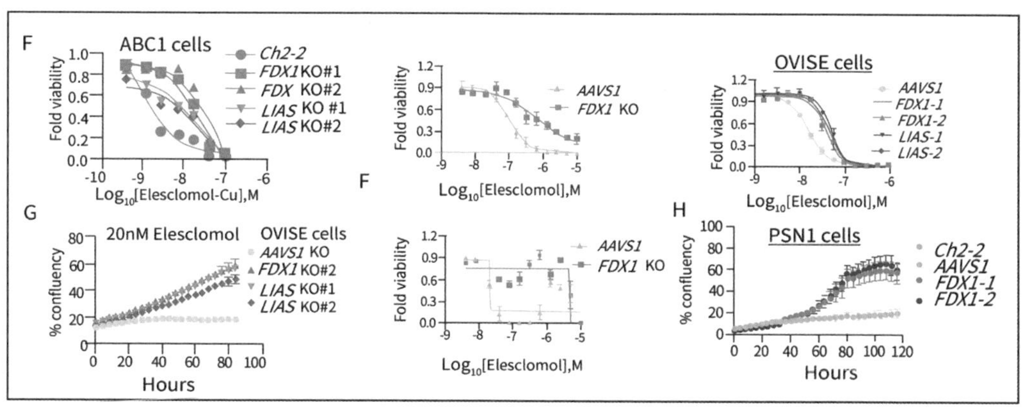

那*FDX1*是什么基因蛋白呢？

FDX1 基因的别名

FDX1 基因的别名

基因卡符号：***FDX1*** [2]	*FDX* [3,5]
铁氧还蛋白 1 [2,3,5]	线粒体肾上腺素 [3]
ADX [2,3,4,5]	铁氧还蛋白-1 [4]
肾上腺素，线粒体 [3,4]	肾上腺素 [2]
肾上腺 铁氧还蛋白 [3,4]	LOH11CR1D [3]
肝氧还蛋白 [3,4]	

*FDX1*基因的外部 ID

华侨城：3638 NCBI Entrez基因：　合奏：ENSG00000137714 OMIM ®：103260 UniProtKB/Swiss-Prot：P10109

FDX1 基因的先前HGNC符号

FDX

以前*FDX1*基因的GeneCards标识符

GC11P112572,GC11P111771,GC11P110334,GC11P109838,GC11P109805,GC11P106225

在 PubMed 和其他数据库中搜索 *FDX1* 基因的别名

FDX1是一个还原酶，可以将Cu^{2+}还原为毒性更强的形式Cu^{1+}。他们还具体分析了FDX1的相关蛋白：

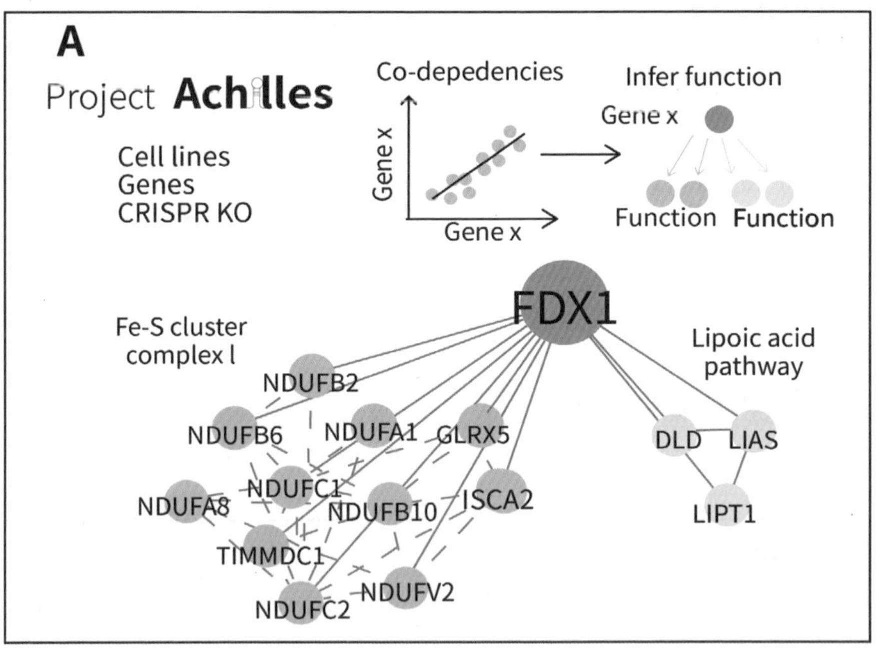

发现了FDX1的具体功能，除了与铁硫蛋白相关，还和硫辛酸代谢途径有关。为了这个我还专门去阿基琉斯上分析了一下：

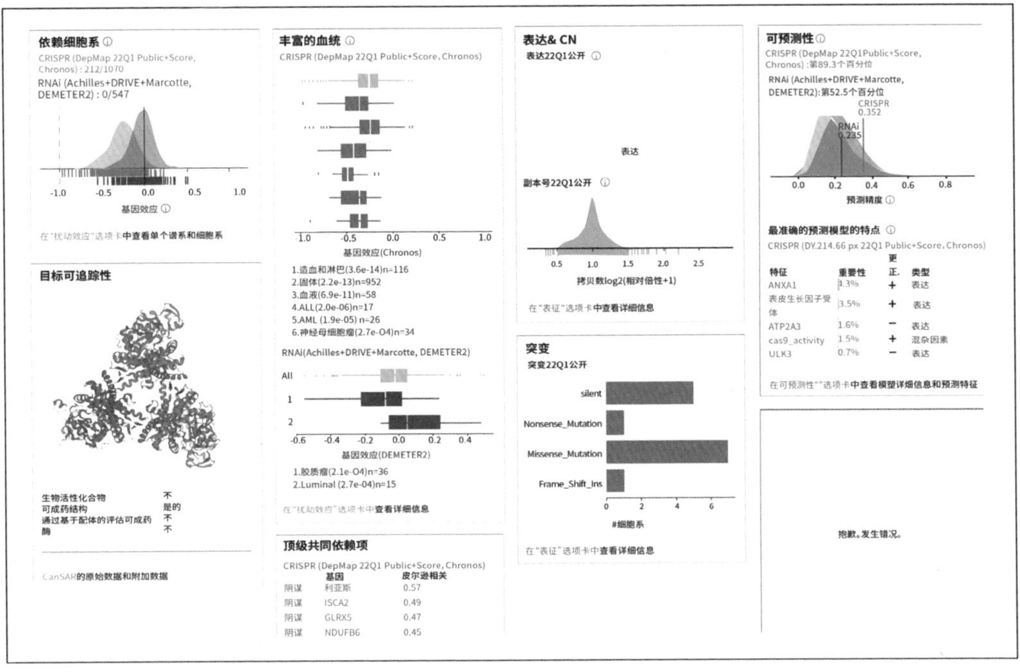

确实，FDX1的相关蛋白（CRISPR敲除相关）包括了LIAS：

	A	B	C	D
1	Gene	Entrez Id	Dataset	Correlation
2	LIAS	11019	CRISPR (D	0.573005
3	ISCA2	122961	CRISPR (D	0.491004
4	GLRX5	51218	CRISPR (D	0.468826
5	NDUFB6	4712	CRISPR (D	0.45048
6	COQ4	51117	CRISPR (D	0.448742
7	NDUFB10	4716	CRISPR (D	0.444776
8	TIMMDC1	51300	CRISPR (D	0.440785
9	CYC1	1537	CRISPR (D	0.436306
10	DLD	1738	CRISPR (D	0.434129
11	COX5B	1329	CRISPR (D	0.429517
12	UQCRC1	7384	CRISPR (D	0.429407
13	NDUFC2	4718	CRISPR (D	0.422116
14	NDUFS2	4720	CRISPR (D	0.422105
15	NDUFB8	4714	CRISPR (D	0.420218
16	NDUFB4	4710	CRISPR (D	0.418301
17	UQCRFS1	7386	CRISPR (D	0.414325
18	NDUFA6	4700	CRISPR (D	0.411054

于是他们分析了FDX1与硫辛酸的关联性：

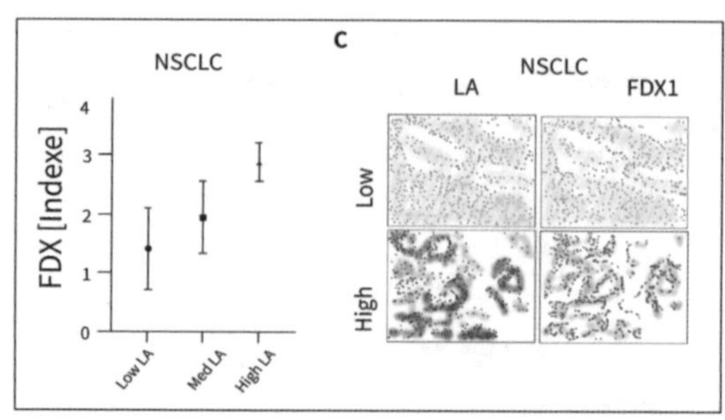

明确了敲除FDX1后，会抑制硫辛酸合成：

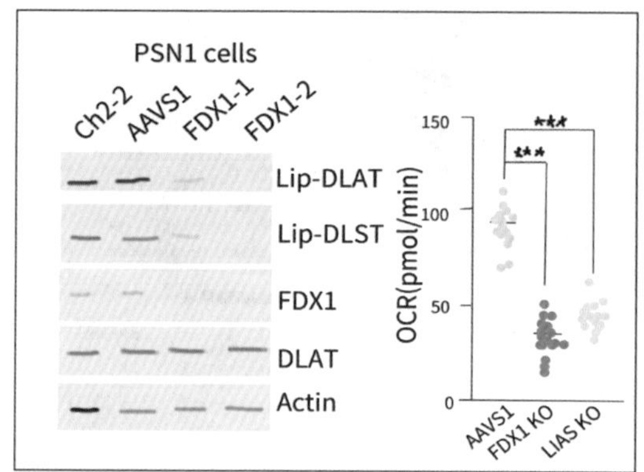

于是就形成了这样的一个示意图：

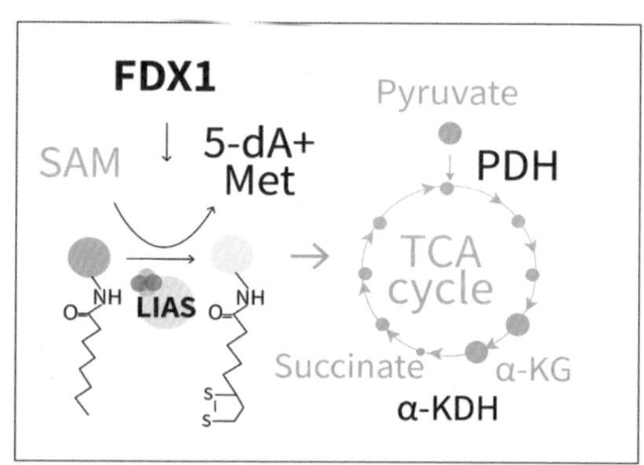

FDX1会通过硫辛酸，间接调控三羧酸循环（电子传递链的上游），这也符合之前对于铜离子诱导细胞死亡的预期（上节讲了，预期铜离子作用会影响线粒体的备用呼吸能力，也就是在电子传递链的上游）。就给你们讲到这里吧，祝你们心明眼亮。

看看这篇*Science*上的铜死亡研究是怎么用假设来推动文章剧情的

继续来看这篇没有讲完的*Science*，说实话，这样一篇47.728分的文章，确实不是随便翻译一下摘要就能看明白的。我们再捋一下，首先他们分析的是铜离子带来的细胞死亡过程。通过抑制剂的分析，发现铜离子导致的细胞死亡不属于铁死亡、凋亡或者细胞坏死，而是一种独有的死亡方式：

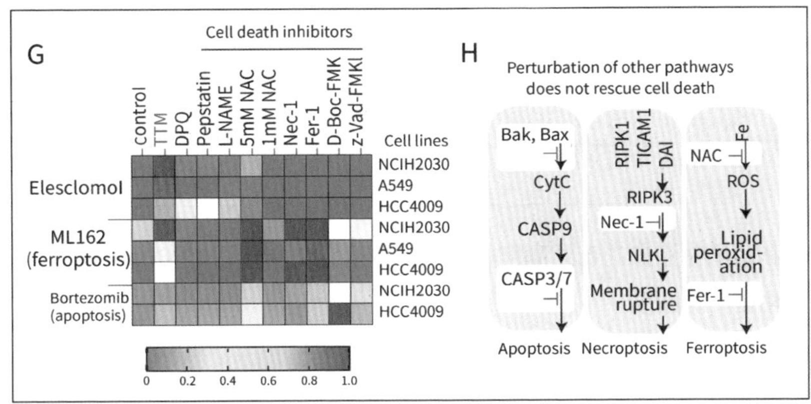

而铜死亡过程中，线粒体呼吸产生了明显变化（而无氧的糖酵解，对铜离子并不敏感）。通过对于线粒体呼吸的分析，发现铜离子带来的死亡位于线粒体呼吸链的前期，也就是在三羧酸循环上。

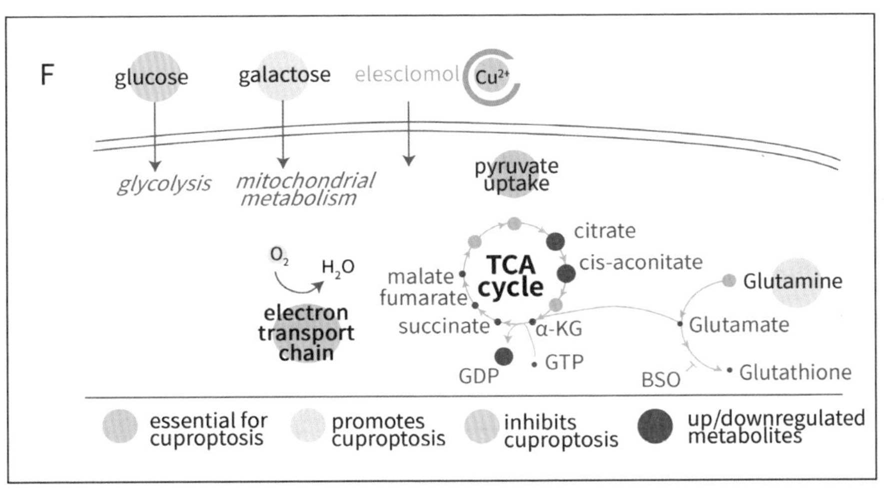

通过对三羧酸循环代谢相关的分析，证实了铜离子的影响确实是在TCA循环中：

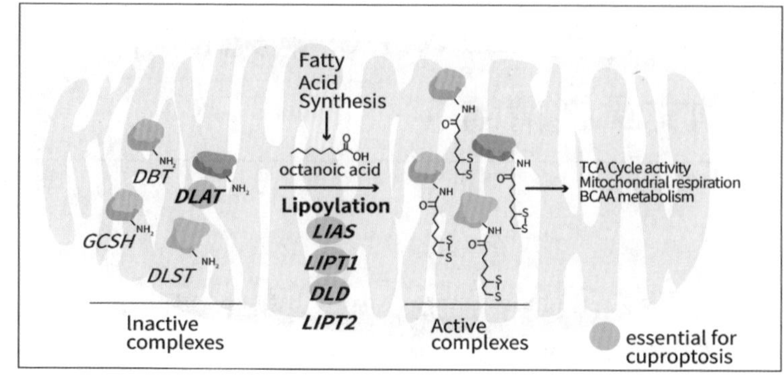

接着他们用CRISPR筛库找到了可能与铜离子诱导死亡相关的蛋白FDX1和LIAS，这都是TCA前期硫辛酸合成途径相关的蛋白。

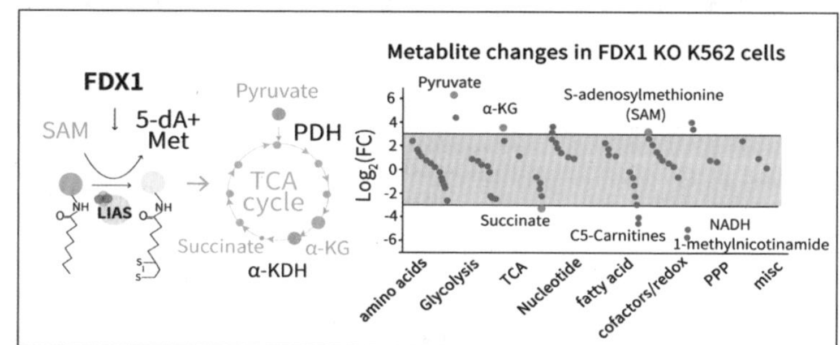

而FDX1和脂酰化蛋白的表达高度相关，于是他们也分析了FDX1与脂酰化蛋白的关系：

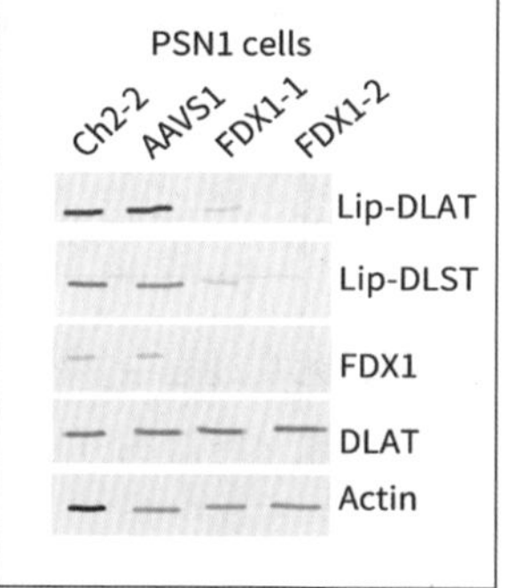

既然FDX1会影响铜离子诱导的死亡，而铜离子诱导的死亡和TCA循环有关，同时脂酰化蛋白也是在TCA循环的上游，这样他们就有了一个新奇的假设：是否铜离子能直接结合FDX1调控的脂酰化蛋白呢？于是他们用离子树脂柱做了这样的实验：

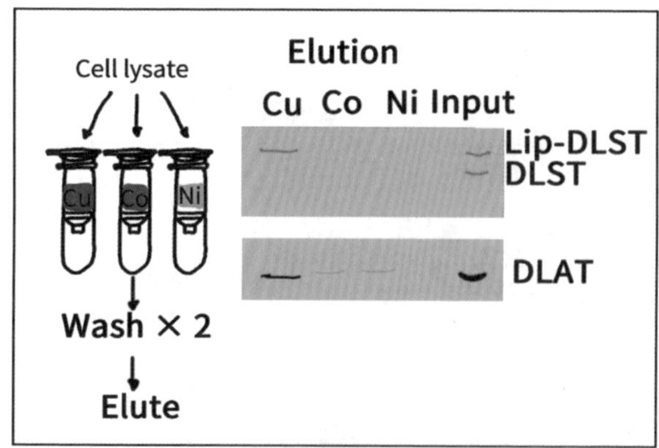

也就是用带有不同离子的树脂去吸附蛋白，然后再去洗脱，结果发现铜离子的确能结合脂酰化蛋白Lip-DLST和DLAT，也就是说脂酰化蛋白确实能结合铜离子。那其是否会受到FDX1的影响呢？于是他们KO了FDX1后，再看铜离子的结合：

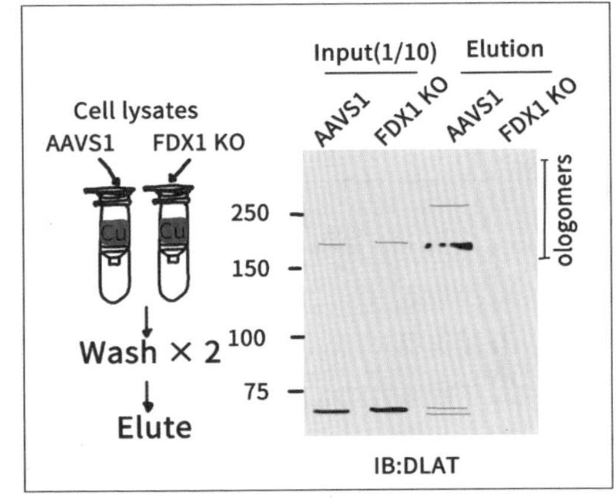

发现敲除FDX1后，DLAT与铜离子的结合明显降低了（因为Lip-DLST表达受FDX1表达影响，所以做实验意义不大）。有意思的是，不同浓度的铜离子对于DLAT影响并不大，但是铜离子浓度增加后DLAT会显示出低聚体：

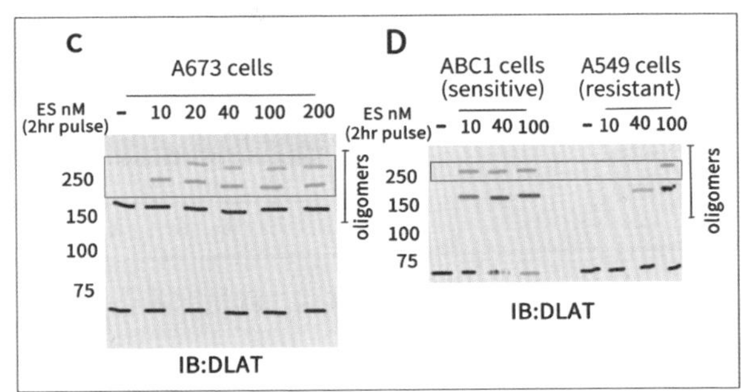

敲减FDX1后，这样的铜离子诱导的DLAT的低聚状态就消失了：

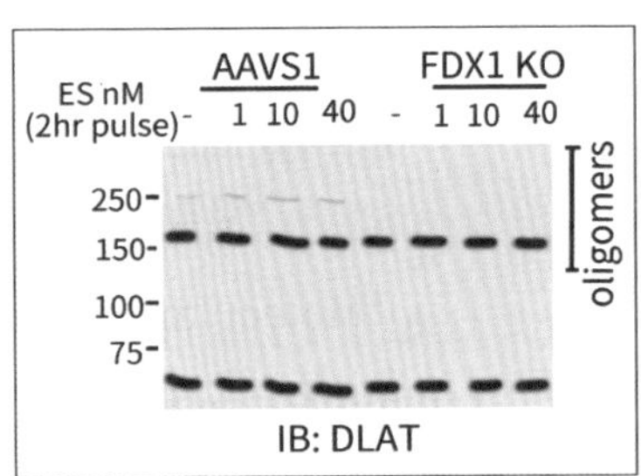

通过荧光定位，他们发现FDX1和铜离子确实能影响脂酰化蛋白DLAT在细胞中的低聚状态：

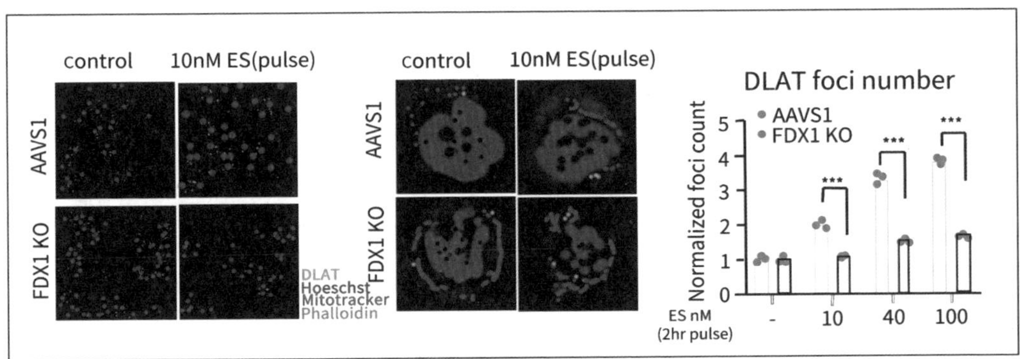

好了，还剩下一点儿，下节继续。就给你们讲到这里吧，祝你们心明眼亮。

看完这篇*Science*才发现，他们讲了很多，但好像什么都没讲

继续这篇*Science*，其实这篇*Science*描述的铜死亡的故事还是挺有意思的。上节讲到了铜离子能通过FDX1依赖的方式引起DLAT在细胞中的低聚，这种低聚可能会引起TCA循环受到影响，从而导致细胞死亡：

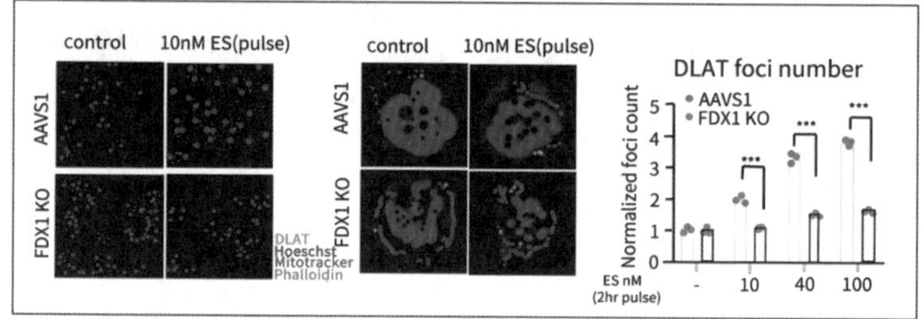

他们接着也做了挺豪气的实验，就是铜离子处理后的蛋白组学实验，说白了就是打质谱：

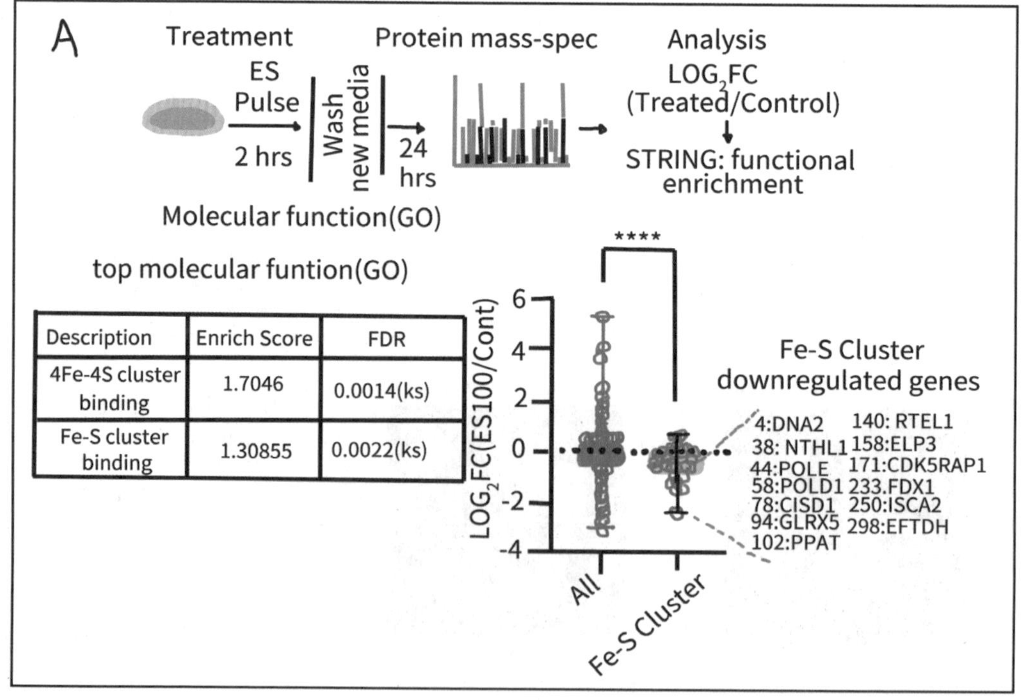

Description	Enrich Score	FDR
4Fe-4S cluster binding	1.7046	0.0014(ks)
Fe-S cluster binding	1.30855	0.0022(ks)

结果发现铁硫蛋白在铜离子处理后，表达也会降低。为啥要关注铁硫蛋白呢？因为之前也说过，他们找到*FDX1*这个基因时，FDX1的功能不光是硫辛酸途径，同时还和铁硫蛋白相关：

FDX1 基因的别名

FDX1 基因的别名

基因卡符号：***FDX1*** 2

铁氧还蛋白 1 2 3 5

ADX 2 3 4 5

肾上腺素，线粒体 3 4

肾上腺 铁氧还蛋白 3 4

肝氧还蛋白 3 4

FDX 3 5

线粒体肾上腺素 3

铁氧还蛋白-1 4

肾上腺素 2

LOH11CR1D 3

*FDX1*基因的外部 ID

华侨城：3638 NCBI Entrez基因： 合奏：ENSG00000137714 OMIM ®：103260 UniProtKB/Swiss-Prot：P10109

FDX1 基因的先前HGNC符号

FDX

以前*FDX1*基因的GeneCards标识符

GC11P112572,GC11P111771,GC11P110334,GC11P109838,GC11P109805,GC11P106225

在 PubMed 和其他数据库中搜索 *FDX1* 基因的别名

他们发现，铜离子浓度增加后，还能调控铁硫蛋白相关基因的表达：

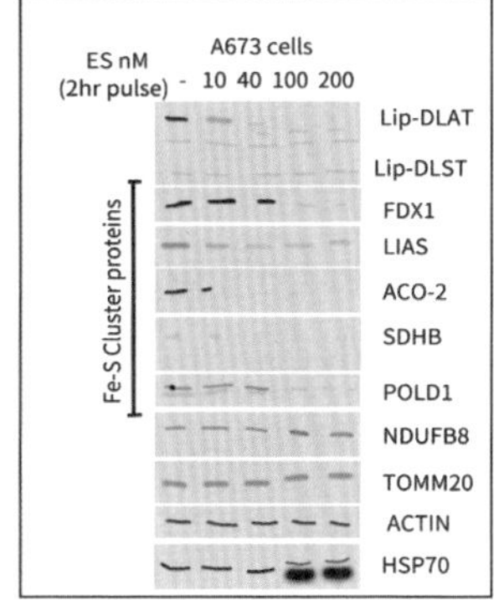

而铜离子对铁硫蛋白的影响也是依赖于FDX1的：

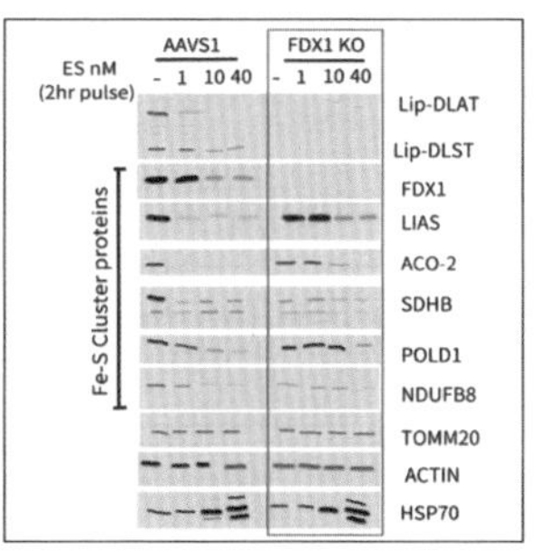

铜离子其实在细胞内也是有转运的，主要的机制差不多是这样的：

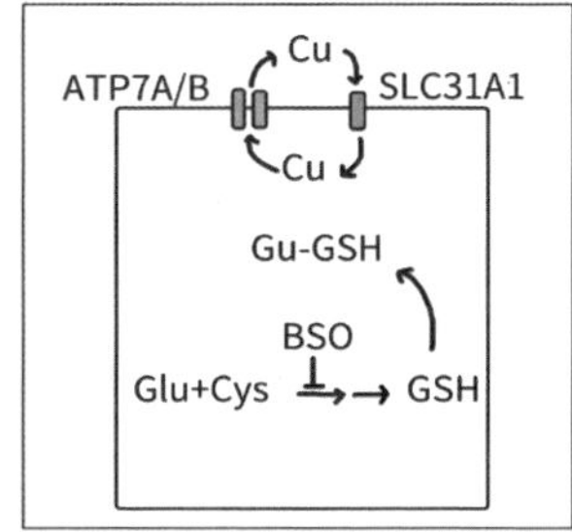

ATP7A/B负责泵出铜离子，SLC31A1负责泵入铜离子。那这样的铜离子泵，是否也是调控铜死亡的关键蛋白呢？于是他们过表达了泵入铜离子的SLC31A1，结果发现：

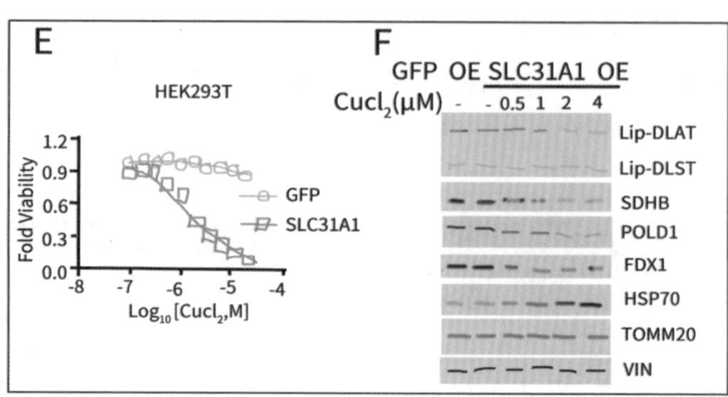

过表达SLC31A1后，加入铜离子，细胞死亡增加……同时，SLC31A1过表达后加入铜离子，同样影响了脂酰化蛋白以及铁硫蛋白的表达，而这些影响会受到铜离子螯合剂的干扰：

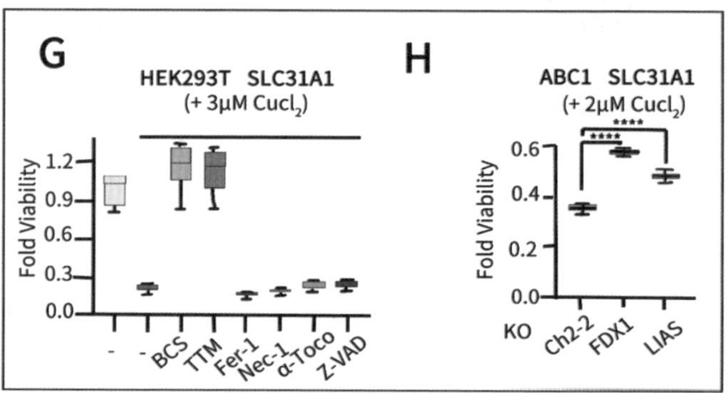

该影响还受到FDX1（铁硫蛋白相关；LA途径，TCA循环相关）、LIAS的依赖（LA途径，TCA循环相关）。

铜离子在细胞内会被GSH结合，降低其毒性；而GSH形成的过程会被BSO抑制：

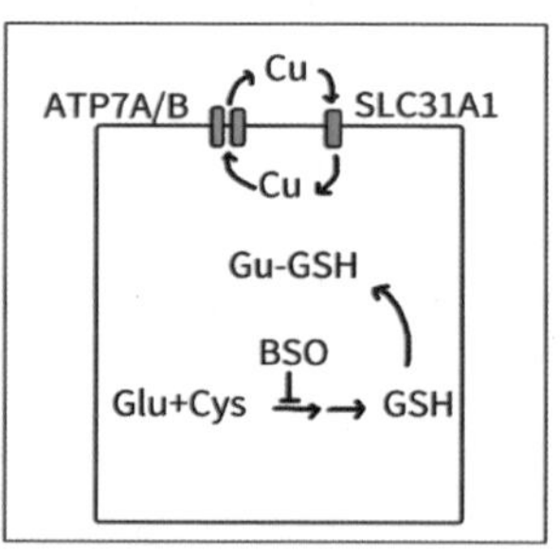

所以他们试了一下GSH是否会影响铜死亡，结果是GSH的耗尽（所以和铁死亡效果也差不多，加了铁离子，耗尽GSH也会引发死亡）会促进对铜离子诱导的细胞死亡：

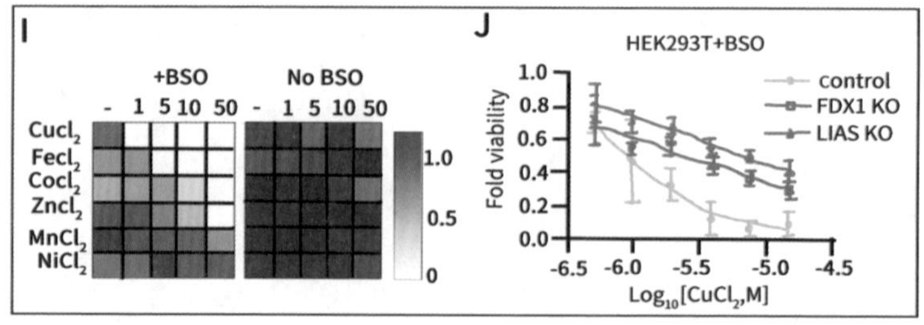

这也同样依赖于FDX1和LIAS。

而另一方面负责泵出铜离子的ATP7A/B的缺失，会导致铜离子累积，也同样会影响铁硫蛋白及脂酰化蛋白表达：

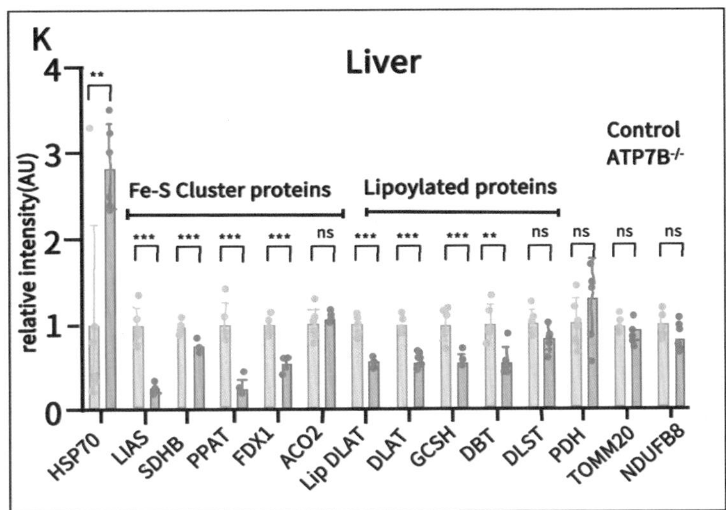

最后差不多就形成了这样一个示意图，感觉讲了很多，但是并没有确切地描述铜死亡的具体机制。

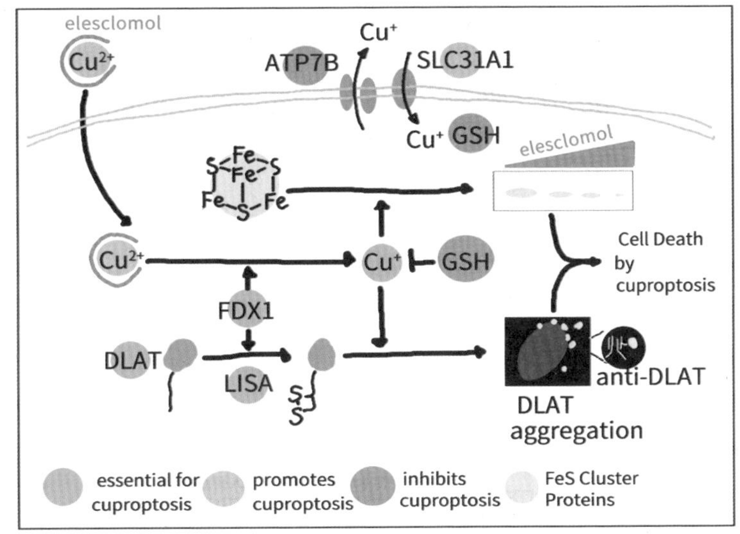

看过了，又仿佛没看过……这篇文章讲的内容的确有点儿多，内容过于复杂，导致主线剧情不是很明显。开头的推理确实挺有意思，但到后来就抓不住阿里阿德涅的线头了……下节再来分析一下这篇文章的结构吧，就给你们讲到这里吧，祝你们心明眼亮。

这篇47.728分的*Science*的铜死亡文章，思路到底是怎么样的呢

看完了*Science*，虽然觉得看了和没看没啥太大的区别，但我们还是应该梳理一下，看看这篇*Science*到底讲了点儿啥。

刚开始的假设很简单，就是要求证铜离子是否会导致细胞死亡：

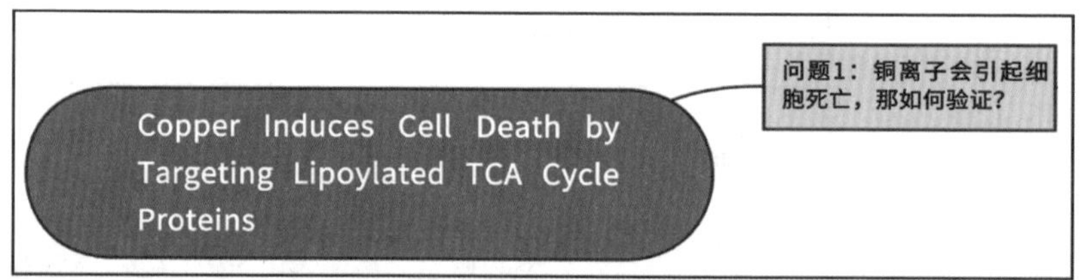

铜离子诱导的细胞死亡要怎么样验证呢？首先要有一个能够大量带入铜离子的化合物。他们通过筛选找到了Elesclomol。有了这个工具，同时证明了大量铜离子确实能导致细胞死亡后，他们就需要确认铜离子诱导细胞死亡的原因。他们排除了凋亡、坏死性凋亡和铁死亡的可能性，确定了铜离子诱导的死亡是独立的细胞死亡事件。同时他们发现，铜离子诱导的细胞死亡在无氧的糖酵解细胞中不明显，而是在有氧的线粒体呼吸细胞中异常明显：

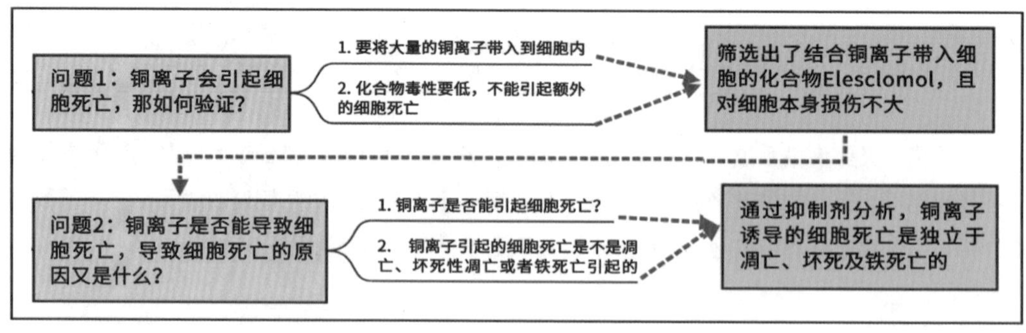

于是他们迭代了假设，提出了两个问题——为什么线粒体呼吸的细胞对铜离子诱导敏感？铜离子作用是否和无氧条件下的缺氧诱导因子有关：

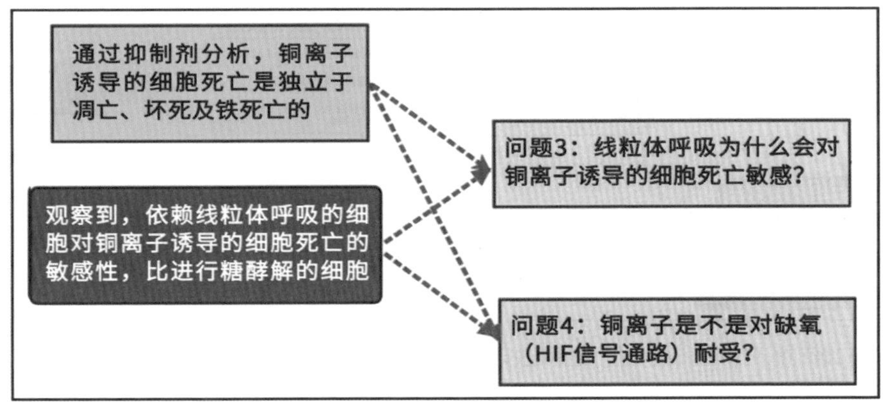

结果发现，铜离子很可能与线粒体呼吸过程中更上游的TCA循环有关，而与缺氧诱导因子信号通路没多大关系：

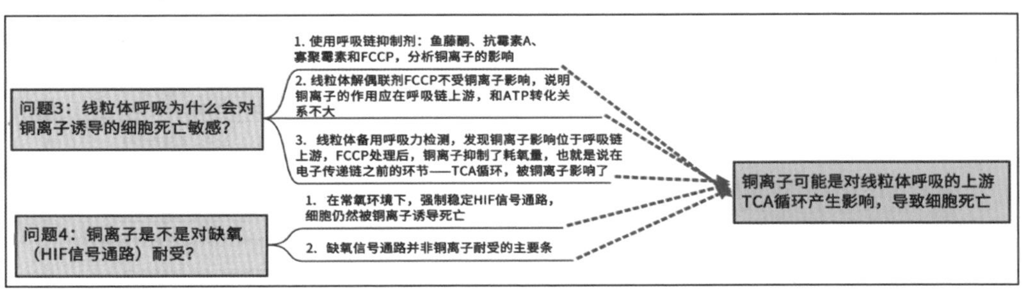

于是假设又进行了迭代，铜离子是通过什么来影响TCA循环的呢？

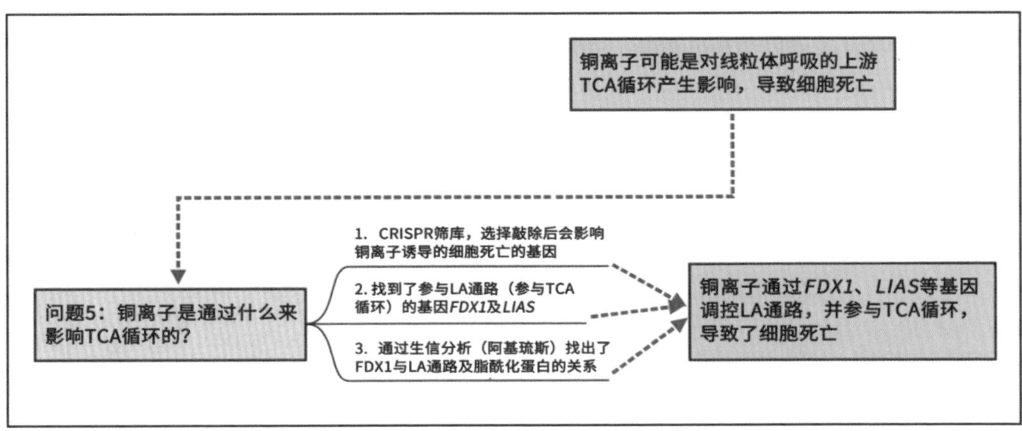

他们通过CRISPR筛库找到了与铜离子诱导细胞死亡有关的基因*FDX1*及*LIAS*。通过生信分析发现这两个基因确实与LA通路（硫辛酸途径，也参与了TCA循环）及脂酰化蛋白有关。于是他们就进一步假设，是不是铜离子直接结合了脂酰化蛋白产生的影响？

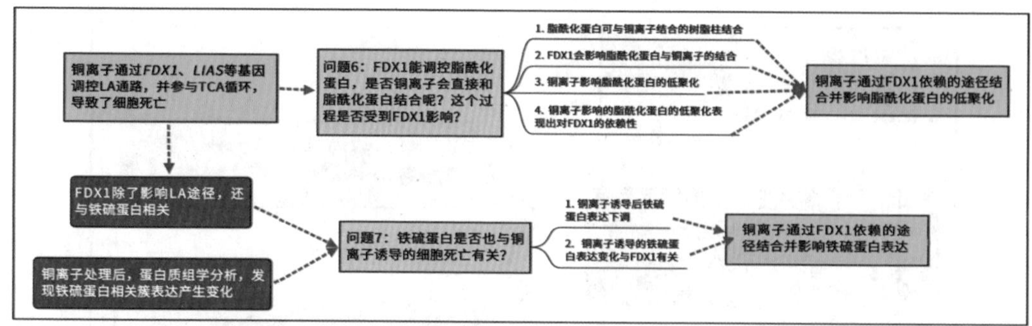

同时FDX1除了影响LA途径，也和铁硫蛋白有关。铜离子处理后的蛋白组学验证，发现铜离子处理后，铁硫蛋白簇表达也产生了变化，那另一个问题就是：铁硫蛋白是否也与铜离子诱导的细胞死亡有关？结果发现，铜离子诱导的细胞死亡，依赖于FDX1及LIAS，调控脂酰化蛋白的低聚，也同时调控铁硫蛋白的表达。那在体内如果没有Elesclomol这个化合物携带铜离子进入，铜离子在细胞内自然代谢是否也会导致铜死亡呢？

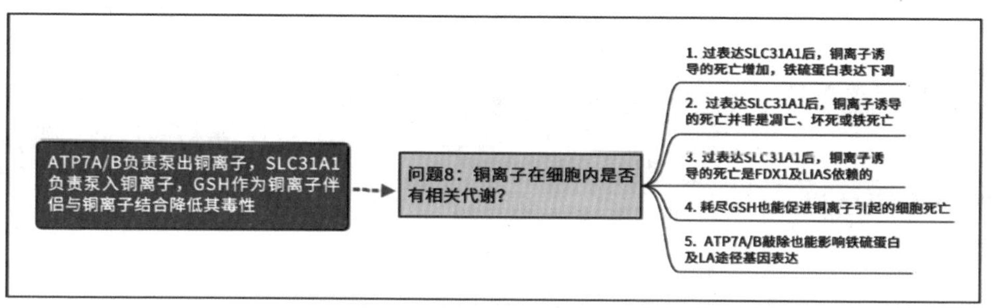

结果发现，铜离子泵本身表达异常，也能导致类似的铜死亡现象。所以综合了以上的这些结论，他们获得了最终的结果示意图：

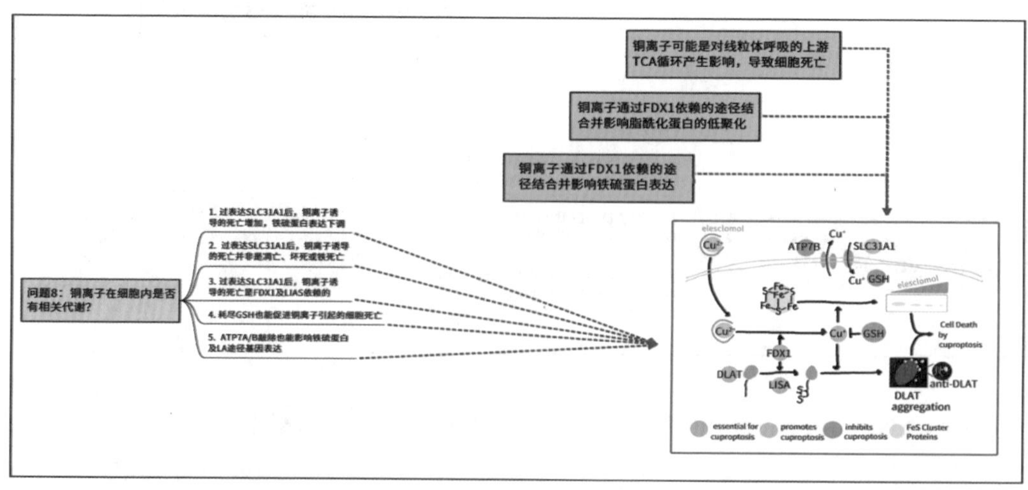

最后整理一下，大概就是这样的：

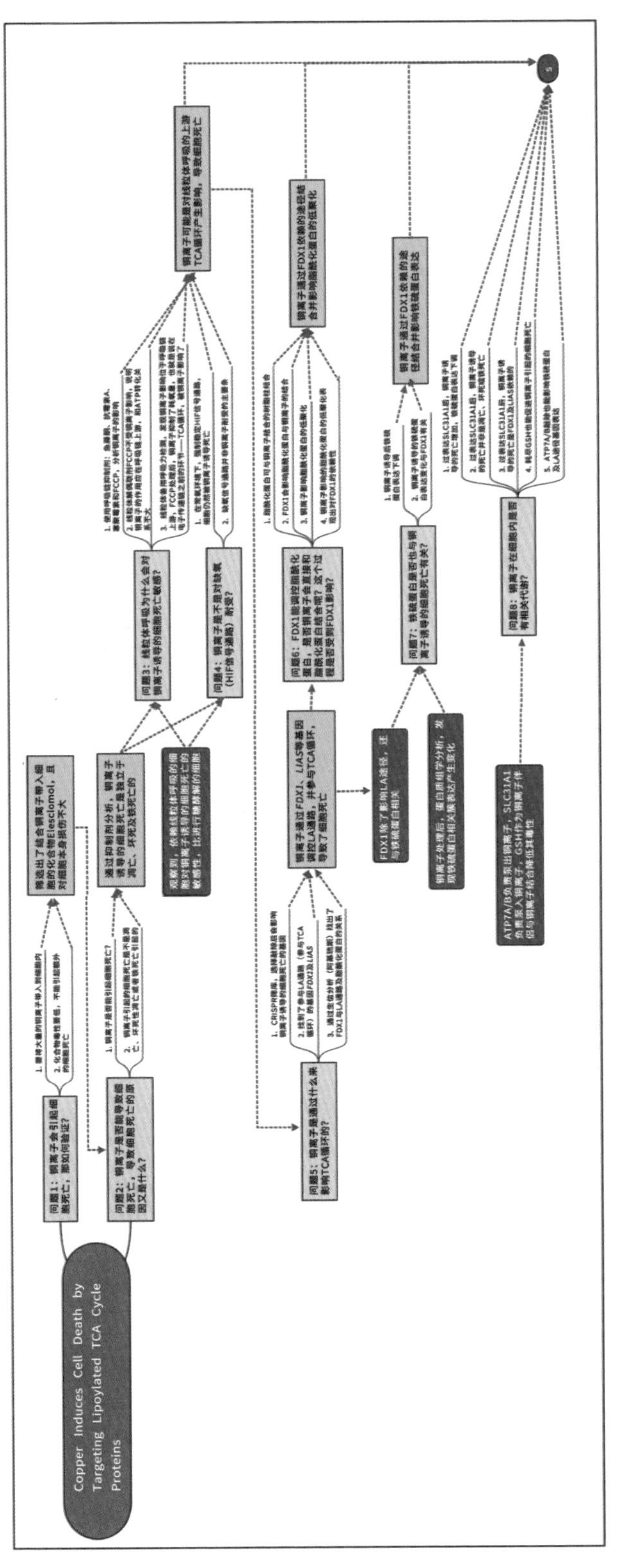
Copper Induces Cell Death by Targeting Lipoylated TCA Cycle Proteins
问题1：铜离子会引起细胞死亡，那如何验证？
1. 要将大量的铜离子带入到细胞内
2. 化合物毒性要低，不能引起额外的细胞死亡
筛选出了结合铜离子带入细胞的化合物Elesclomol，且对细胞本身损伤不大
问题2：铜离子是否能导致细胞死亡，导致细胞死亡的原因又是什么？
1. 铜离子是否能引起细胞死亡？
2. 铜离子引起的细胞死亡是不是凋亡、坏死性凋亡或者铁死亡引起的
通过抑制剂分析，铜离子诱导的细胞死亡是独立于凋亡、坏死及铁死亡的
观察到，依赖线粒体呼吸的细胞对铜离子诱导的细胞死亡的敏感性，比进行糖酵解的细胞
问题3：线粒体呼吸为什么会对铜离子诱导的细胞死亡敏感？
1. 使用呼吸链抑制剂：鱼藤酮、抗霉素A、寡霉素和FCCP，分析铜离子的影响
2. 线粒体解偶联剂FCCP不受铜离子影响，说明铜离子的作用应在呼吸链上游，和ATP转化关系不大
3. 线粒体备用呼吸力检测，发现铜离子影响位于呼吸链上游，FCCP处理后，铜离子抑制了耗氧量，也就是说在电子传递链之前的环节——TCA循环，被铜离子影响了
问题4：铜离子是不是对缺氧（HIF信号通路）耐受？
1. 在常氧环境下，强制稳定HIF信号通路，细胞仍然被铜离子诱导死亡
2. 缺氧信号通路并非铜离子耐受的主要条
铜离子可能是对线粒体呼吸的上游TCA循环产生影响，导致细胞死亡
问题5：铜离子是通过什么来影响TCA循环的？
1. CRISPR筛库，选择敲除后会影响铜离子诱导的细胞死亡的基因
2. 找到了参与LA通路（参与TCA循环）的基因FDX1及LIAS
3. 通过生信分析（阿基琉斯）找出了FDX1与LA通路及脂酰化蛋白的关系
铜离子通过FDX1、LIAS等基因调控LA通路，并参与TCA循环，导致了细胞死亡
问题6：FDX1能调控脂酰化蛋白，是否铜离子会直接和脂酰化蛋白结合呢？这个过程是否受到FDX1影响？
1. 脂酰化蛋白可与铜离子结合的树脂柱结合
2. FDX1会影响脂酰化蛋白与铜离子的结合
3. 铜离子影响脂酰化蛋白的低聚化
4. 铜离子影响的脂酰化蛋白的低聚化表现出对FDX1的依赖性
铜离子通过FDX1依赖的途径结合并影响脂酰化蛋白的低聚化
FDX1除了影响LA途径，还与铁硫蛋白相关
铜离子处理后，蛋白质组学分析，发现铁硫蛋白相关簇表达产生变化
问题7：铁硫蛋白是否也与铜离子诱导的细胞死亡有关？
1. 铜离子诱导后铁硫蛋白表达下调
2. 铜离子诱导的铁硫蛋白表达变化与FDX1有关
铜离子通过FDX1依赖的途径结合并影响铁硫蛋白表达
ATP7A/B负责泵出铜离子，SLC31A1负责泵入铜离子，GSH作为铜离子伴侣与铜离子结合降低其毒性
问题8：铜离子在细胞内是否有相关代谢？
1. 过表达SLC31A1后，铜离子诱导的死亡增加，铁硫蛋白表达下调
2. 过表达SLC31A1后，铜离子诱导的死亡并非是凋亡、坏死或铁死亡
3. 过表达SLC31A1后，铜离子诱导的死亡是FDX1及LIAS依赖的
4. 耗尽GSH也能促进铜离子引起的细胞死亡
5. ATP7A/B敲除也能影响铁硫蛋白及LA途径基因表达
S

看完了这篇*Science*，但是不得不说，这一次的思路总结，我们并没有带着问题来思考。夏老师下节再带你们深入分析一下，为什么说这篇*Science*看着做了很多，但实际上啥问题都没有讲清楚。就给你们讲到这里吧，祝你们心明眼亮。

这篇47.728分的*Science*上的铜死亡，你以为你看懂了，实际上更迷惑了

这篇铜死亡的*Science*已经给你们讲完了，整体的文章逻辑结构，和假设的迭代，其实上节都给你们讲完了。这节我们再带着问题来看看这篇铜死亡到底讲了些什么。

为什么说这篇文章看完之后，总感觉什么都没有得到呢？我们就要带着问题来看这篇文章，那提什么样的问题呢？就提个最简单的问题吧：铜离子是如何导致细胞死亡的？首先他们发现铜离子处理后，无氧呼吸的细胞对铜离子不敏感，有氧呼吸的细胞对铜离子敏感：

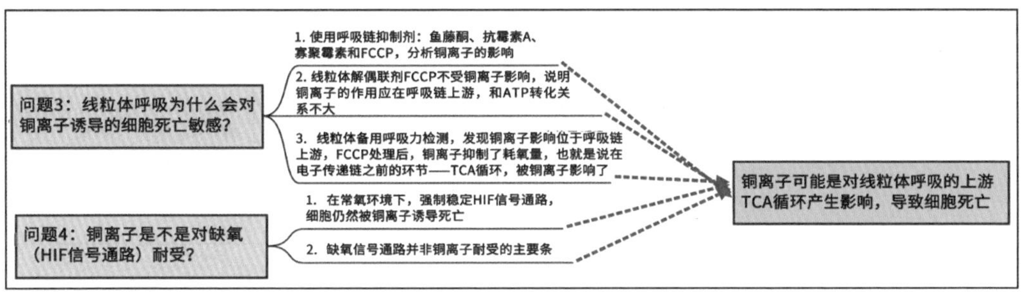

同时这种对铜诱导死亡的敏感性，并不是缺氧诱导因子导致的。那问题在哪里呢？他们用了呼吸链的抑制剂，发现有氧的线粒体呼吸链抑制后，铜诱导的死亡缓解了：

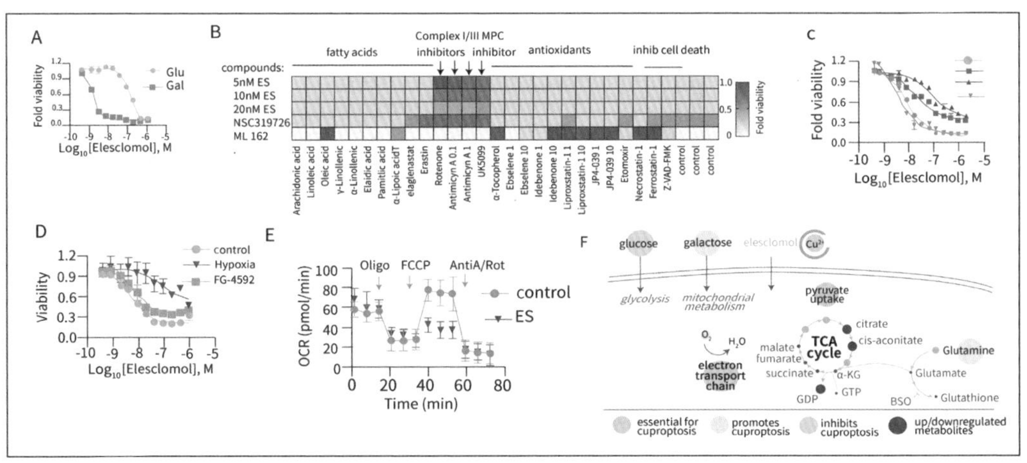

也就是说铜离子在有氧呼吸的条件下，促进了有氧呼吸，导致了细胞死亡……这里，是不是觉得有什么地方不太对劲了？那铜离子到底是以什么形式导致细胞死亡的呢？比如有类似GSDMD之类的东西让细胞渗漏？有类似凋亡小体的东西把细胞给弄死了？这里并没有解释。这里的解释是，铜离子会参与有氧的线粒体呼吸依赖的细胞死亡。

接下去的思路他们又转到了铜离子如何与线粒体呼吸扯上关系的，所以他们筛选的基因都是有偏好性的，也就是与线粒体呼吸有关的差异基因：

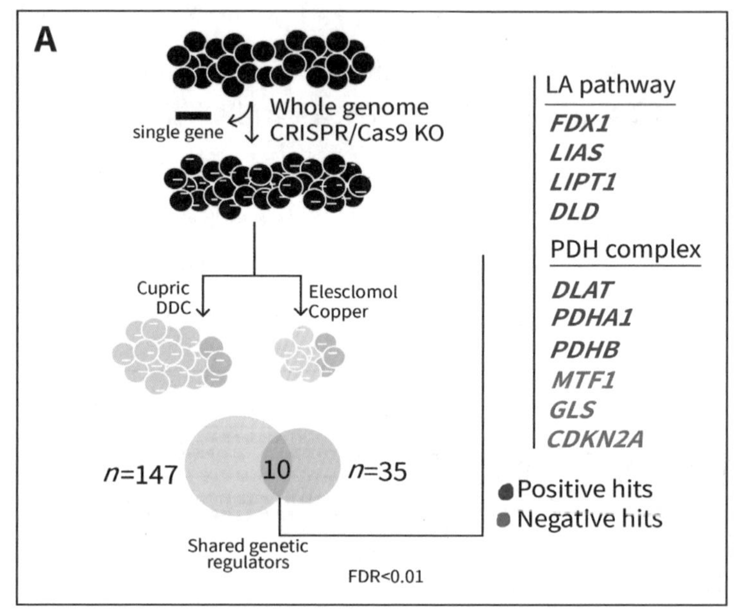

而FDX1和LIAS确实能将铜离子和线粒体呼吸联系起来，通过TCA循环：

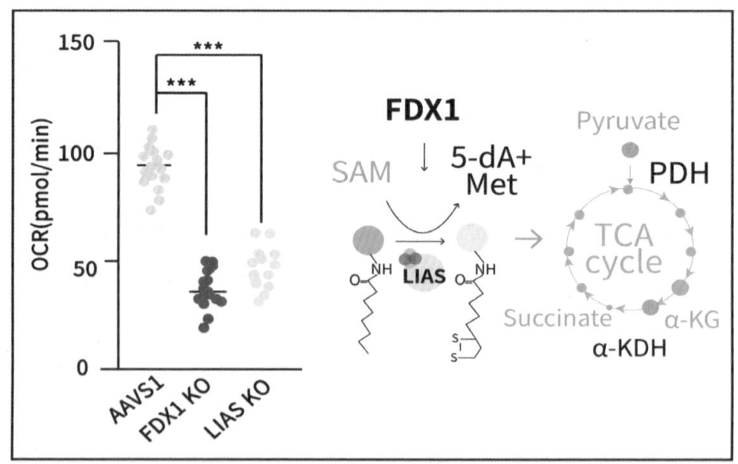

那为啥敲了FDX1和LIAS会影响铜死亡啊……他们不就是这么被筛出来的吗？（通过铜离子诱导死亡为表型，用CRISPR筛库筛出来的基因，被反向验证有表型，不是很正常吗？）

所以即使找到了*FDX1*和*LIAS*，也只能从TCA循环-线粒体呼吸依赖的铜死亡上找到关联性。他们分析了铜离子在FDX1依赖的情况下对TCA循环的影响：

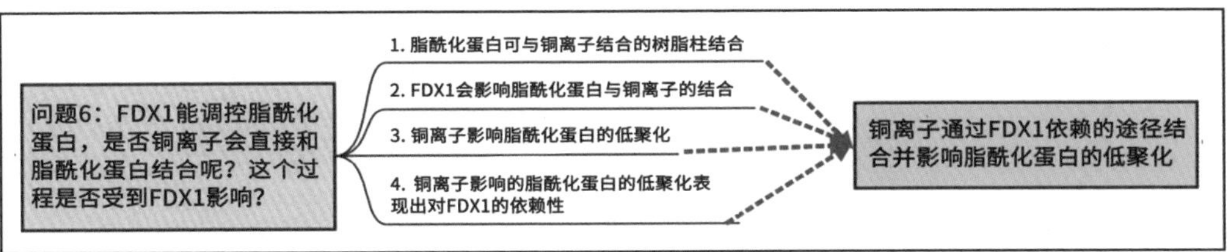

但这些结果还是不能确定铜离子诱导的细胞死亡的具体原因。是不是听上去很不可思议，讲了半天，他们讲了个“寂寞”……（因为到目前为止，我们还是不能确定铜离子为啥会诱导死亡，只知道铜离子会参与诱导线粒体有氧呼吸相关的细胞死亡。）

这也是为啥他们还要继续做FDX1与铁硫蛋白关系的实验，因为光是TCA循环真的不太好解释（铜离子促进线粒体呼吸导致死亡？NO，NO，NO，解释不清，连个电镜解释都给不出来）：

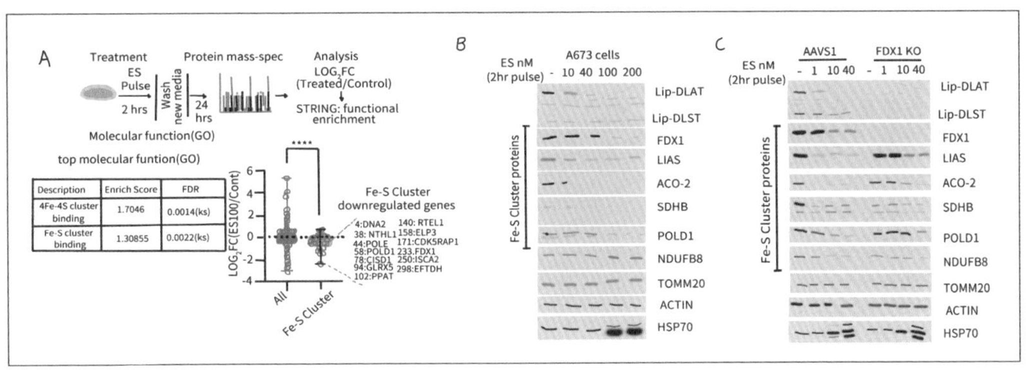

当他们分析了铁硫蛋白的表达和铜离子相关的时候，其实这个故事就更难琢磨了……

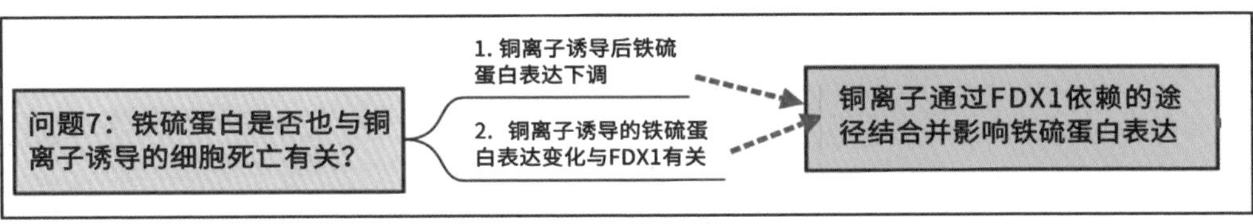

因为他们首先预设了FDX1是铜离子诱导细胞死亡的关键因素，这个结果就是为了迎合这个假设来的……所以在这个结果中，铜离子参与的途径都是可以证实的，但导致死亡的途径应该还是未知的……

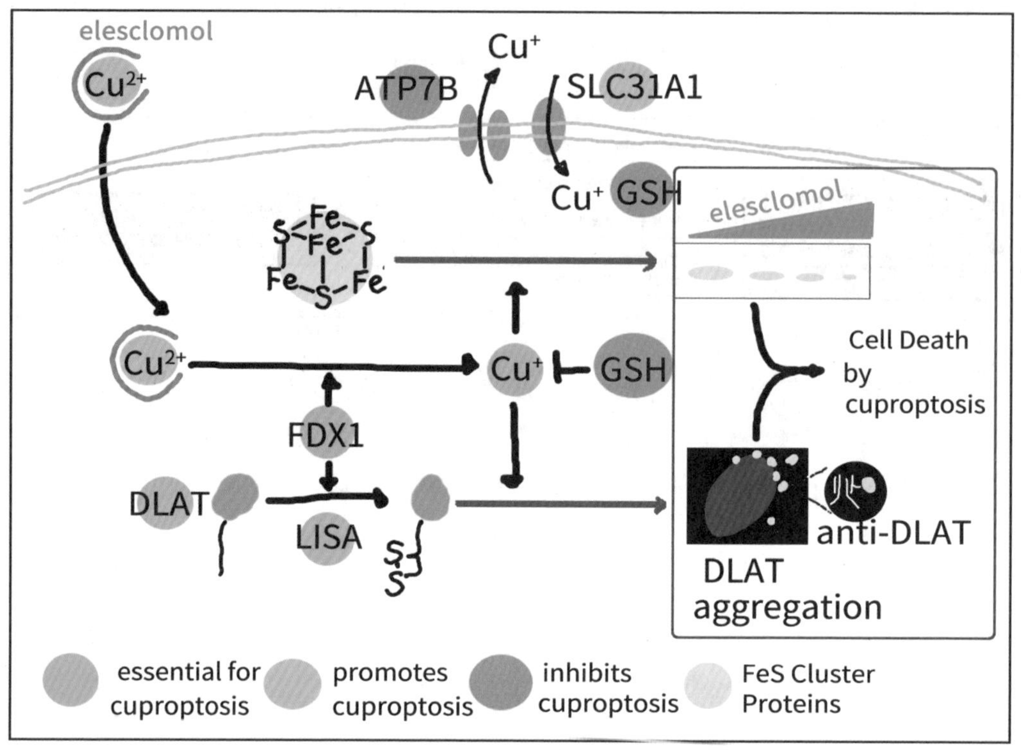

所以回到我们最初的问题——铜离子是如何诱导细胞死亡的？这篇文章能给出具体解释吗？我想我还是没有得到答案……

4.526分的文章也研究铜死亡了？不过不得不说，人家做得确实还不错

铜死亡是2022年的*Science*提出来的吗？当然也不算，因为之前就有人做过铜死亡的研究。其实这篇4.526分的*Metallomics*就已经讲过铜离子诱导的细胞死亡了。

> **Metallomics**
>
> **Copper-Induced Cell Death and the Protective Role of Glutathione: the Implication of Impaired Protein Folding Rather than Oxidatve Stress**

刚开始我以为4分多的文章应该不过如此，但实际看了一下发现，这篇文章确实做得蛮有意思……首先他们检测了铜离子诱导的细胞死亡：

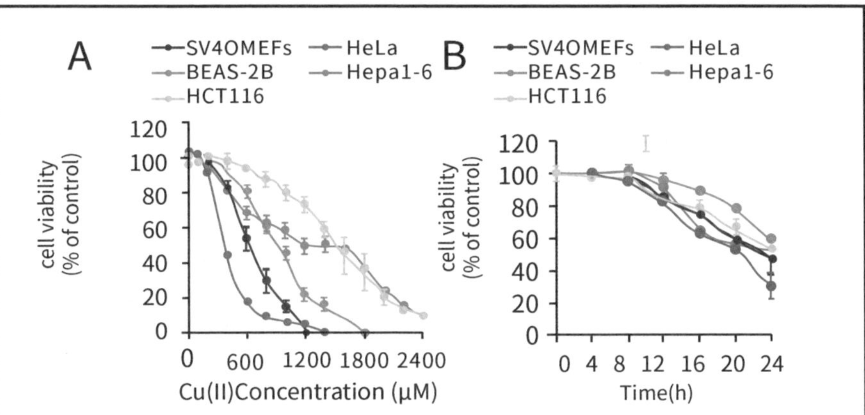

Fig.1 Cell death induced by Cu overload.(A) Cell viability in different cell lines after 24 h incubation with Cu(II). Error bars represent SEM. n = 3. (B) Cell death kinetics in different cell lines incubated with Cu(II).The Cu(II) concentration in the incubation medium for each cell line is as follows: SV4OMEFs, 600 μM Cu(II); HeLa, 600 μM Cu(II);BEAS-2B,800 μM Cu(II); Hepa1-6,1000 μM Cu(II);HCT116,1400 μM Cu(II).Error bars represent SEM.n = 3.

按照他们的假设，是铜离子诱导的细胞死亡，那和细胞中铜离子的累积，以及ROS应该有一定的关系，所以他们分析了铜离子在细胞中的累积与ROS，GSH等的关系。

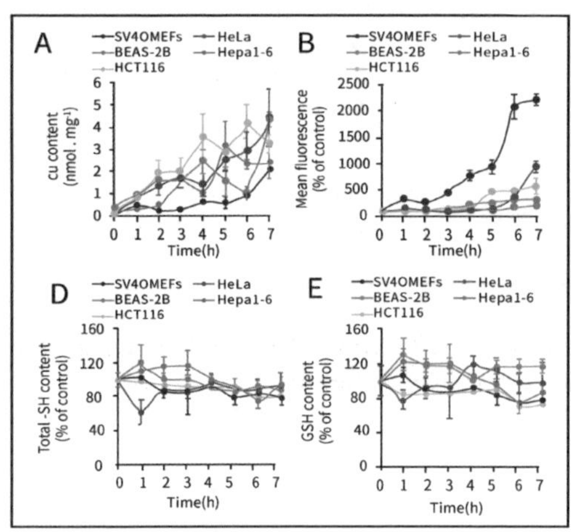

他们发现铜离子累积后，只有一个细胞系中ROS产生了累积；其他细胞中GSH也好，ROS也好，仿佛都和铜离子的累积没多大关系。

他们也考虑过是否会和铁死亡一样，存在芬顿反应（之前讲的铁死亡估计你们都已经全忘光了），或者铜死亡是否会和GSH有关。其实这些假设都是建立在铜死亡是否也存在着和铁死亡一样的死亡模式上的：

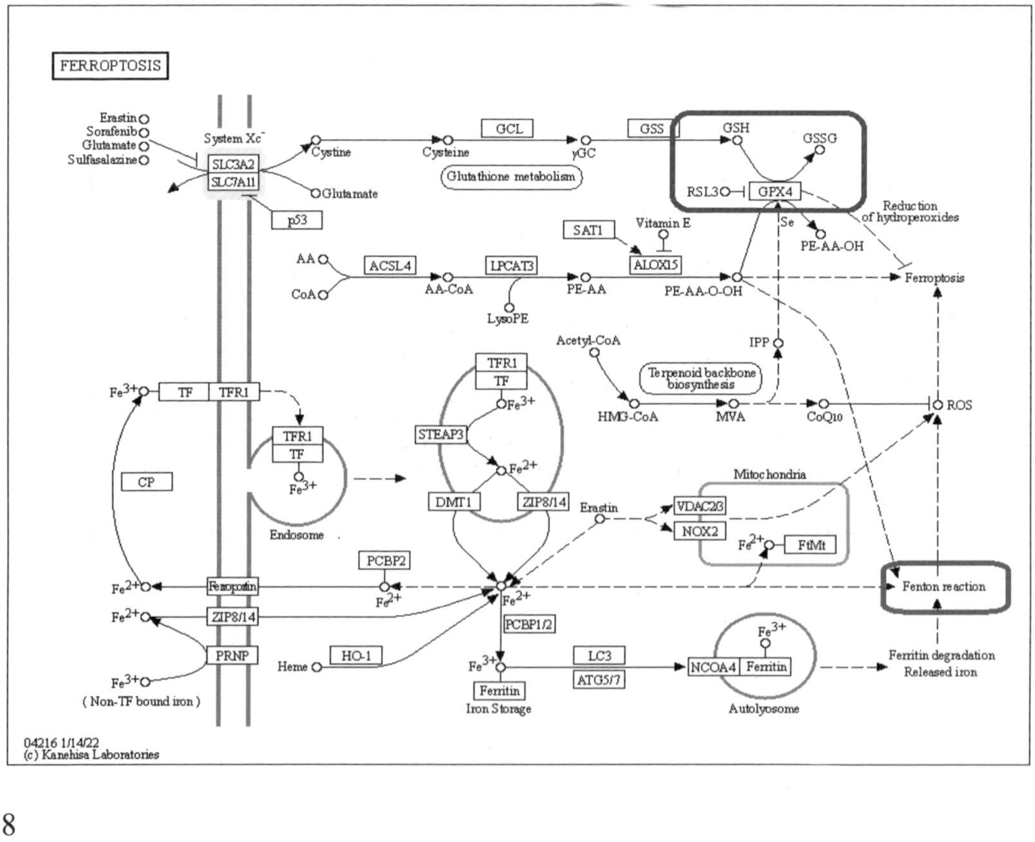

如果铜离子通过芬顿反应产生ROS，那么细胞将通过转录上调抗氧化酶来响应这种氧化应激。但事实上，抗氧化酶在铜离子处理后，居然还有下调的。

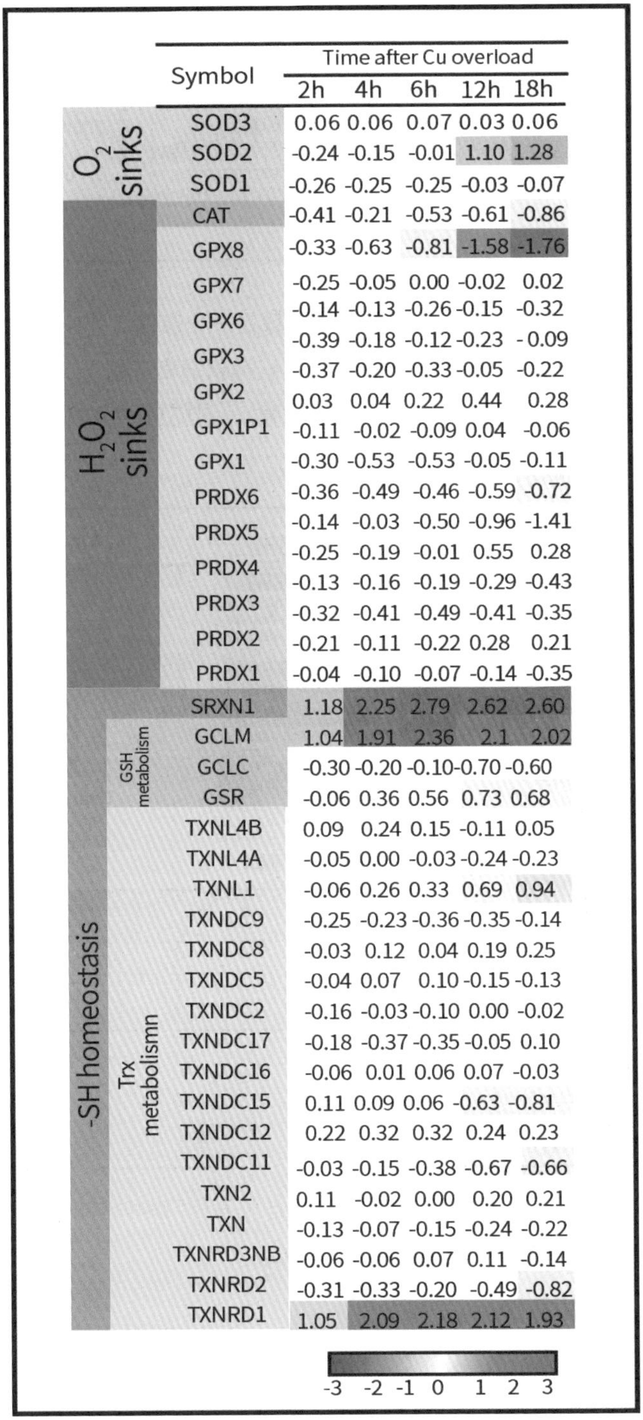

		Symbol	Time after Cu overload				
			2h	4h	6h	12h	18h
O_2 sinks		SOD3	0.06	0.06	0.07	0.03	0.06
		SOD2	-0.24	-0.15	-0.01	1.10	1.28
		SOD1	-0.26	-0.25	-0.25	-0.03	-0.07
H_2O_2 sinks		CAT	-0.41	-0.21	-0.53	-0.61	-0.86
		GPX8	-0.33	-0.63	-0.81	-1.58	-1.76
		GPX7	-0.25	-0.05	0.00	-0.02	0.02
		GPX6	-0.14	-0.13	-0.26	-0.15	-0.32
			-0.39	-0.18	-0.12	-0.23	- 0.09
		GPX3	-0.37	-0.20	-0.33	-0.05	-0.22
		GPX2	0.03	0.04	0.22	0.44	0.28
		GPX1P1	-0.11	-0.02	-0.09	0.04	-0.06
		GPX1	-0.30	-0.53	-0.53	-0.05	-0.11
		PRDX6	-0.36	-0.49	-0.46	-0.59	-0.72
		PRDX5	-0.14	-0.03	-0.50	-0.96	-1.41
			-0.25	-0.19	-0.01	0.55	0.28
		PRDX4	-0.13	-0.16	-0.19	-0.29	-0.43
		PRDX3	-0.32	-0.41	-0.49	-0.41	-0.35
		PRDX2	-0.21	-0.11	-0.22	0.28	0.21
		PRDX1	-0.04	-0.10	-0.07	-0.14	-0.35
-SH homeostasis		SRXN1	1.18	2.25	2.79	2.62	2.60
	GSH metabolism	GCLM	1.04	1.91	2.36	2.1	2.02
		GCLC	-0.30	-0.20	-0.10	-0.70	-0.60
		GSR	-0.06	0.36	0.56	0.73	0.68
	Trx metabolismn	TXNL4B	0.09	0.24	0.15	-0.11	0.05
		TXNL4A	-0.05	0.00	-0.03	-0.24	-0.23
		TXNL1	-0.06	0.26	0.33	0.69	0.94
		TXNDC9	-0.25	-0.23	-0.36	-0.35	-0.14
		TXNDC8	-0.03	0.12	0.04	0.19	0.25
		TXNDC5	-0.04	0.07	0.10	-0.15	-0.13
		TXNDC2	-0.16	-0.03	-0.10	0.00	-0.02
		TXNDC17	-0.18	-0.37	-0.35	-0.05	0.10
		TXNDC16	-0.06	0.01	0.06	0.07	-0.03
		TXNDC15	0.11	0.09	0.06	-0.63	-0.81
		TXNDC12	0.22	0.32	0.32	0.24	0.23
		TXNDC11	-0.03	-0.15	-0.38	-0.67	-0.66
		TXN2	0.11	-0.02	0.00	0.20	0.21
		TXN	-0.13	-0.07	-0.15	-0.24	-0.22
		TXNRD3NB	-0.06	-0.06	0.07	0.11	-0.14
		TXNRD2	-0.31	-0.33	-0.20	-0.49	-0.82
		TXNRD1	1.05	2.09	2.18	2.12	1.93

-3 -2 -1 0 1 2 3

同样，GSH也不随铜离子处理而改变，这就变得很玄学了。

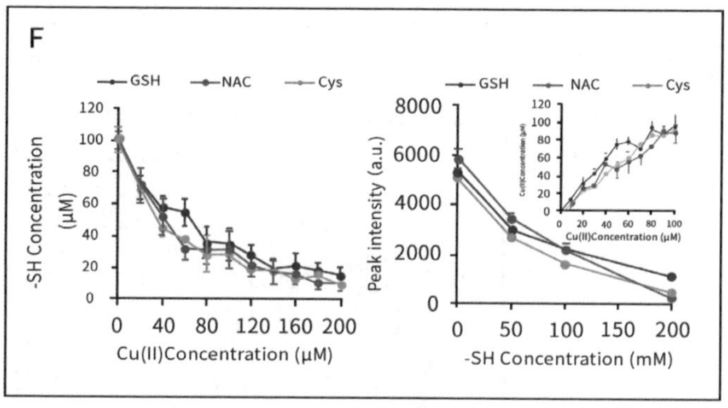

也就是说铜离子诱导的细胞死亡，和铁死亡不算是一个套路。那NAC和GSH是否能对铜离子诱导的死亡有一定的缓解呢？结果发现GSH确实能抑制铜离子诱导的细胞死亡（是不是和那篇Science一样，GSH耗尽后，铜离子诱导的死亡增强），但GSH的前体——NAC这种含有巯基的还原剂却不能抑制铜离子诱导的细胞死亡：

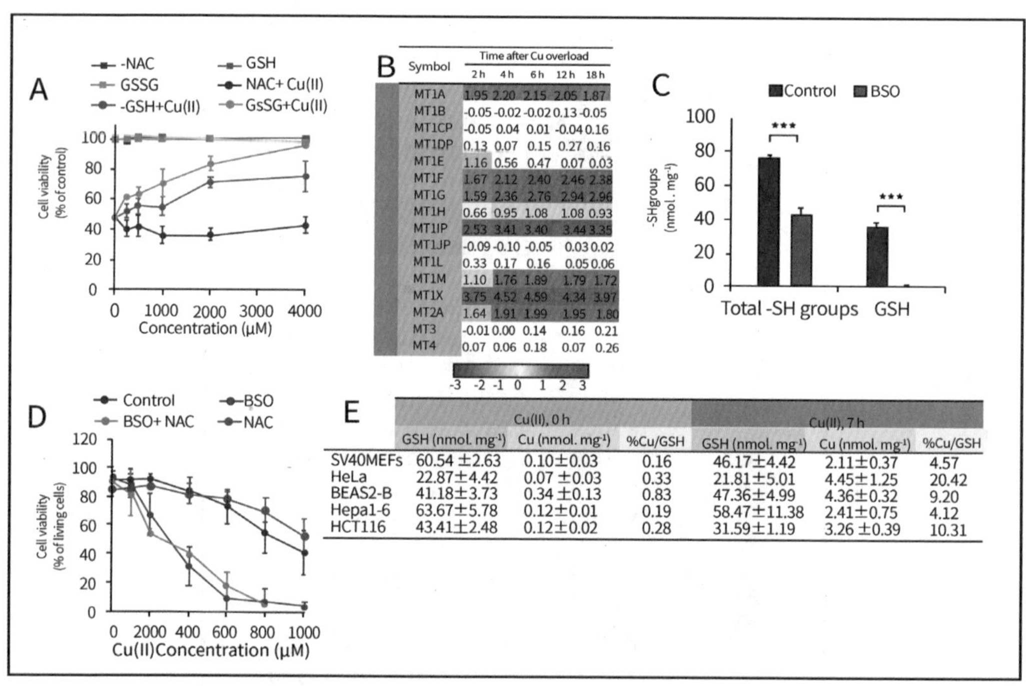

Symbol	2h	4h	6h	12h	18h
	Time after Cu overload				
MT1A	1.95	2.20	2.15	2.05	1.87
MT1B	-0.05	-0.02	-0.02	0.13	-0.05
MT1CP	-0.05	0.04	0.01	-0.04	0.16
MT1DP	0.13	0.07	0.15	0.27	0.16
MT1E	1.16	0.56	0.47	0.07	0.03
MT1F	1.67	2.12	2.40	2.46	2.38
MT1G	1.59	2.36	2.76	2.94	2.96
MT1H	0.66	0.95	1.08	1.08	0.93
MT1IP	2.53	3.41	3.40	3.44	3.35
MT1JP	-0.09	-0.10	-0.05	0.03	0.02
MT1L	0.33	0.17	0.16	0.05	0.06
MT1M	1.10	1.76	1.89	1.79	1.72
MT1X	3.75	4.52	4.59	4.34	3.97
MT2A	1.64	1.91	1.99	1.95	1.80
MT3	-0.01	0.00	0.14	0.16	0.21
MT4	0.07	0.06	0.18	0.07	0.26

	Cu(II), 0 h			Cu(II), 7 h		
	GSH (nmol. mg⁻¹)	Cu (nmol. mg⁻¹)	%Cu/GSH	GSH (nmol. mg⁻¹)	Cu (nmol. mg⁻¹)	%Cu/GSH
SV40MEFs	60.54 ±2.63	0.10±0.03	0.16	46.17±4.42	2.11±0.37	4.57
HeLa	22.87±4.42	0.07 ±0.03	0.33	21.81±5.01	4.45±1.25	20.42
BEAS2-B	41.18±3.73	0.34 ±0.13	0.83	47.36±4.99	4.36±0.32	9.20
Hepa1-6	63.67±5.78	0.12±0.01	0.19	58.47±11.38	2.41±0.75	4.12
HCT116	43.41±2.48	0.12±0.02	0.28	31.59±1.19	3.26 ±0.39	10.31

他们又使用BSO耗尽了GSH后，加入NAC，同样没有影响铜诱导的细胞死亡。这么看来可能不是GSH的巯基和铜离子产生的影响抑制了铜死亡。

而通过铜离子诱导细胞死亡后的芯片分析，发现，铜离子会引起注入HSPA6之类的热休克蛋白，以及泛素化蛋白的表达增加：

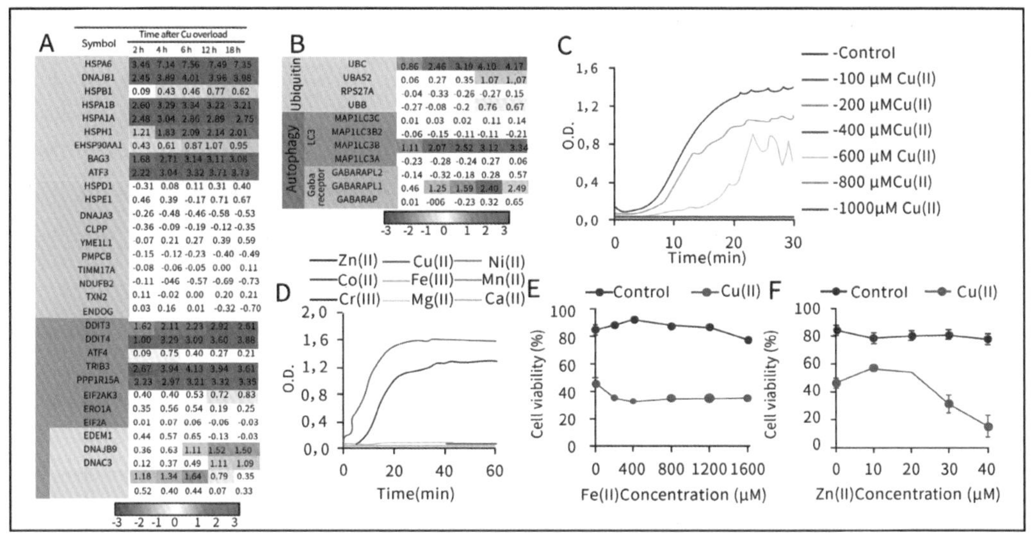

此外，铜离子，还会使得含有巯基的蛋白产生聚集。他们这里设计了用BSA进行铜离子诱导的聚集实验，因为BSA就只有一个巯基，可以避免多巯基聚集的产生：

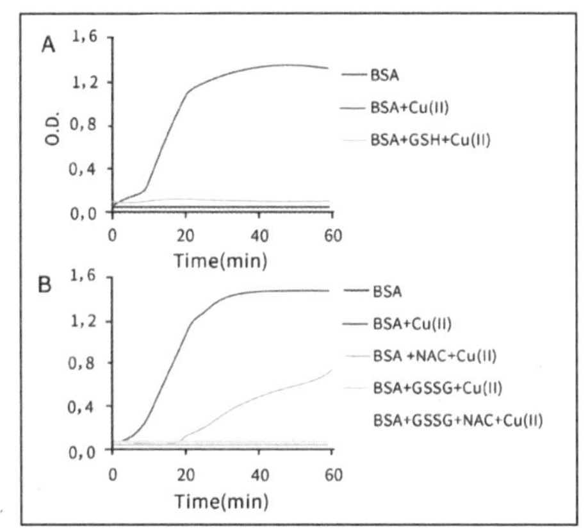

而GSH可以有效抑制铜离子诱导产生的BSA蛋白的聚集现象。（是不是想到了前几节讲的那篇*Science*里，铜离子诱导的脂酰化蛋白DLAT的低聚化了？）

最后他们检测了一下铜离子对于凋亡的影响，和*Science*结果不太一致，这里铜离子也会引起一定的细胞凋亡：

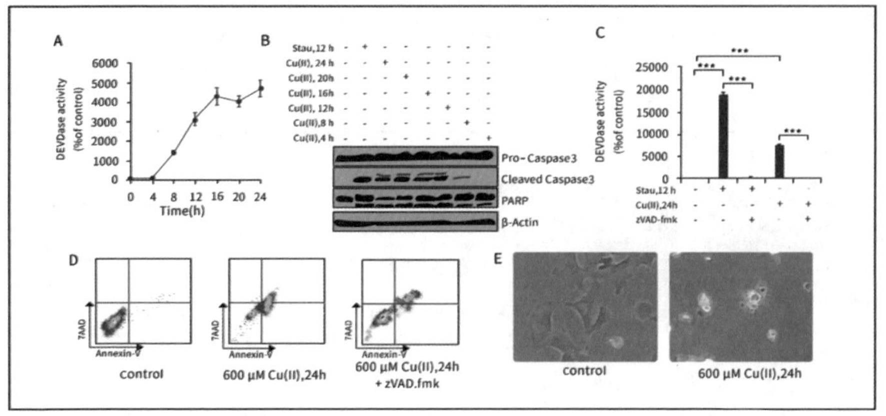

这里分析了Caspase3的剪切成熟和PARP（会被Caspase3剪切掉，并引起凋亡）：

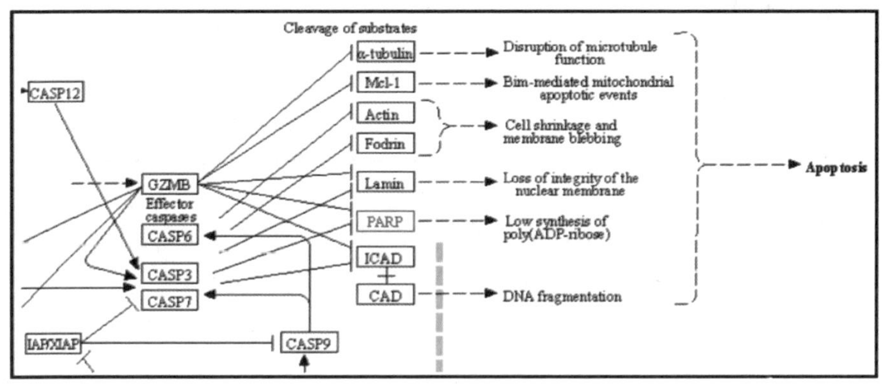

结果他们就做了这样的示意图：

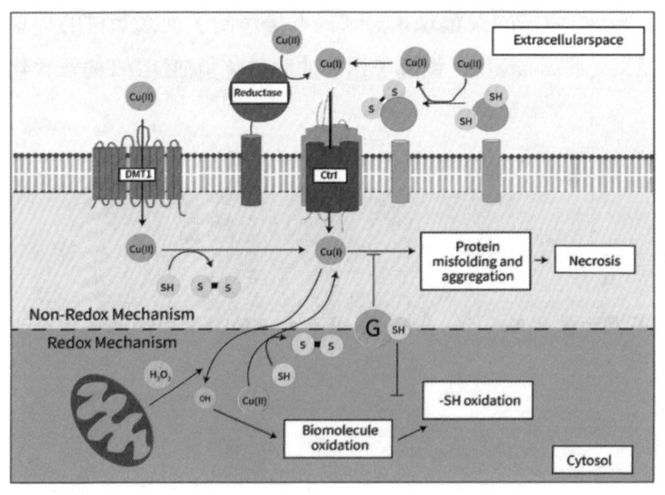

首先是铜离子会通过蛋白上的巯基引起蛋白的错误折叠和聚集，引起细胞死亡。另一方面，铜离子会诱导一部分细胞凋亡的产生。这篇文章虽然只有4分多，但还是挺有意思的，有兴趣可以认真看看，配合着之前那篇*Science*，还是值得思考的。好了，有兴趣看这篇文章的话，可以自己去PubMed上搜一下。祝你们心明眼亮。

铜死亡还诱导了铁死亡？这篇7.449分的文章已经远超出我的预期了

这是一篇7.449分的*Molecular Oncology*上的文章，铜离子诱导的铁死亡……

Molecular Oncology

Elesclomol Induces Copper-Dependent Ferroptosis in Colorectal Cancer Cells Via Degradation of ATP7A

Abstract

Cancer cells reprogram their copper metabolism to adapt to adverse microenvironments, such as oxidative stress. The copper chelator elesclomol has been reported to have considerable anticancer efficacy, but the underlying mechanisms remain largely unknown. In this study, we found that elesclomol-mediated copper overload inhibits colorectal cancer (CRC) both in vitro and in vivo. Elesclomol alone promotes the degradation of the copper transporter copper-transporting ATPase 1 (ATP7A), which retards the proliferation of CRC cells. This property distinguishes it from several other copper chelators. Combinational treatment of elesclomol and copper leads to copper retention within mitochondria due to ATP7A loss, leading to reactive oxygen species accumulation, which in turn promotes the degradation of SLC7A11, thus further enhancing oxidative stress and consequent ferroptosis in CRC cells. This effect accounts for the robust antitumour activity of elesclomol against CRC, which can be reversed by the administration of antioxidants and ferroptosis inhibitors, as well as the overexpression of ATP7A. In summary, our findings indicate that elesclomol-induced copper chelation inhibits CRC by targeting ATP7A and regulating ferroptosis.

不过这篇文章做得还有点儿意思。首先他们用的是和*Science*一样的铜离子螯合剂Elesclomol。这个Elesclomol主要作用是和铜离子结合后，更快地把铜离子带入细胞。

Elesclomol → (Cu^{2+}) Elesclomol-Cu^{2+} complex

为了防止高浓度铜离子本身引起细胞死亡，他们在预实验中首先用不同浓度的氯化铜处理细胞，在1~3μM的条件下，细胞都还是好好的。只有铜离子浓度高达100μM的情况下才会引起细胞死亡，所以他们之后实验的铜离子浓度都选择在2.5μM：

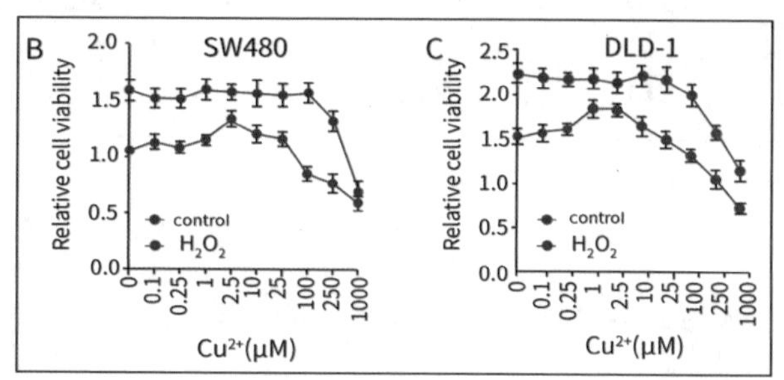

接着他们也试了试不同的螯合剂对于铜离子的带入效果，发现，加入Elesclomol后，同时加入铜离子，细胞的死亡明显增强。而这种细胞死亡是能被NaAc回复的（也就是去除了ROS后，细胞就活过来了）。同时Elesclomol+铜离子，能加强细胞死亡的作用。但是，他们通过Tunel实验说明，这种细胞死亡并不是通过DNA损伤所达到的（他们用5-FU做对照，5-FU加入后，细胞的DNA损伤明显增强）：

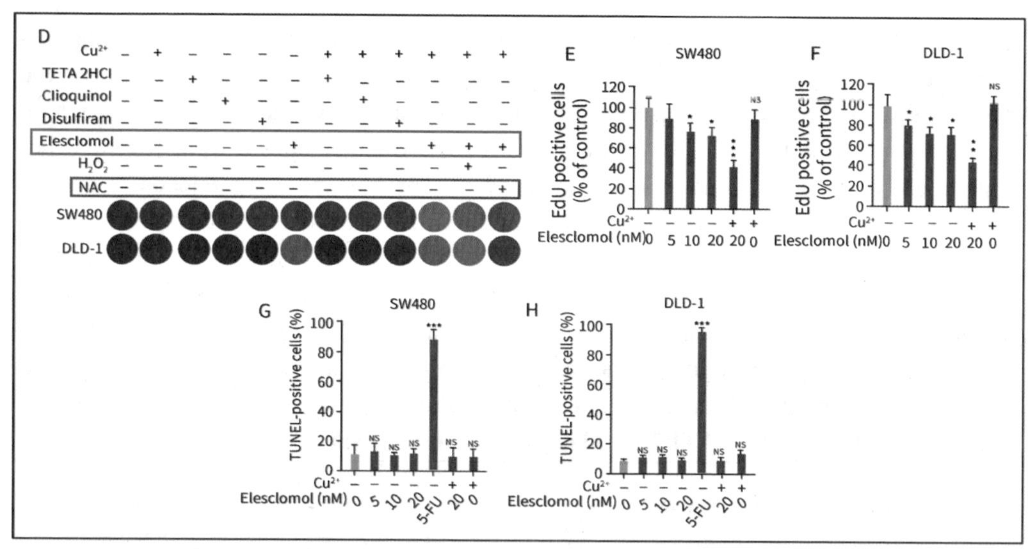

看到他们前期实验就这么扎实，我对这篇文章就有兴趣了，毕竟不是什么粗制滥造的文章。接着是用Elesclomol做的体内实验，在体内实验前他们也先确认了Elesclomol对于活体的小鼠不会造成肝肾损伤，而Elesclomol能明显抑制裸鼠体内的移植瘤：

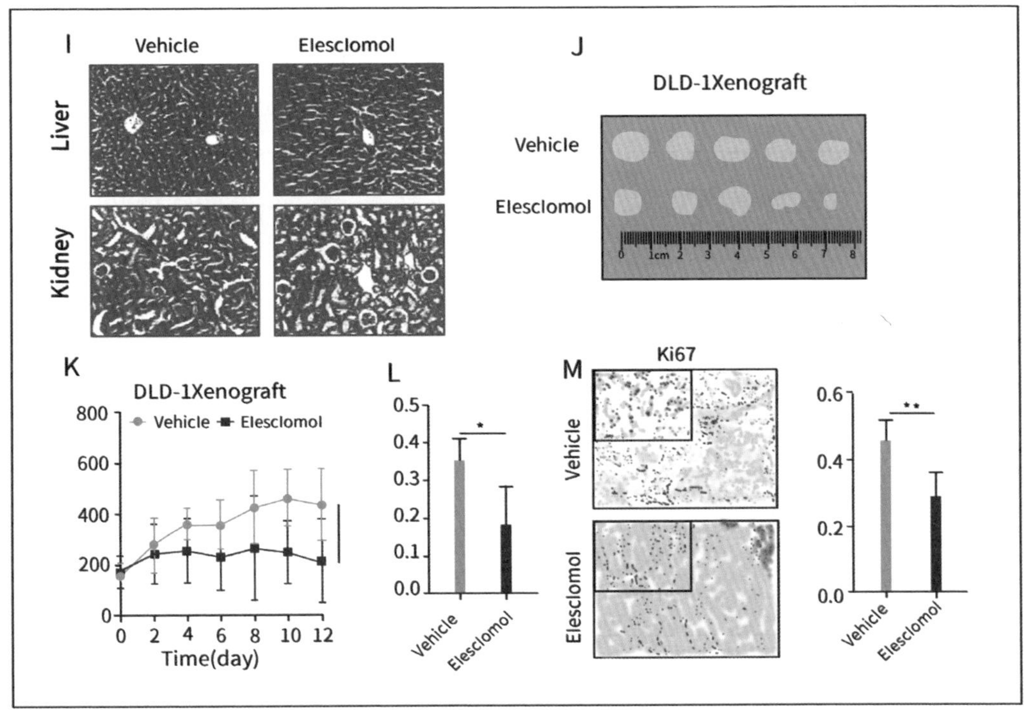

那Elesclomol具体是导致了啥样的细胞死亡呢？于是他们用抑制剂筛选了一遍，发现铁死亡抑制剂能抑制Elesclomol+铜离子诱导的细胞死亡，同时Elesclomol+铜离子会提高细胞内的ROS：

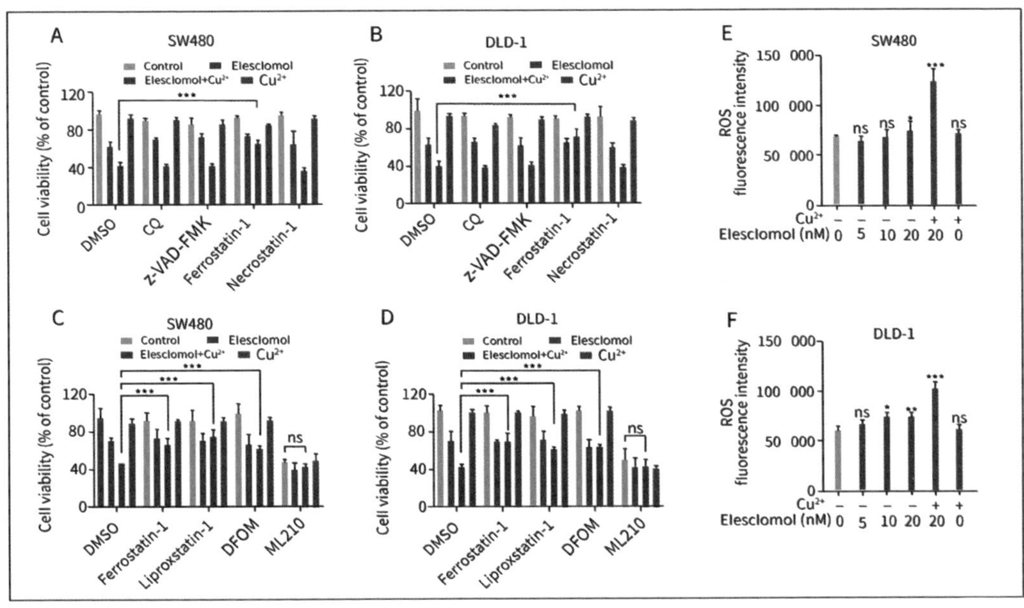

接下来是一系列铁死亡相关的分析实验，比如用BODIPY 581/591检测细胞里膜的脂质体氧化情况，检测细胞内的GSSG/GSH比例等（之前讲铁死亡的时候，都给你们介绍过了，自己回去翻翻《信号通路是什么“鬼”？3》）：

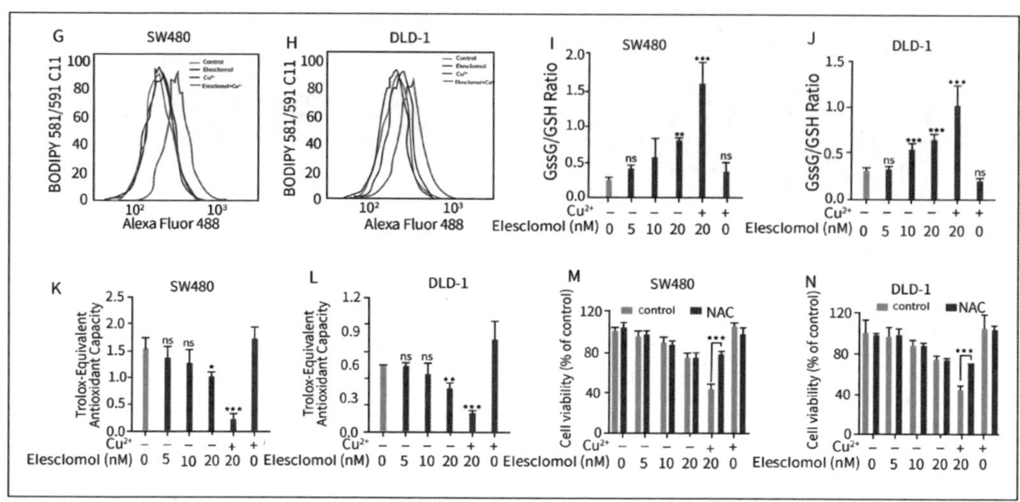

虽然用了这么多方法，但实际上没看到铁离子的变化，很难说明确实是铁死亡的机制。于是他们又做了这样的实验：查看Elesclomol对于诱导铜离子进入细胞的实验。他们分别查看了加入Elesclomol后，细胞内和培养基内的铜离子变化。发现加入Elesclomol后，铜离子都富集进入了细胞。

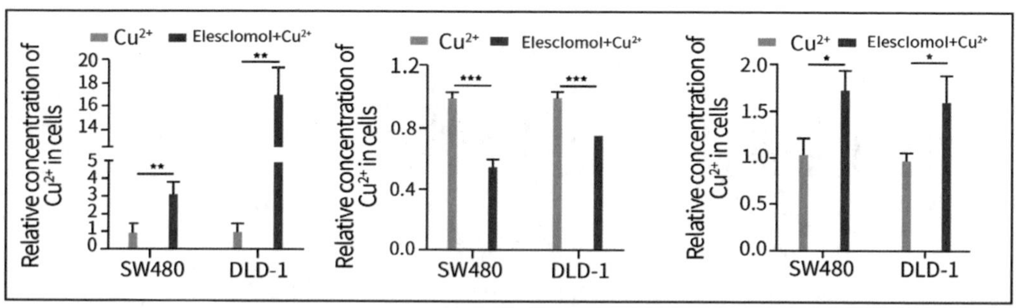

这是为什么呢？铜离子在细胞内的代谢，需要靠膜上的ATP7A和ATP7B蛋白泵出去。于是他们分析了加入Elesclomol后这俩蛋白的表达情况，结果发现Elesclomol能抑制ATP7A和ATP7B蛋白表达。而数据库的数据表明ATP7A蛋白表达量越低，肿瘤发展越缓慢，患者存活时间越久：

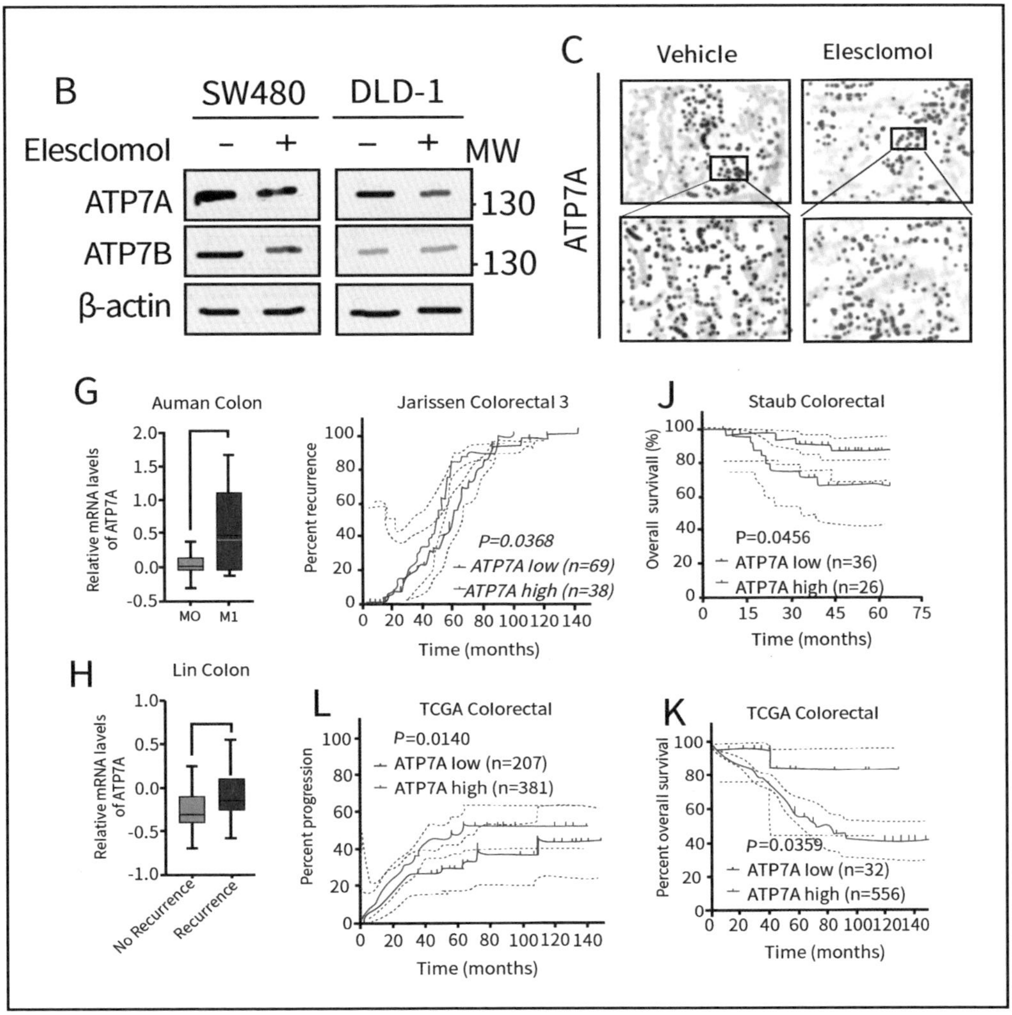

那Elesclomol是怎么影响ATP7A表达的呢？于是又是一个经典的实验，就是MG132抑制（蛋白酶体抑制剂，来看翻译的变化），结果Elesclomol并没有影响翻译，而是影响了ATP7A的泛素化降解：

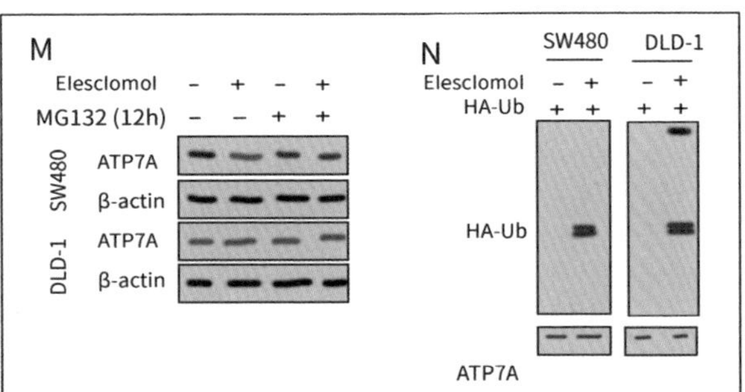

也就是说Elesclomol能带着铜离子进入细胞的同时，还抑制铜离子往外泵出……接着他们分析了一下Elesclomol对于铁死亡两个关键的分子GPX4和SLC7A11的表达情况。结果发现Elesclomol能明显抑制SLC7A11蛋白表达，却能明显增强SLC7A11的mRNA表达：

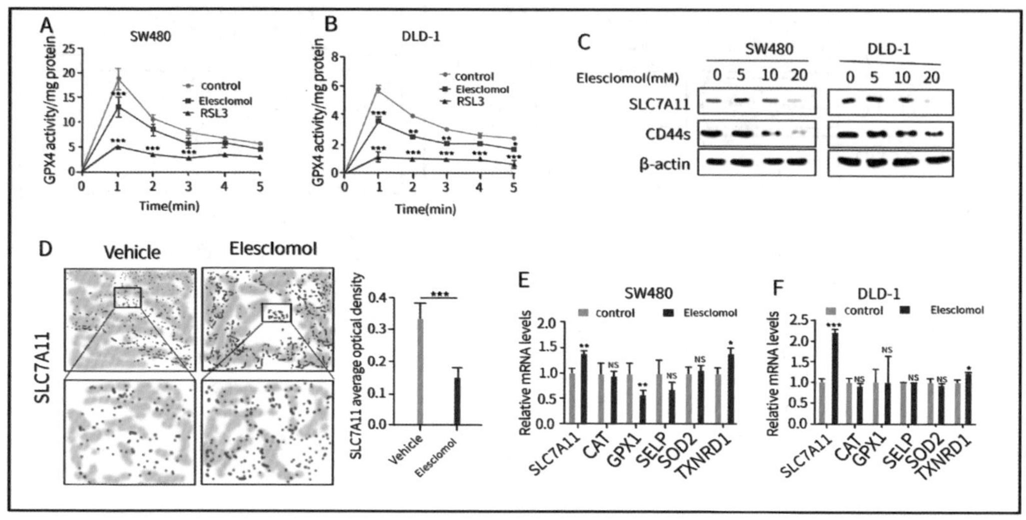

这个故事是不是越来越扑朔迷离了，好家伙，感觉在看推理小说一样，我成步堂直呼内行。上次有这种感觉，呃，还是在上一次……下节继续来讲讲这篇文章吧。有兴趣看这篇文章的话，可以自己去PubMed上搜一下。就给你们讲到这里吧，祝你们心明眼亮。

这篇7.449分的铜离子诱导铁死亡，满足了我对10分多文章的所有期待

上节讲了7.449分的铜离子诱导铁死亡的文章，虽然只有7.449分，但其实思路并不输给10分多的文章。前面讲到，他们发现Elesclomol加铜离子诱导的细胞死亡，和凋亡、坏死、自噬都没啥关系，唯独和铁死亡有关：

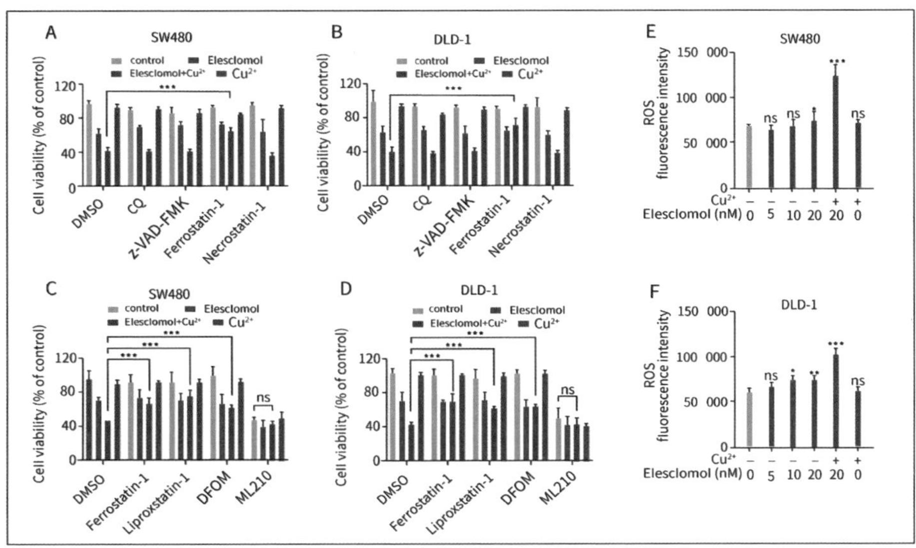

从分子的层面上，发现Elesclomol还能降低SLC7A11的表达。如果还记得铁死亡信号通路的话，应该知道，SLC7A11是抑制铁死亡的。Elesclomol抑制了SLC7A11，那么就会促进铁死亡。

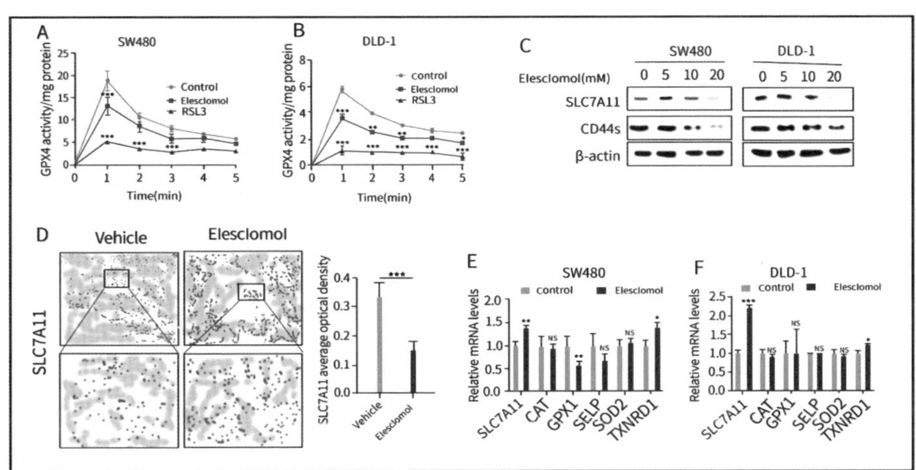

问题又来了，Elesclomol是如何调控SLC7A11的呢？因为从这组数据上看，Elesclomol会使得SLC7A11的mRNA表达增加，而降低蛋白表达。那么问题还是在蛋白上，于是和之前检测ATP7A的方法一样，用MG132抑制蛋白酶看Elesclomol对SLC7A11翻译水平是否有抑制，然后再看泛素化情况：

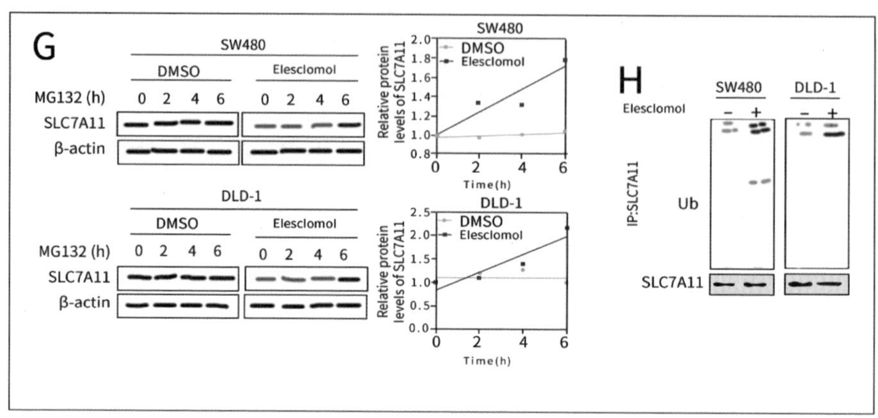

有同学问：夏老师，作者使用MG132应该就是要看Elesclomol对ATP7A泛素化修饰的影响吧（应该不是看对翻译的影响）？

其实用MG132，就是把蛋白酶抑制了，抑制蛋白酶后，是没法看蛋白降解变化的。其实抑制了蛋白降解，就是看一下翻译水平是不是被抑制。如果这个时候翻译水平被抑制，那么做出来的WB在处理后会变低。这个和用CHX（蛋白合成抑制剂）来检测mRNA稳定性是一个道理，截断了下游，看上游是否受到影响。

我们接着说，通过MG132处理以及泛素化水平的验证，发现Elesclomol加铜离子处理后，能引起SLC7A11的泛素化降解。SLC7A11的蛋白稳定性，有文章表示，和CD44以及OTUB1有关系。通过IP实验发现，Elesclomol能降低CD44和SLC7A11的结合，可能是通过这个导致了SLC7A11蛋白不稳定：

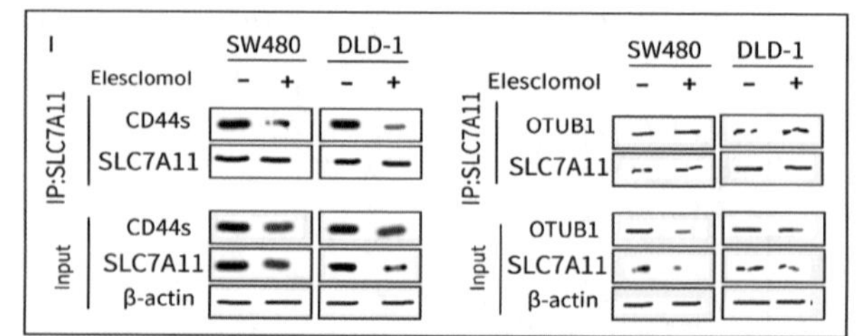

SLC7A11的泛素化降解，很容易让人想到之前的Elesclomol也促进了ATP7A的泛素化降解：

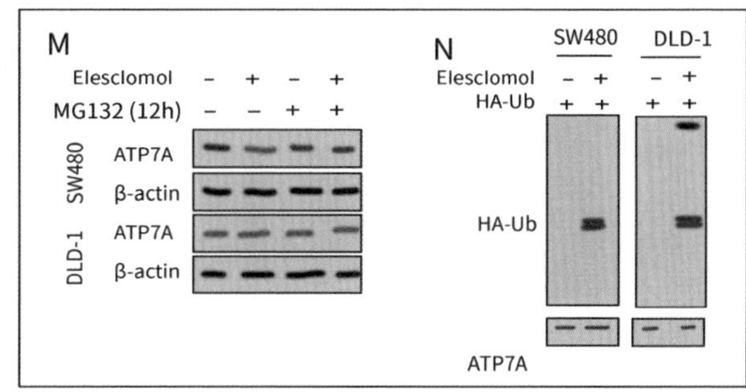

那二者有没有什么关系呢？于是他们做了一批回复实验，也就是看Elesclomol处理后，敲减或者过表达ATP7A，是否会影响SLC7A11的表达。结果发现确实ATP7A能影响SLC7A11的蛋白表达：

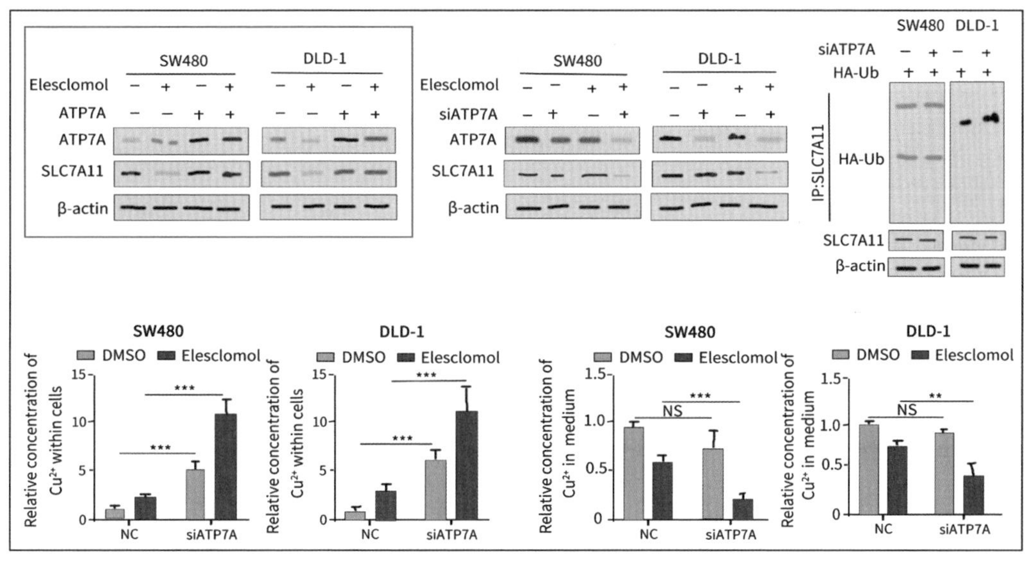

敲减ATP7A能促进SLC7A11的泛素化，而这种促进，会被NaAc抑制（抑制ROS产生）。而Elesclomol引起的SLC7A11泛素化降解，也能被过表达ATP7A抑制。同时过表达ATP7A能抑制细胞内的氧化。[PE（红色）和 FITC（绿色），分别代表还原和氧化形式的探针。]

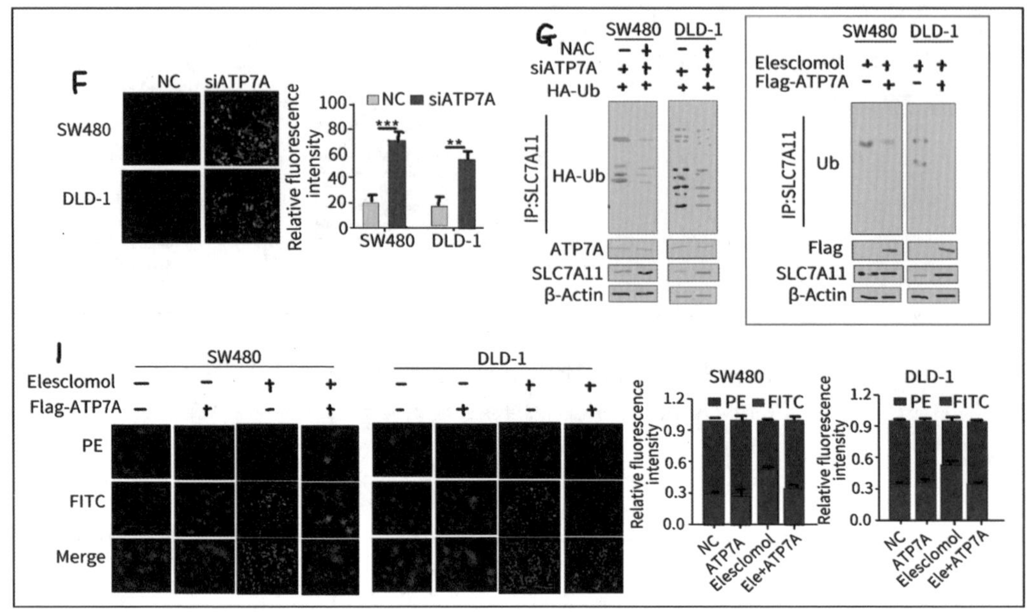

过表达ATP7A，也能影响Elesclomol加铜离子引起的细胞死亡表型：

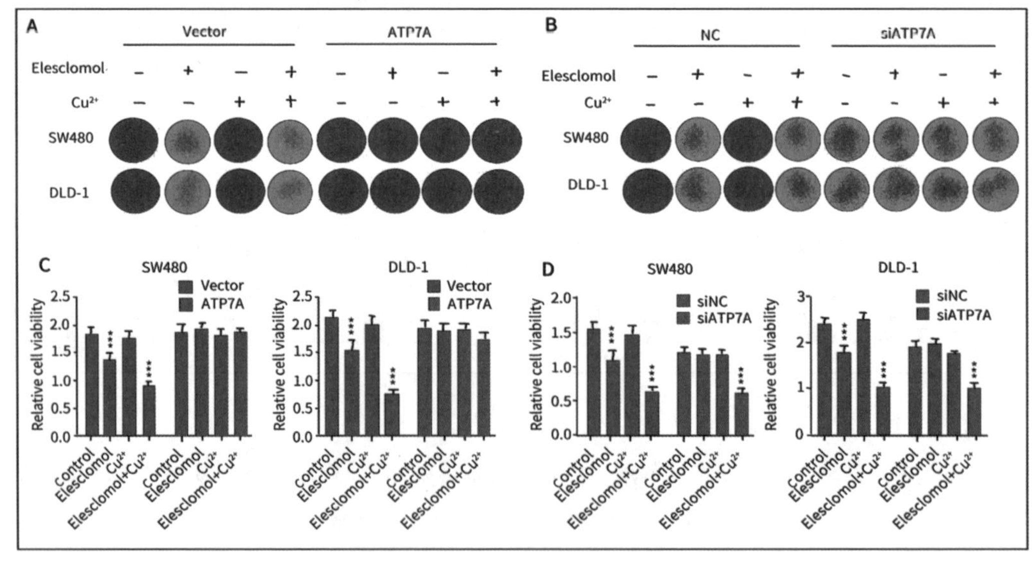

这就说明Elesclomol是通过ATP7A来调控铁死亡的吗？（虽然证据并不算太充分，但能做到这里，我觉得已经值得表扬了。）

最后他们做出了这样的示意图：

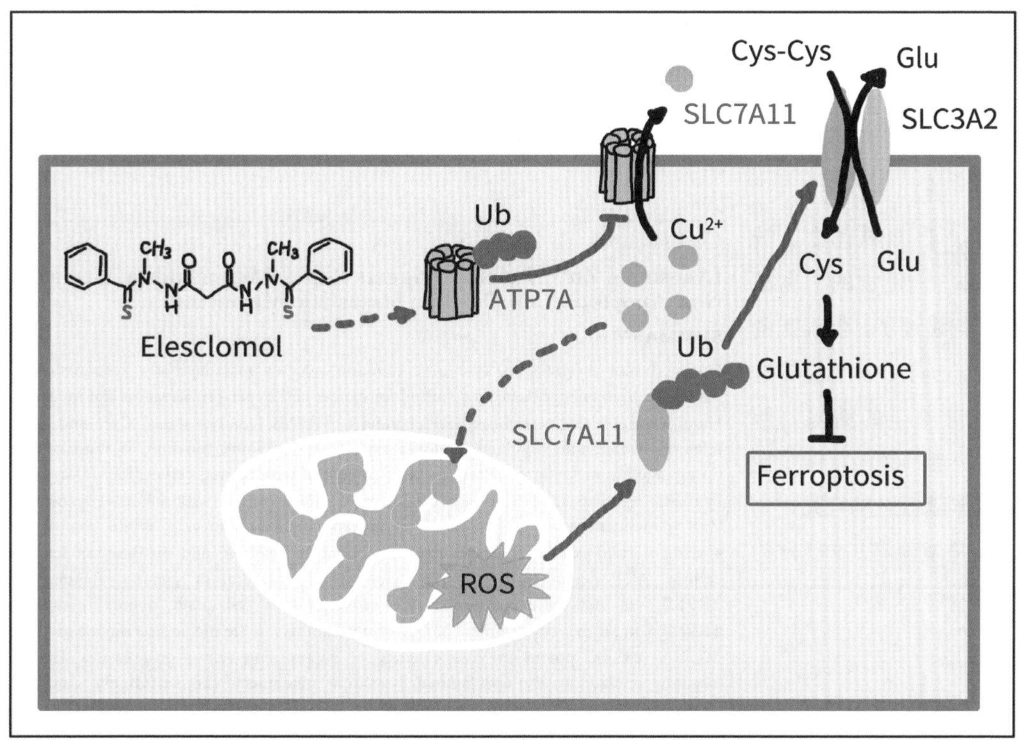

其实这个结果应该算是可信的，虽然并没有找到具体的关键结合作用数据。但Elesclomol表现出了通过泛素化降解抑制ATP7A蛋白表达的表型，使得铜离子在细胞内潴留。而Elesclomol另一个功能就是螯合铜离子，带入线粒体，使得二价铜离子还原成一价铜离子，同时产生大量的ROS。产生的ROS可能会引起SLC7A11降解，并引发铁死亡。

说实话，这是一篇挺有意思的文章，虽然内容不算特别复杂，但每个步骤，他们都尽力在完善推论。虽然只有7分多，但真的不输给10分多的文章。就给你们讲到这里吧，祝你们心明眼亮。

这篇9.995分的文章告诉你，还有锌死亡！别再纠结铜死亡或者铁死亡了

什么铁死亡、铜死亡的，也都给你们讲过了，但其实金属离子多了，多半能导致细胞走向坏的结果。所以，夏老师就随便搜了搜人家早就做过的锌死亡。这篇是发表在9.995分的*Cell Reports*上的：

Cell Reports

Lysosomal Zn^{2+} Release Triggers Rapid, Mitochondria-Mediated, Non-Apoptotic Cell Death in Metastatic Melanoma

SUMMARY

During tumor progression, lysosome function is often maladaptively upregulated to match the high energy demand required for cancer cell hyper-proliferation and invasion. Here, we report that mucolipin TRP channel 1 (TRPML1), a lysosomal Ca^{2+} and Za^{2+} release channel that regulates multiple aspects of lysosome function, is dramatically upregulated in metastatic melanoma cells compared with normal cells. TRPML-specific synthetic agonists (ML-SAs) are sufficient to induce rapid (within hours) lysosomal Za^{2+} -dependent necrotic cell death in metastatic melanoma cells while completely sparing normal cells. ML-SA-caused mitochondria swelling and dysfunction lead to cellular ATP depletion. While pharmacological inhibition or genetic silencing of TRPML1 in metastatic melanoma cells prevents such cell death, overexpression of TRPML1 in normal cells confers ML-SA vulnerability. In the melanoma mouse models, ML-SAs exhibit potent in vivo efficacy of suppressing tumor progression. Hence, targeting maladaptively upregulated lysosome machinery can selectively eradicate metastatic tumor cells in vitro and in vivo.

其实这个主要讲的是溶酶体上的黏蛋白TRP通道1（TRPML1），为啥会和锌死亡扯上关系呢？我们一点点看。TRPML1是一种钙离子、 锌离子或铁离子双渗透阳离子通道，TRPML1的高表达和几种癌症的有利的预后有关。于是他们首先分析了一下转移性黑色素瘤细胞中TRPML1的表达，结果发现溶酶体TRPML1 通道在转移性黑色素瘤细胞中上调：

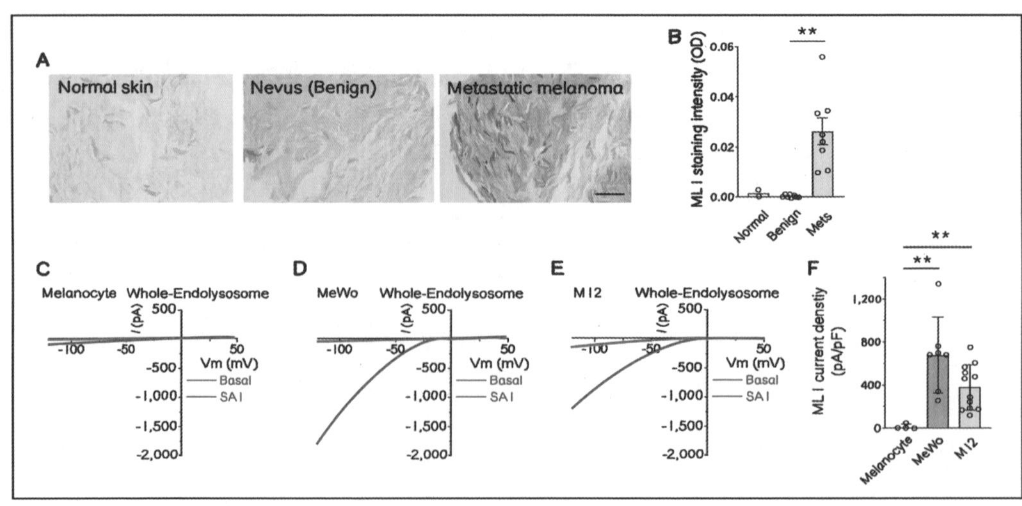

同时他们使用了SA1（一种合成的TRPML1激动剂）刺激永生化的黑色素细胞和黑色素瘤细胞（MeWo，M12），结果发现，黑色素瘤的全溶酶体 TRPML1 介导的电流被SA1激活，而永生化的黑色素细胞不敏感。

既然SA1能通过激活TRPML1影响溶酶体电流情况，那么对细胞的活性有啥影响呢？通过实验他们发现，SA1能有效抑制黑色素瘤细胞MeWo，M12的活性（下图红框），而不影响永生化的黑色素细胞（下图绿框）：

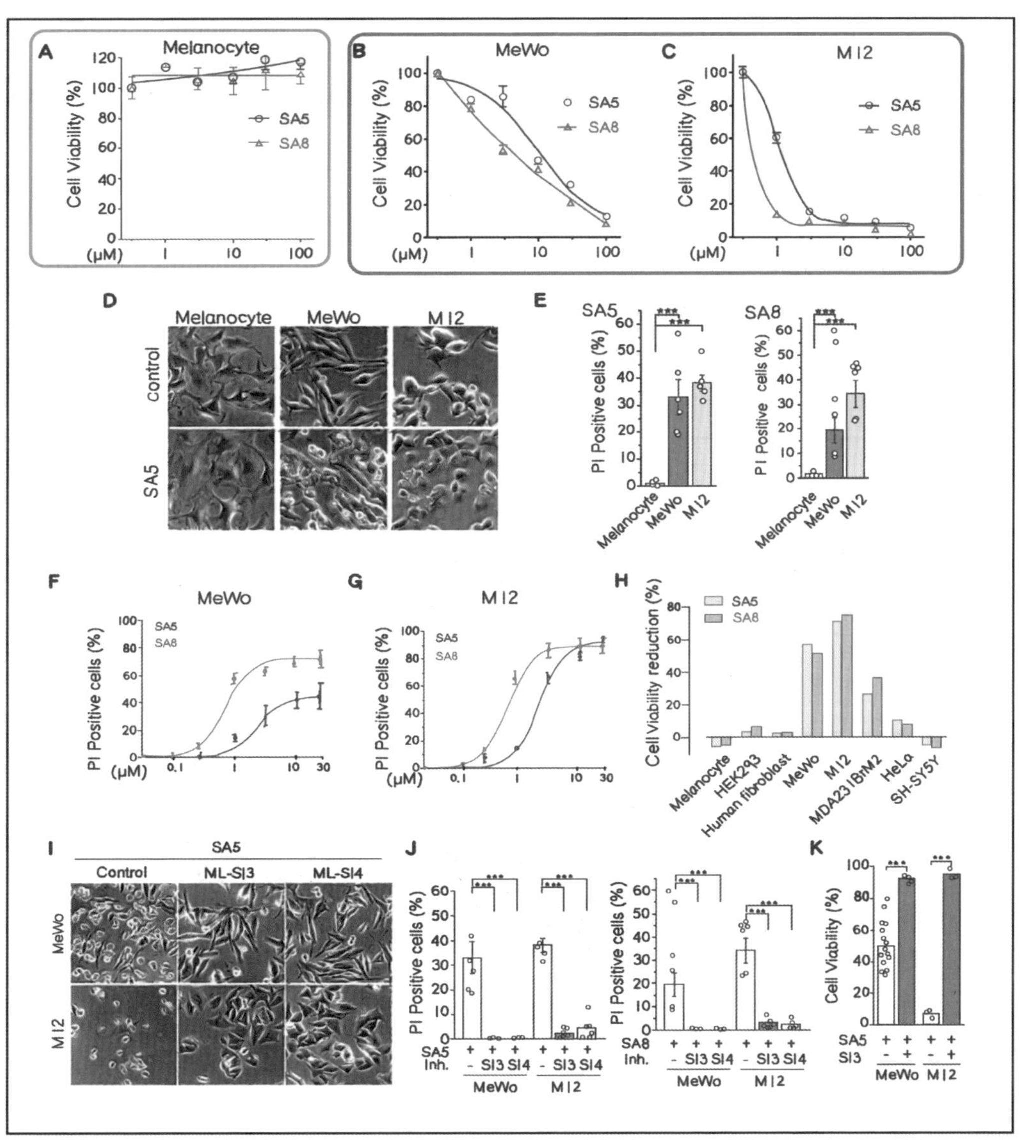

而SA1作为TRPML1的激活剂，这个作用是否和TRPML1的表达异常有关呢？于是他们在黑色素瘤细胞中敲减了TRPML1，而在本身低表达TRPML1的HEK293里过表达TRPML1。结果发现敲减TRPML1后，SA1对于细胞活性的抑制明显降低（下图蓝框）；而过表达TRPML1后，SA1能明显抑制HEK293细胞的活性（下图红框）：

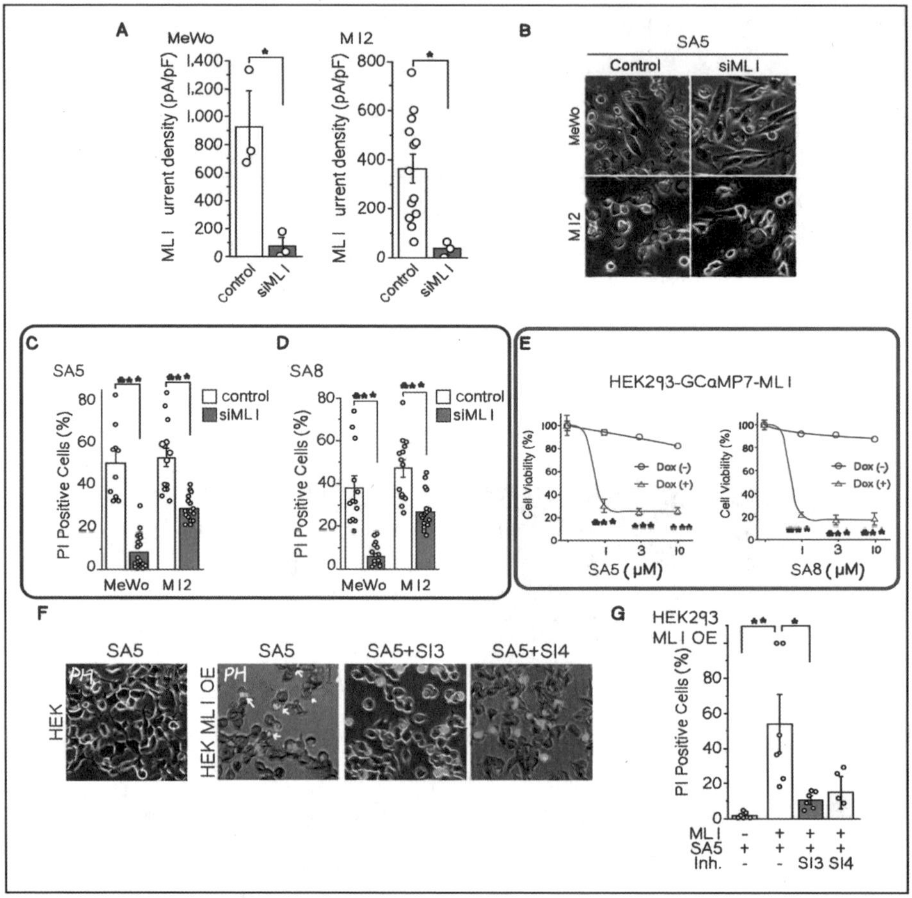

也就是说SA1对于细胞的伤害，和TRPML1的表达有关。TRPML1是一种钙离子、 锌离子或铁离子双渗透阳离子通道，那具体TRPML1激活后，是通过哪种离子导致了细胞的死亡呢？于是他们分别用了不同的离子螯合剂进行实验，发现只有锌离子的螯合剂能抑制SA1带来的细胞死亡：

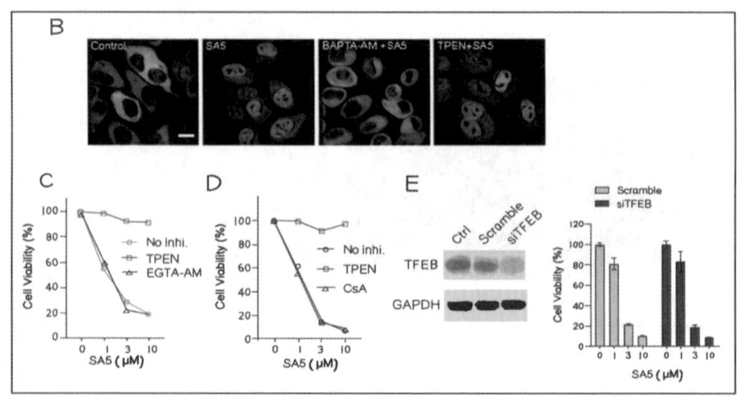

而SA1激活TRPML1后会明显提升细胞内锌离子浓度：

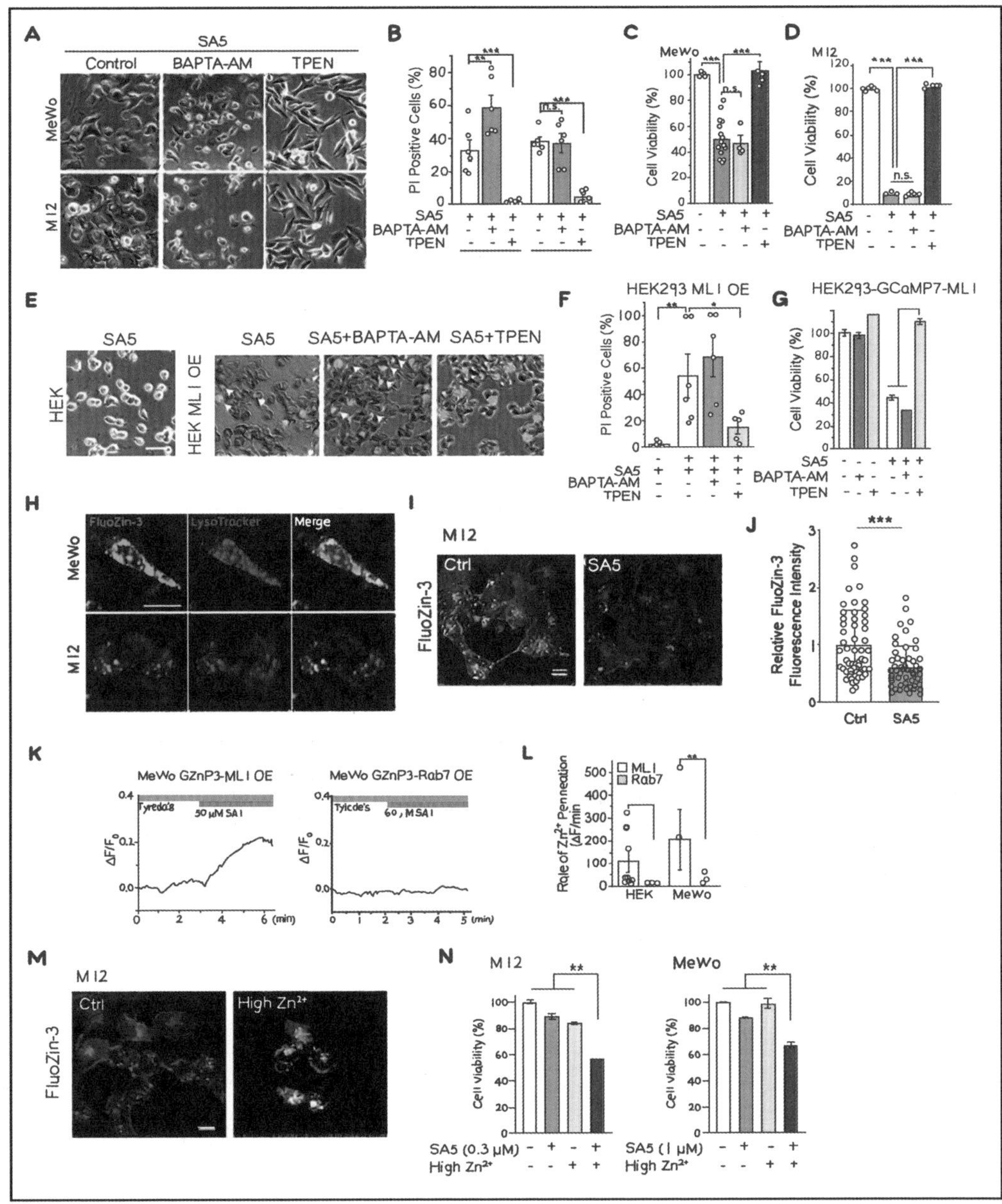

那锌离子能对细胞造成什么样的影响呢？他们使用了不同的抑制剂来分析，但铁死亡、坏死性凋亡、凋亡、自噬的抑制剂都无法抑制SA1带来的细胞死亡。也就是说SA1诱导的细胞死亡机制不同于细胞凋亡、坏死性凋亡、铁死亡或自噬性细胞死亡。

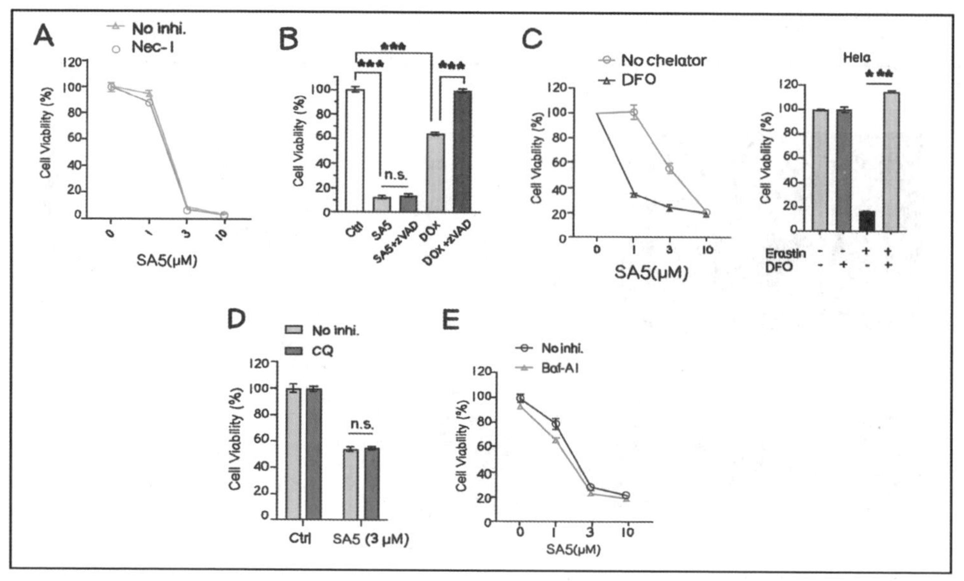

有文献表示细胞溶质中的锌离子过载，会导致线粒体损伤。于是他们检测了一下SA1处理后细胞的线粒体，发现线粒体发生了明显的肿胀。而这种表型，能被锌离子螯合剂回复。这也就说明，SA1可能通过激活TRPML1，过度释放出溶酶体中的锌离子，引起线粒体损伤，导致细胞的死亡：

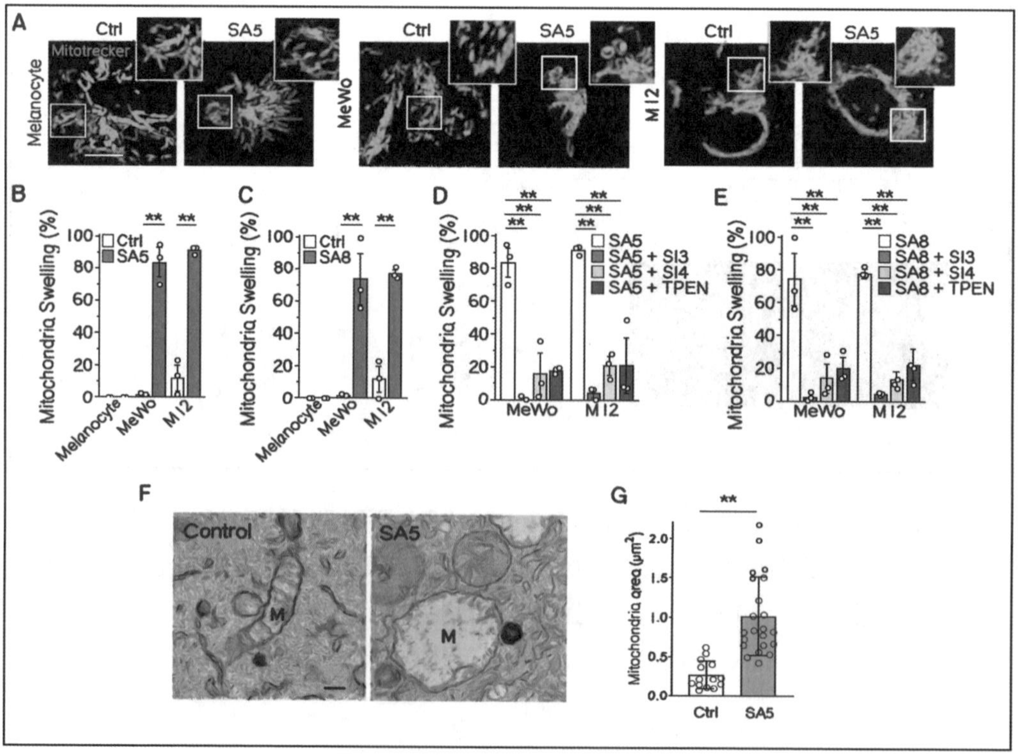

最后他们做了一下动物实验，验证SA1对于黑色素瘤的移植瘤的杀灭效果。由于正常细胞的TRPML1表达较低，所以SA1对于正常细胞没有什么影响：

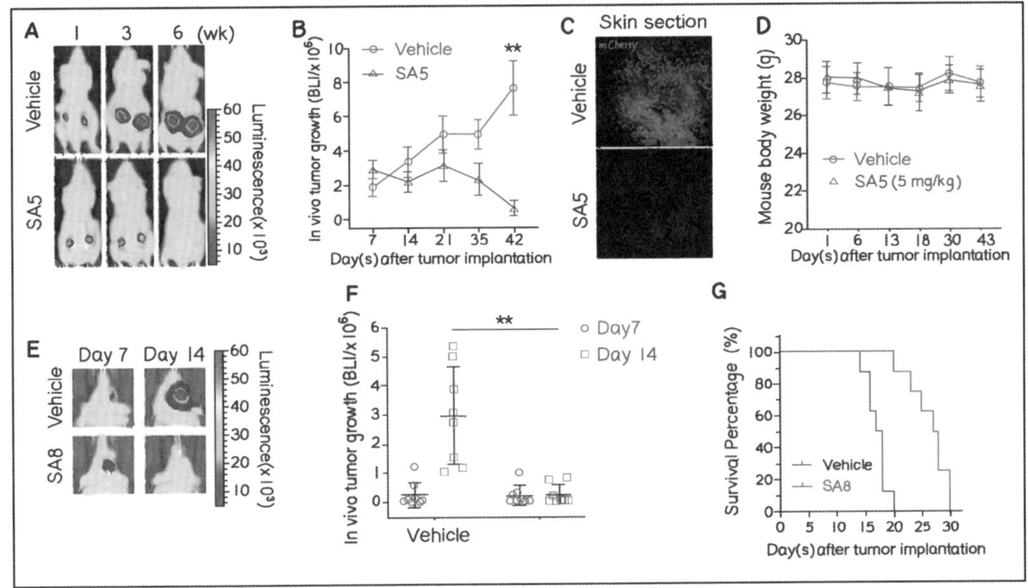

结果就形成了这样的一张示意图，由于黑色素瘤中TRPML1的表达增强，SA1能通过激活TRPML1释放出锌离子，打破了细胞内原有的锌离子平衡，引起了线粒体诱导的细胞死亡。

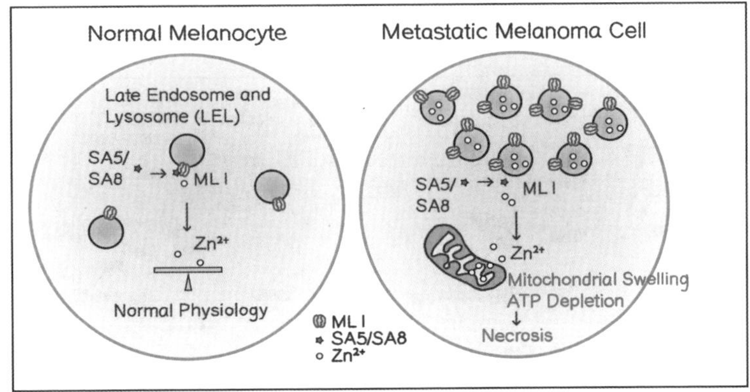

总的来说，这篇文章做得还是蛮有意思，想要往新的细胞死亡的方向做一做的，确实能看看，参考一下。有兴趣看这篇文章的话，可以自己去PubMed上搜一下。就给你们讲到这里吧，祝你们心明眼亮。

我知道有铜死亡，但是有铜自噬吗？算了，是我大意了

我知道，你们都想写个铜死亡，或者锌死亡，再不济铁死亡的标书出来。但其实这种已经并不算高级了。不知道你们谁还记得，铁死亡还有一个小分支，叫铁自噬（这个之前讲铁死亡的时候就给你们讲过了，不知道的就翻翻《信号通路是什么“鬼”？3》）。但标书这种高级玩意儿，不想点儿别的花活，恐怕是比较难。于是夏老师想了想，既然有铁自噬，那铜离子能不能也碰巧和自噬有点儿关系呢？于是就搜了这篇10.787分的*Redox Biology*：

> **Redox Biology**
>
> Suppression of ATG4B by Copper Inhibits Autophagy and Involves in Mallory Body Formation

事实证明，我草率了，*Redox Biology*的含金量应该算是比较高的。所以这篇铜离子和自噬的关联性，做得特别复杂，我都看哭了，流下了悔恨的泪水。这个故事其实很简单，他们发现铜离子能通过抑制ATG4B阻止自噬。这么看，关键就应该是这个ATG4了。我们回顾一下自噬：

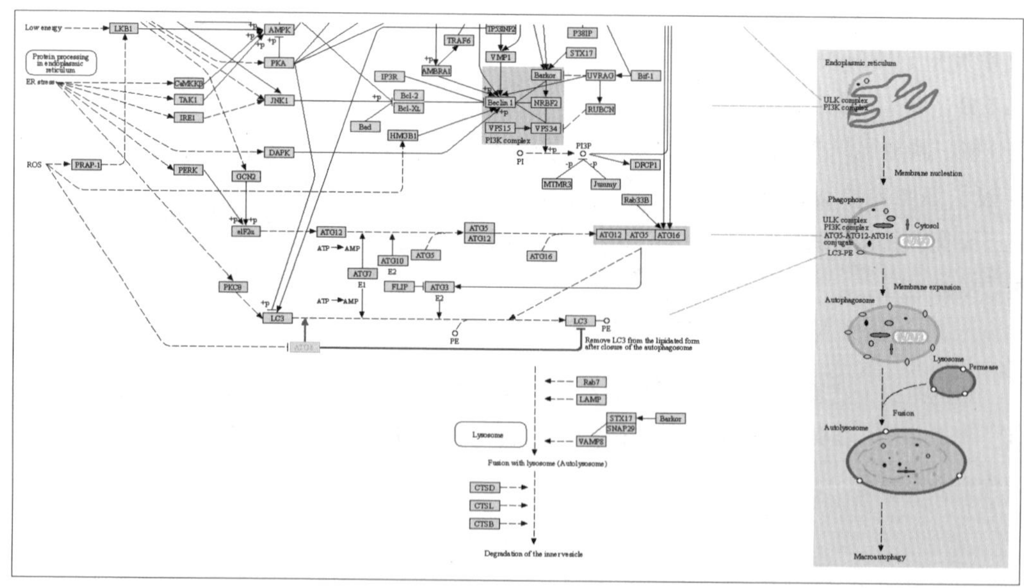

问题就恰恰出在这个ATG4上，没明白这块，接下去的文章你会看得七荤八素十五个菜的……ATG4能促进LC3-I形成LC3-II，但同时又能抑制LC3-II。其实ATG4主要是促进LC3的前体形成LC3-I，同时将自噬用完的LC3-II去PE，变回LC3-I，循环利用。

看明白这些，我们就开始讲这篇文章了。首先他们要选择一个能抑制ATG4B的粒子，他们用各种粒子去筛，发现硫酸铜和氯化铜都能对ATG4B起作用，影响自噬：

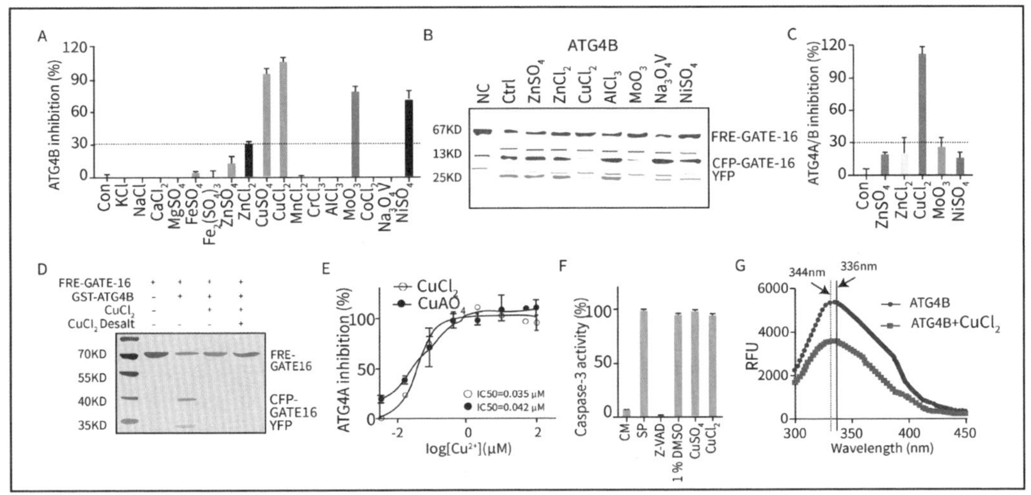

因为ATG4B的功能是形成LC3-I，抑制LC3-II形成，所以铜离子在这里的作用就是引起LC3-II的累积，但p62表达下降（下图红框）。平时检测LC3-II表达增强，其实是自噬增强的标志。所以他们又做了一个长寿蛋白质降解（LLPD）测定，发现铜离子和CQ（自噬抑制剂）一样，能增加长寿蛋白的降解（下图紫框），以此说明铜离子激活LC3-II是由于LC-II去脂化被阻滞了，导致了自噬的抑制。

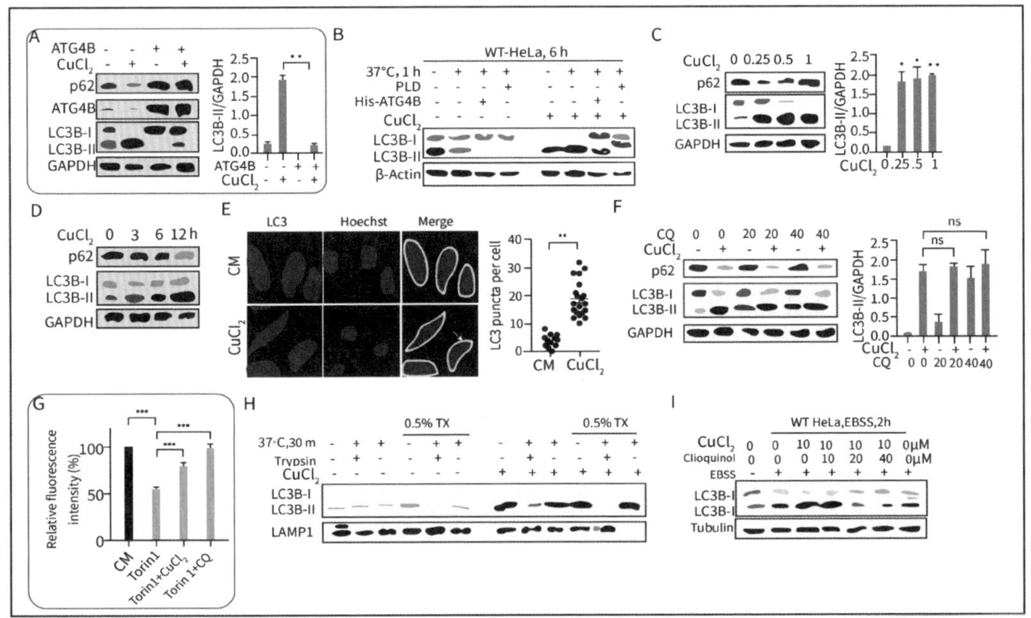

铜离子，差不多就是这样，通过抑制ATG4B抑制自噬：

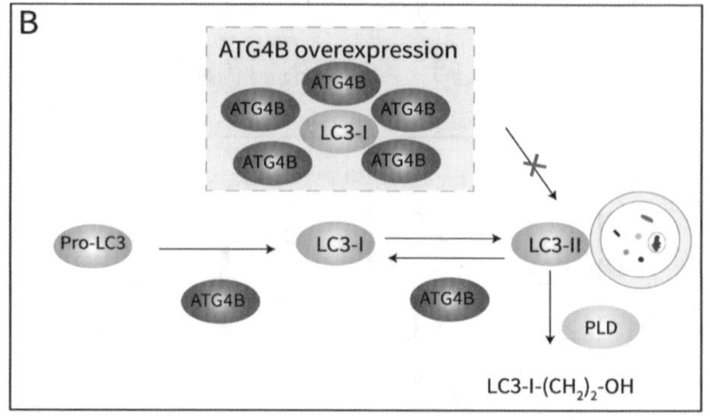

铜离子在抑制ATG4B的同时，也会抑制p62的表达。而在自噬抑制的情况下，铜离子也能抑制p62表达。

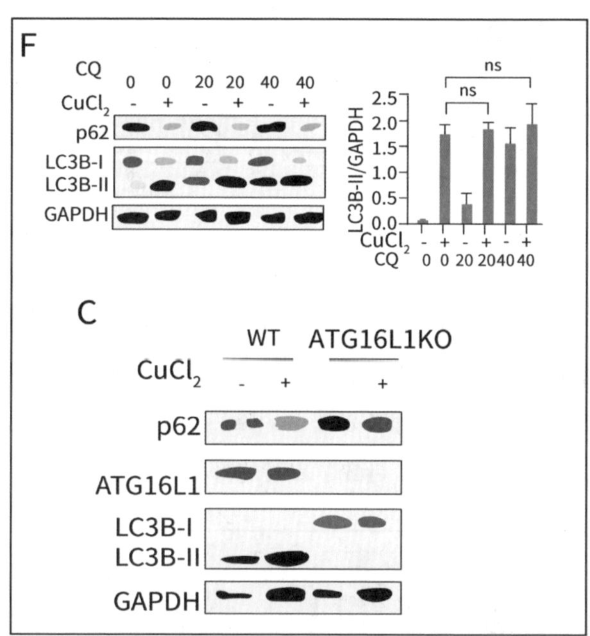

于是他们用MG132分析了一下，看看是不是铜离子能引起p62的泛素化降解，结果不是（下图红框）……那p62和ATG4B是怎么回事呢？他们想到p62是自噬、蛋白酶体缺陷或蛋白质聚集疾病中包涵体的常见成分，所以p62的表位可能都包在里面，不溶于含有裂解缓冲液的温和去污剂。他们首先分析了一下铜离子是否会让p62和ATG4B在细胞内聚集（下图蓝框）。而氧化后的铜离子会引起蛋白的低聚（要是还记得那篇铜死亡*Science*的话，应该有印象），于是他们用NaAC抑制了氧化，但结果并不能阻断ATG4B和p62的聚合（下图绿框）。铜离子可以促进ATG4B的低聚，这个现象并不依赖于p62（下图紫框）：

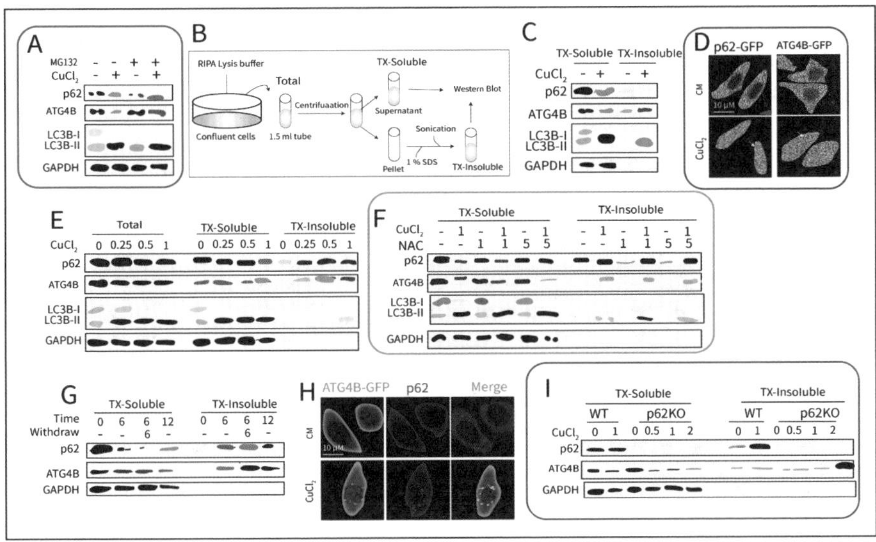

也就是说铜离子引发的ATG4B的低聚可能和ATG4B自己的结构域有关，于是他们通过突变，分析了铜离子引起低聚的具体的ATG4B的结构域：

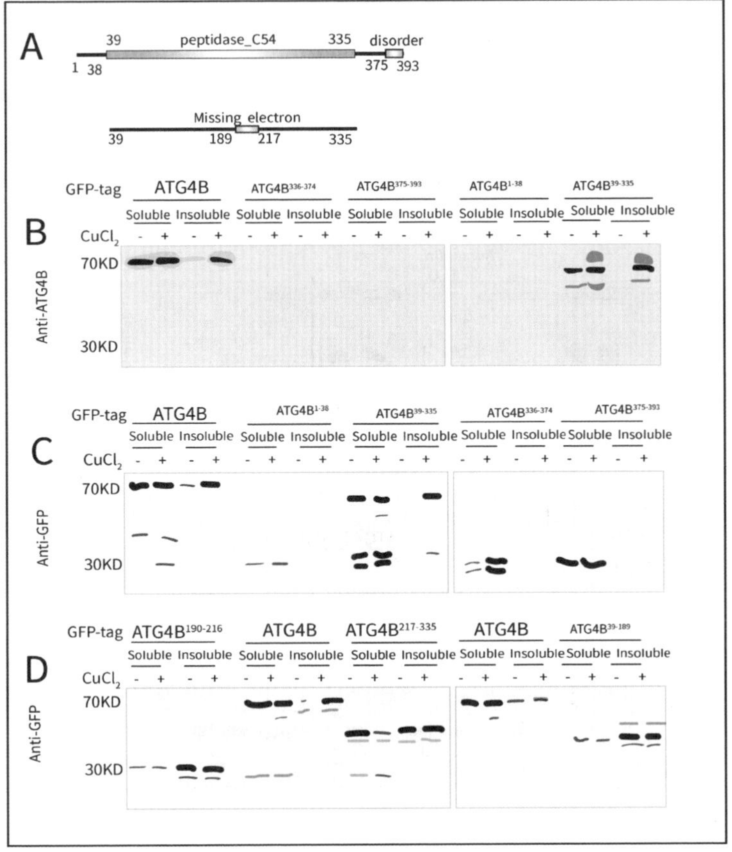

而且在体外，铜离子也能引起ATG4B的低聚化：

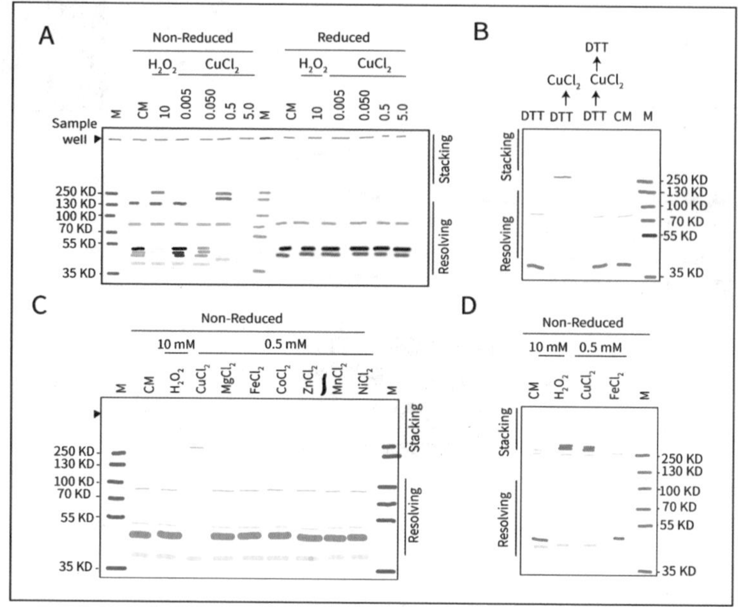

而铜离子引起ATG4B低聚化的具体原因就在半胱氨酸的氧化上（说实话，这个做得有点儿太细了，我都已经差不多快忘了他们为啥要做铜离子诱导ATG4B的低聚了）：

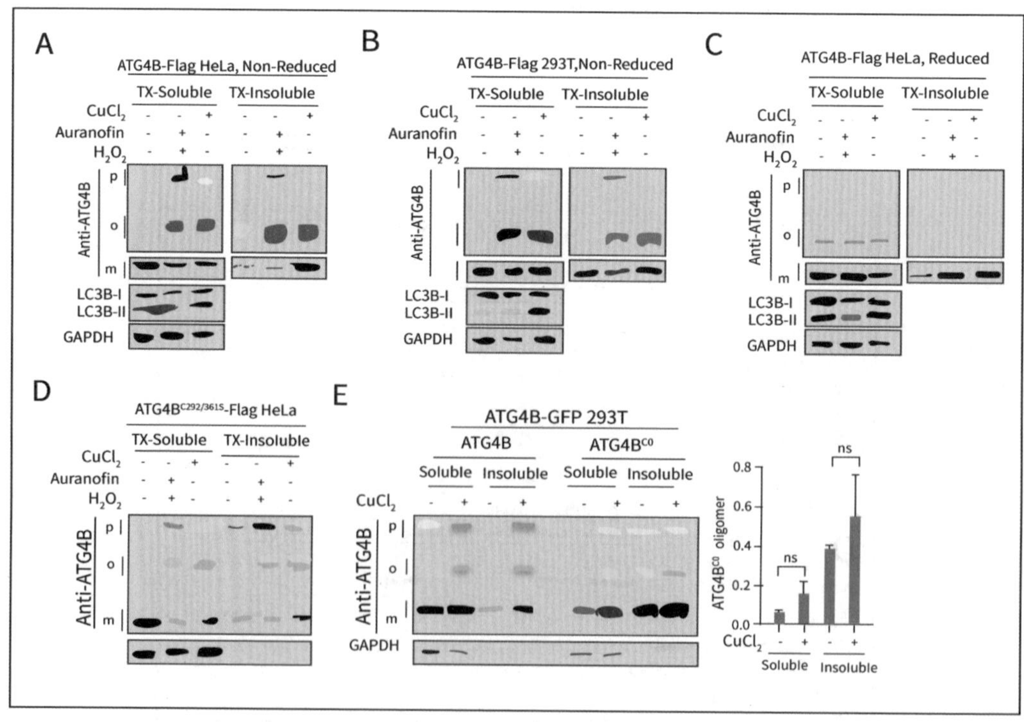

最后他们分析了威尔逊病细胞模型中的铜毒性，铜离子能诱导威尔逊病细胞中的马洛里体（MB，包涵体）形成（下图紫框），自噬能消除 MB 的产生，而铜离子通过抑制自噬，增加了MB的形成。

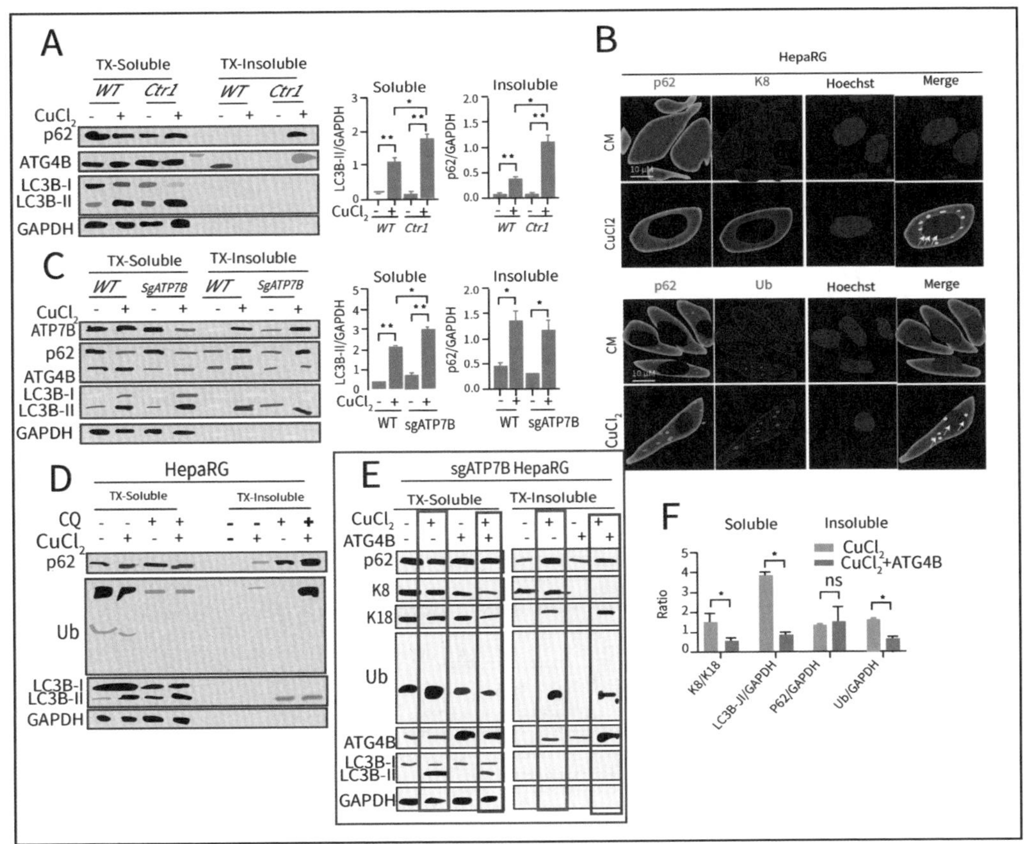

算了，这篇铜自噬的文章基本上是可以劝退大部分人了。但对于铜离子在体内的作用，倒是更明确了，也就是铜离子可能通过引起蛋白的低聚（和铜死亡机制差不多）引起一系列蛋白功能的变化。这么一想，可以做的内容就比较多了……有兴趣看这篇文章的话，可以自己去PubMed上搜一下。就给你们讲到这里吧，祝你们心明眼亮。

用两篇113.915分的文章给你们简单讲讲什么是细胞衰老

其实大家如果平时看文献的话，可能会看到肿瘤研究中有这样的表型实验：

这个是对细胞的β半乳糖苷酶进行染色，来分析细胞是否衰老的实验。细胞衰老，和细胞的死亡、自噬都有一定的关联。打开KEGG，细胞衰老，其实会单独显示出一张信号通路图，但看上去有点儿复杂了，我们可以分成三部分来看这个信号通路图：

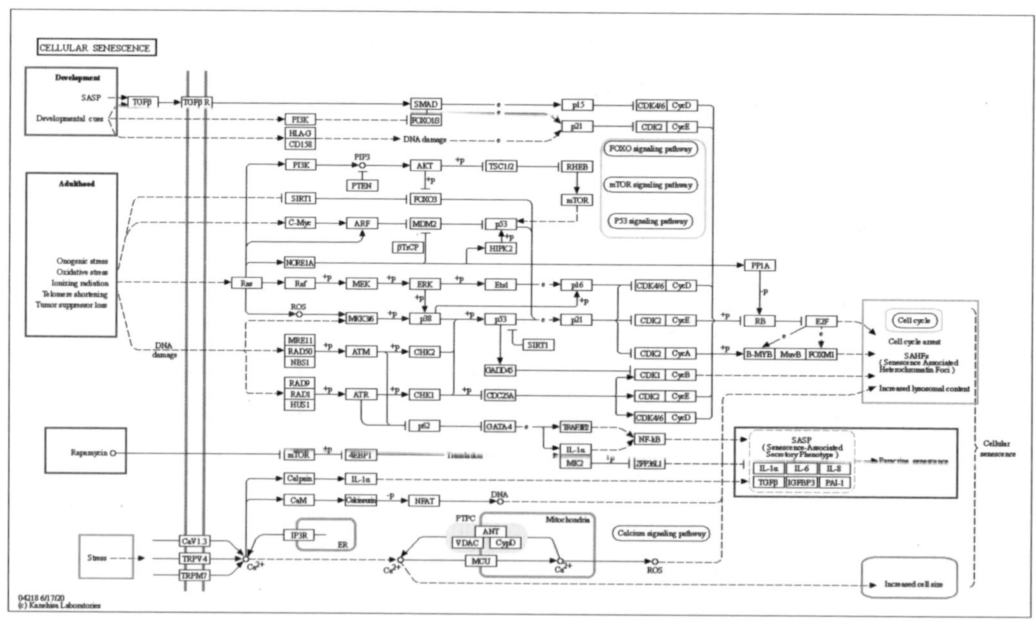

第一部分是外界的刺激，这里有氧化应激、DNA损伤应答、肿瘤抑制因子缺失、致癌基因应激、端粒缩短、电离辐射、SASP（衰老相关分泌表型）刺激等，第二部分是中间的信号通路，其实细胞衰老是通过多个信号通路来实现的，比如p53信号通路、mTOR信号通路、FOXO信号通路、钙离子信号通路和细胞周期信号通路（在之前的《信号通路是什么“鬼”？》一到三辑里都讲过了）。最后是形成的表型，其实细胞衰老主要的表型就是细胞周期阻滞，以及旁分泌表型，细胞大小增大和溶酶体增多。

为了讲讲细胞衰老，夏老师特地翻了翻两篇发表在113.915分的*Nature Reviews Molecular Cell Biology*上的综述：

Nature Reviews Molecular Cell Biology
Cellular Senescence: When Bad Things Happen to Good Cells

Nature Reviews Molecular Cell Biology
Cellular Senescence in Ageing: From Mechanisms to Therapeutic Opportunities

细胞衰老诱导的第一个也是最典型的机制之一是端粒缩短。在没有端粒维持机制（例如端粒酶的表达或端粒之间的重组）的情况下，端粒随着每轮DNA复制而缩短。

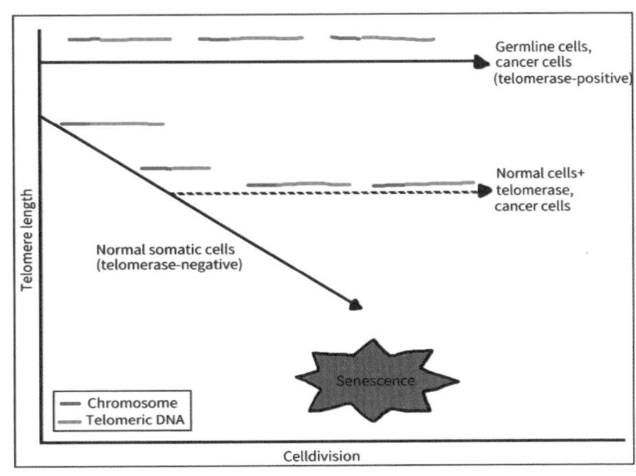

端粒缩短后，其实会触发DDR（DNA损伤应答），最终导致细胞衰老。

DNA损伤后，通过下游的激酶，以及信号通路，最终作用在p53、CDC25以及SMC1之类的作用分子上，引起细胞周期阻滞、凋亡以及衰老……

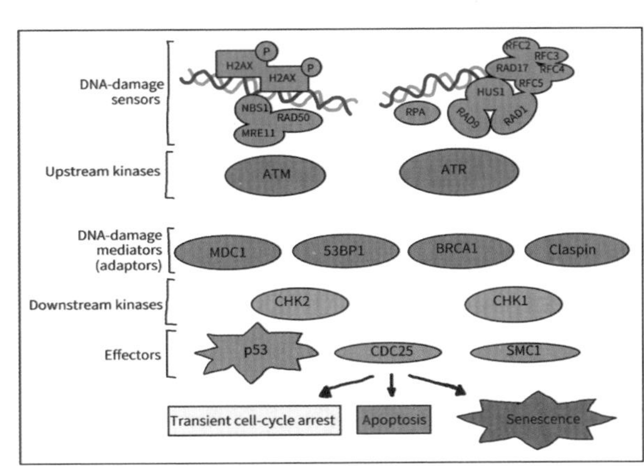

致癌基因、端粒酶缺失以及DNA损伤应答，都是通过DNA损伤环节引起的细胞衰老：

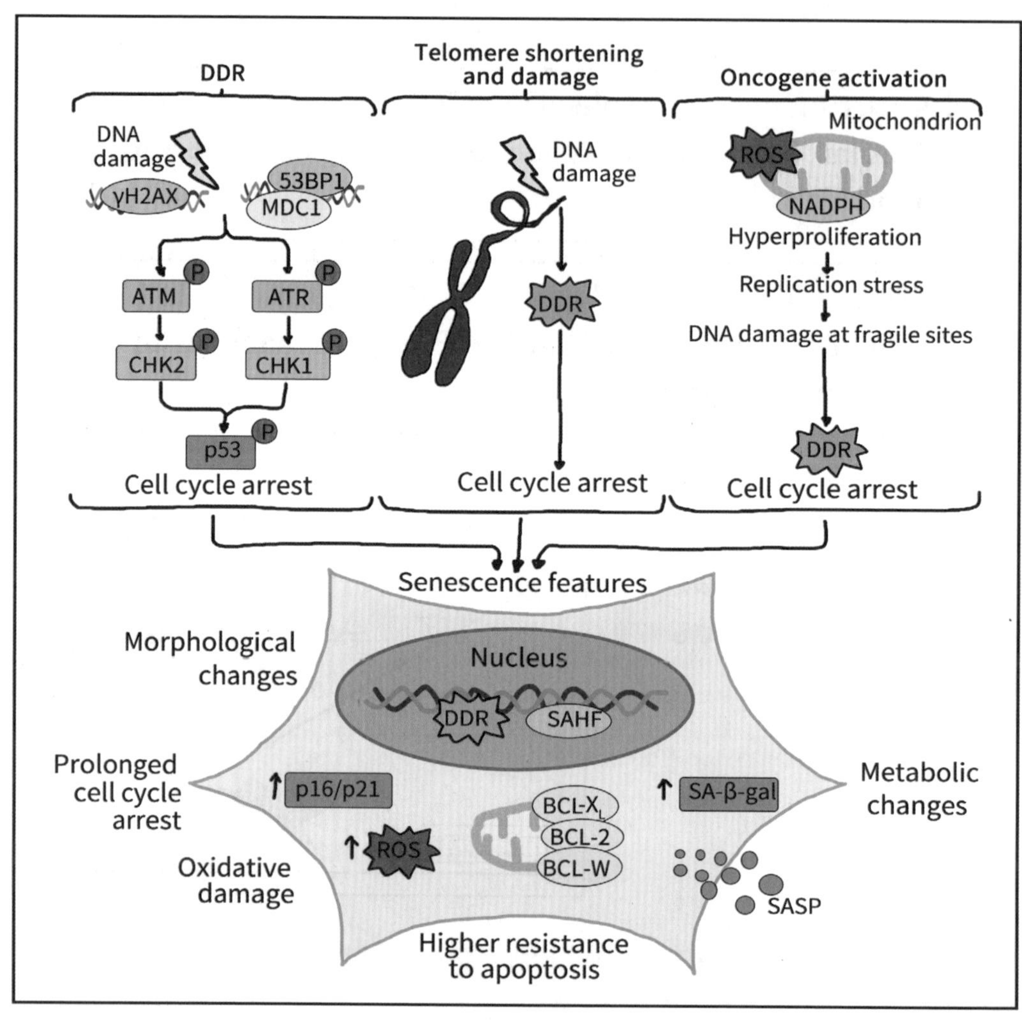

而衰老细胞发挥其多效生物学功能的一种潜在机制是转录激活以细胞因子、趋化因子、生长因子和细胞外基质（ECM）蛋白酶为特征的SASP（衰老相关分泌表型）程序。SASP激活是伴随衰老建立的动态过程。核心SASP主要包括促炎性IL-6，IL-8和MCP1，以及参与细胞外基质（ECM）重塑的酶，比如MMPs，SERPINs……

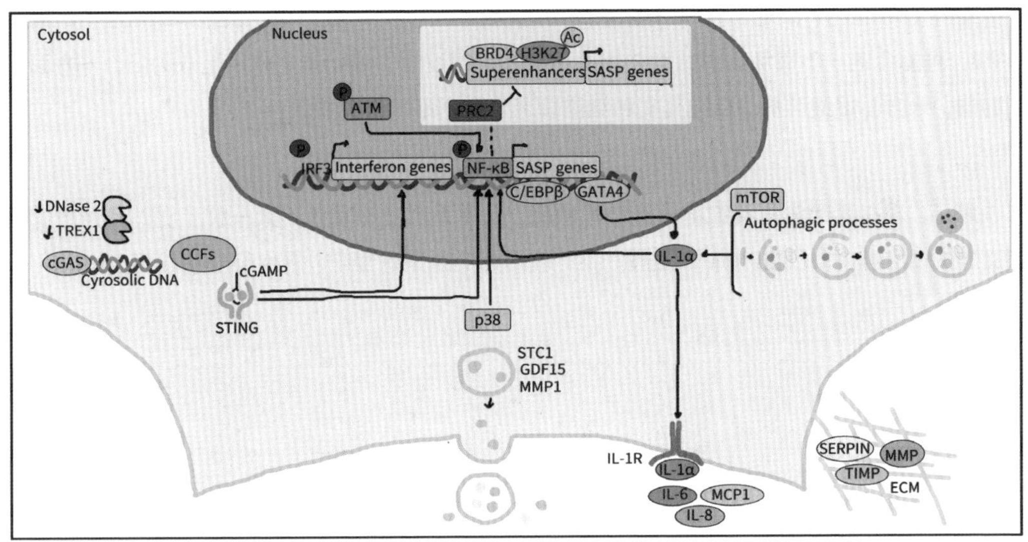

细胞衰老最终表现出的表型则是细胞周期阻滞、细胞凋亡抵抗以及SASP的表达：

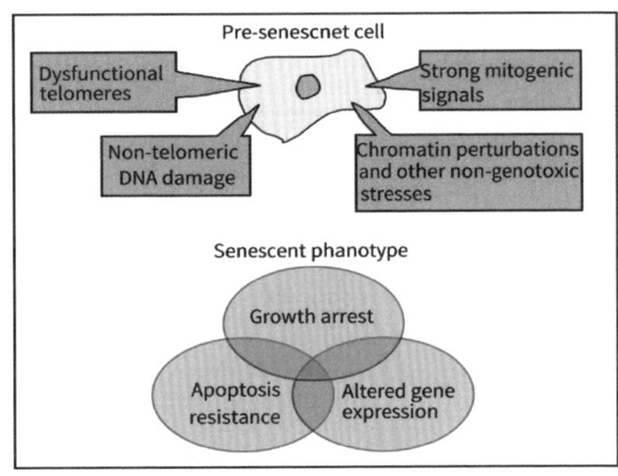

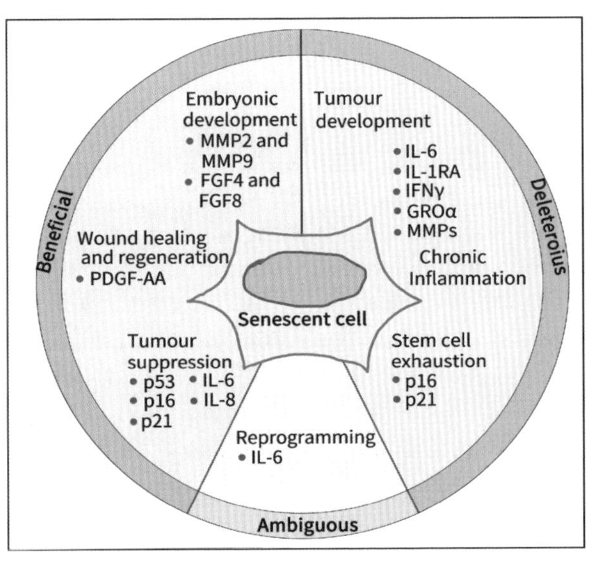

细胞衰老的最终后果是什么呢？有益的方面，衰老细胞通过分泌 FGF4 和 FGF8 以瞬时结构引导胚胎中的组织再生和胚胎发育，衰老细胞还通过限制细胞过度增殖来限制组织损伤，并促进伤口愈合。细胞衰老也会通过上调 p53，通过细胞自主阻断细胞周期进程来限制肿瘤发展。

那坏的方面呢？衰老细胞由于分泌SASP，会产生促炎的微环境。其他SASP因子，包括MMP，可能会进一步破坏组织结构并促进炎症和肿瘤发生。细胞衰老就像是双刃剑，一方面限制肿瘤，一方面促进肿瘤。自噬其实和细胞衰老也有密不可分的关系……

好了，现在再回头看看细胞衰老信号通路，是不是感觉有点儿不太一样了呢？有兴趣看这篇文章的话，可以自己去PubMed上搜一下。就给你们讲到这里吧，祝你们心明眼亮。

这篇24.897分的文章研究细胞衰老，虽然做了微环境，但感觉结果好草率

上节给你们讲了一下细胞衰老信号通路，那总得配篇文章吧。于是夏老师就找了一篇24.897分的*International Journal of Oral Science*上的文章，讲讲细胞衰老信号通路吧。

International Journal of Oral Science

Diabetes Fuels Periodontal Lesions Via GLUT1-Driven Macrophage Inflammaging

这篇文章主要的重点是糖尿病导致的细胞衰老会引起巨噬细胞炎症加剧牙周病变。所以他们利用了糖尿病小鼠模型，分别分析了年轻和年老的小鼠在有无糖尿病的情况下，牙龈的变化。他们发现糖尿病小鼠及老年小鼠，都会发生牙周损伤：

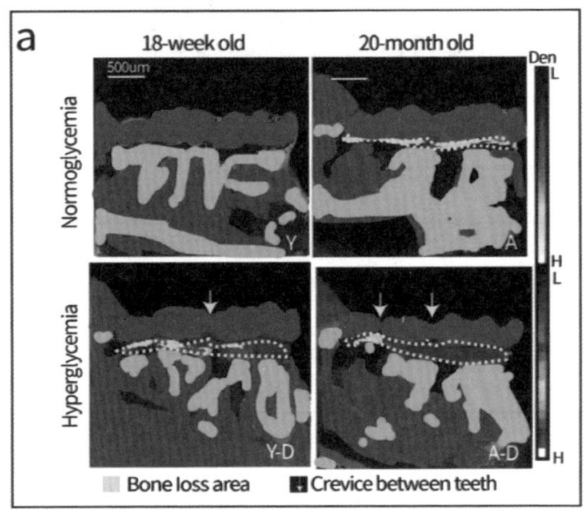

牙周的这些炎症损伤是伴随衰老的慢性低度炎症，所以他们要分析一下糖尿病小鼠中是否产生了牙周细胞的衰老。于是他们做了β半乳糖苷酶的染色，确定了细胞衰老的存在：

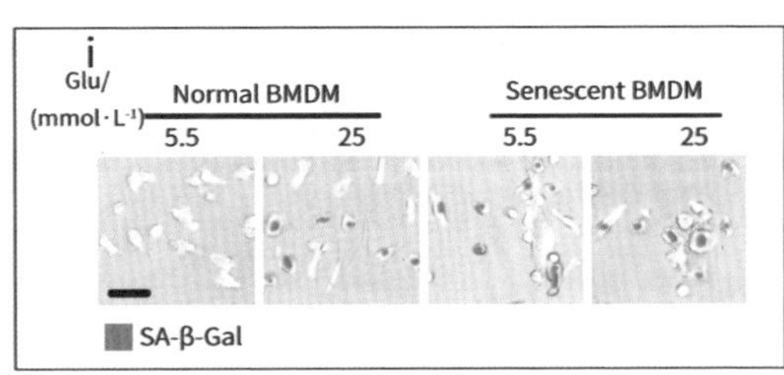

了解细胞衰老的话，就应该知道，细胞衰老后会有旁分泌的表型，也就是SASP，IL-β是早期 SASP 反应的标志：

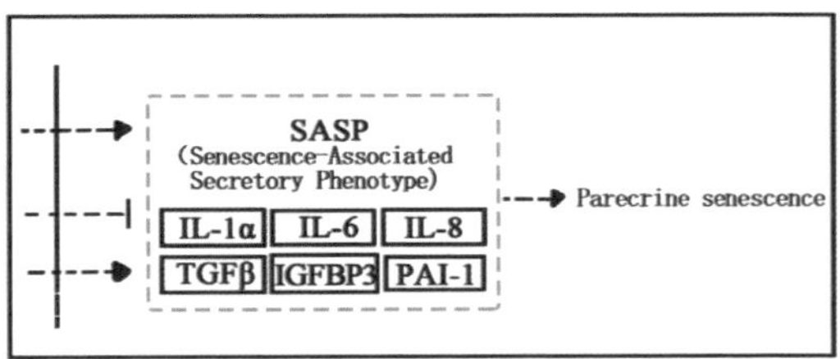

而同时，在年老的小鼠及糖尿病小鼠的牙周组织中，会发现高表达的p16/p21，以及一些SASP反应：

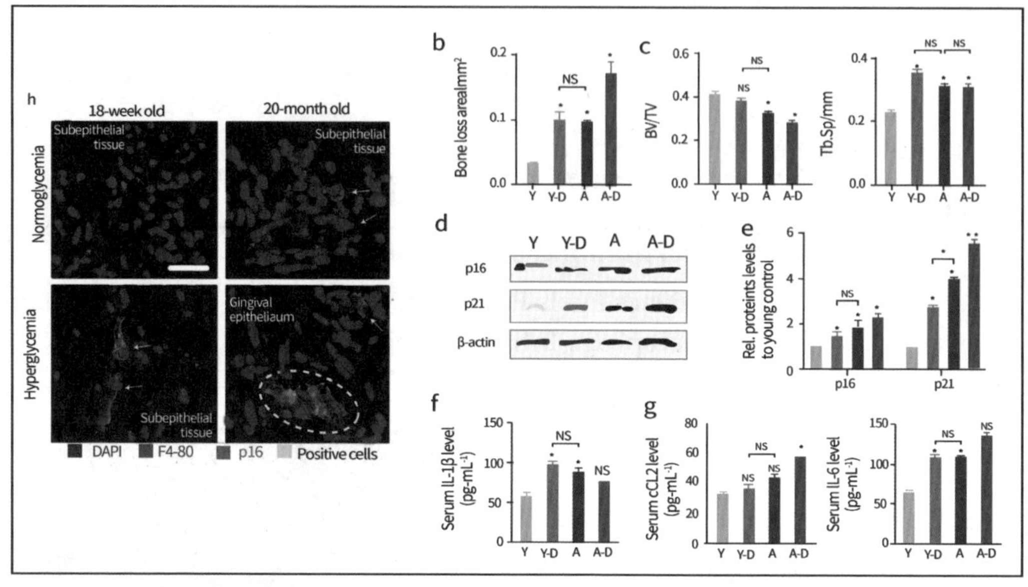

糖尿病小鼠的牙周炎症及骨质流失，是不是和糖尿病相关呢？于是他们做了二甲双胍治疗处理，发现二甲双胍处理后的糖尿病小鼠牙周的骨质流失明显下降了：

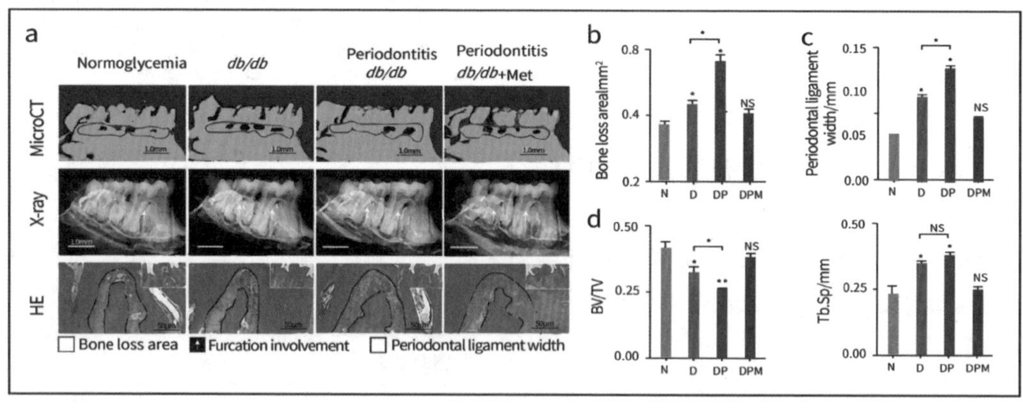

而糖尿病小鼠血清中的SASP也会随着年龄的增加明显上调，这些SASP的细胞衰老来源其实是巨噬细胞（他们用F4-80，巨噬细胞标志物，和p16/p21做了共定位）：

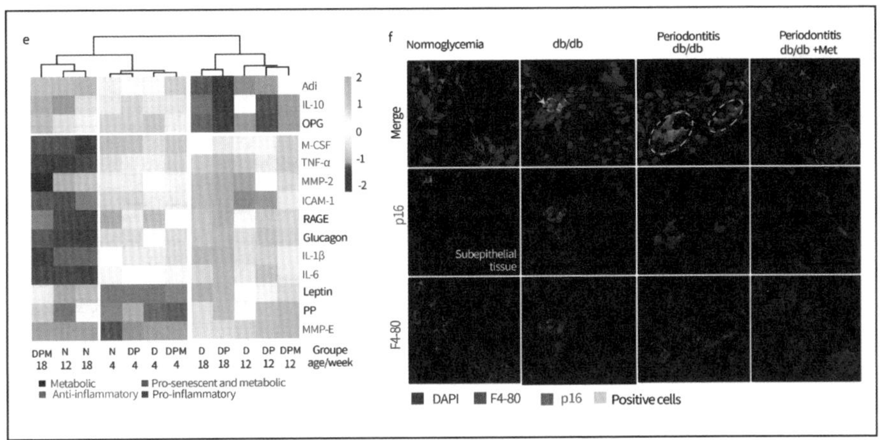

高糖环境（下图的字母H），以及LPS诱导巨噬细胞激活（下图的字母L），会增强巨噬细胞衰老以及SASP表型，而二甲双胍处理（下图的字母M）能抑制巨噬细胞衰老：

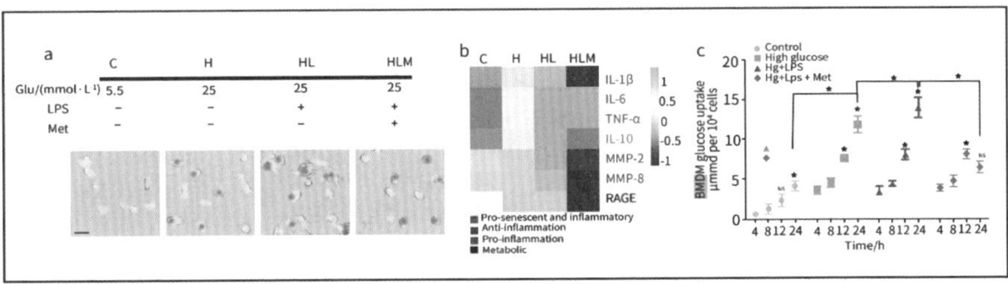

于是他们假设，糖尿病中高糖环境诱导巨噬细胞衰老，在炎症条件下，引发SASP，引起了牙周的炎症。那具体是什么导致的呢？他们做了分析后发现，高糖及LPS诱导条件下，巨噬细胞中的*GLUT1*表达明显增强，而*GLUT1*与细胞衰老相关的p16/p21是共表达的：

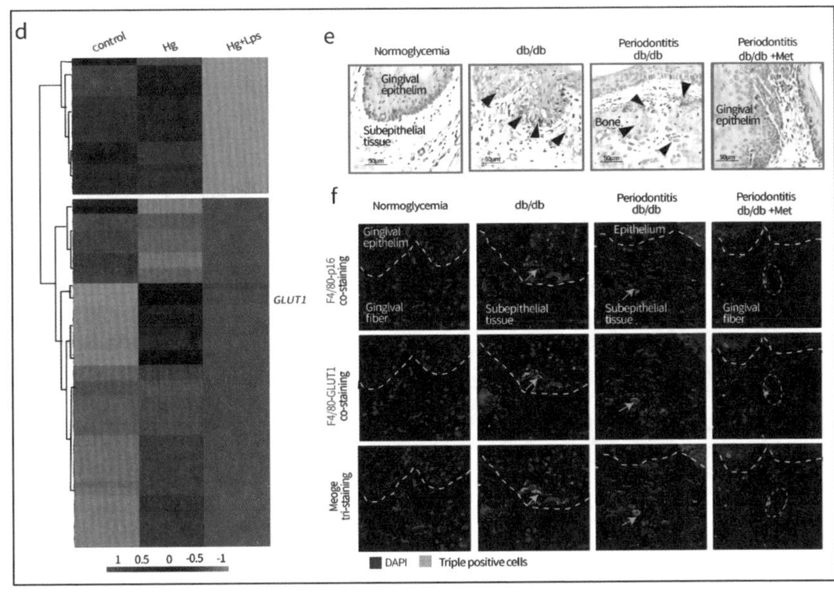

那具体*GLUT1*调控了什么诱导了细胞衰老呢？这里他们很草率地用PPI分析了一下，发现大概和mTOR相关（我是没理解为啥24分的文章会这么草率）：

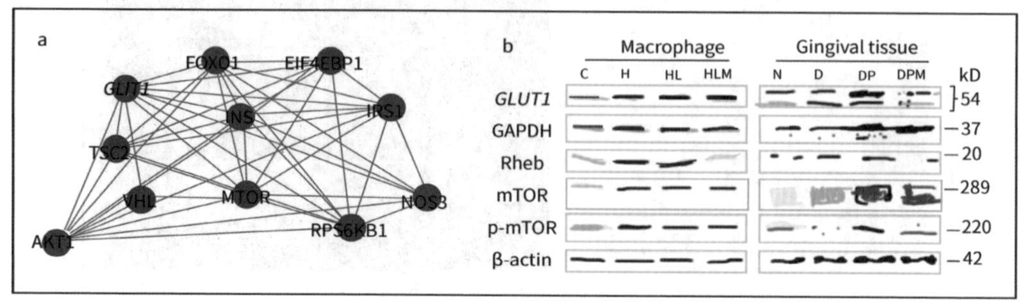

而细胞衰老表型、SASP表型和糖尿病以及高糖处理，与牙周炎是密切相关的。二甲双胍抑制糖尿病，能有效抑制细胞衰老：

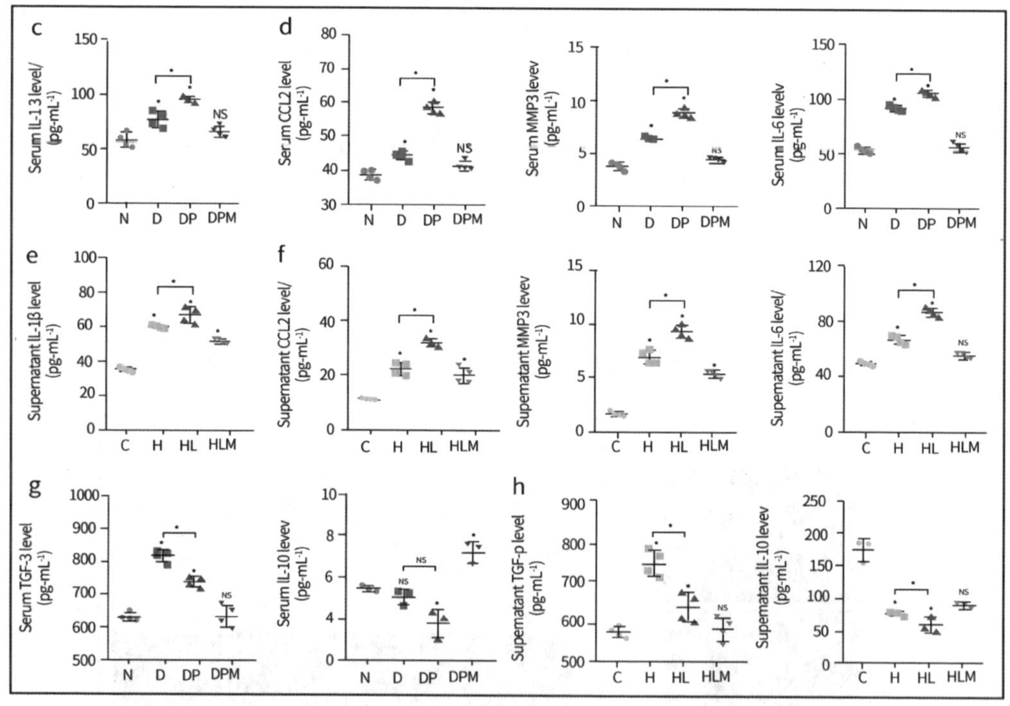

最后他们分析了敲除*GLUT1*后mTOR信号通路的变化，以此确定是*GLUT1*通过mTOR信号通路引起了巨噬细胞的衰老，并分泌了SASP相关蛋白：

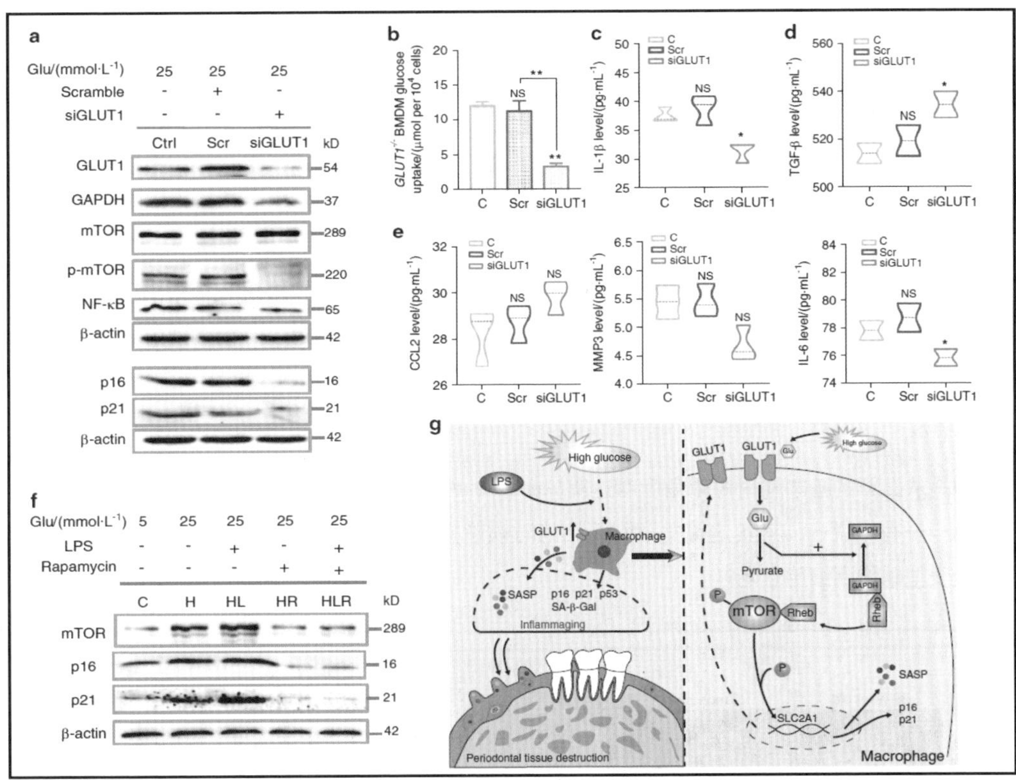

前半部分都挺好，到机制分析这里，为啥就感觉是急着收工领盒饭了呢？意思差不多就是糖尿病的高糖环境，加上激活巨噬细胞的炎症，通过*GLUT1*激活mTOR信号通路，会导致巨噬细胞衰老。巨噬细胞衰老后产生SASP旁分泌表型，引起牙周细胞衰老，并导致牙周的骨质流失……

最后的这个示意图，我是该信好呢，还是不信好呢？好了，有兴趣看这篇文章的话，可以自己去PubMed上搜一下。就给你们讲到这里吧，祝你们心明眼亮。

这篇24.897分的文章，还能说什么呢，给你机会你不中用啊

上篇按照IF搜到的24.897分的关于细胞衰老的*International Journal of Oral Science*文献，越看越觉得不对味，后来才发现，这本杂志是从6.36分直接涨到24.897分的（属实是秦始皇吃花椒，嬴麻了）。

但是从文章的基本科研逻辑角度看这篇*International Journal of Oral Science*给过你机会了，可你不中用啊……有一说一，其实这篇文章刚开始的时候确实是有20分文章的样子的，从糖尿病小鼠的牙周炎表型延伸到细胞衰老

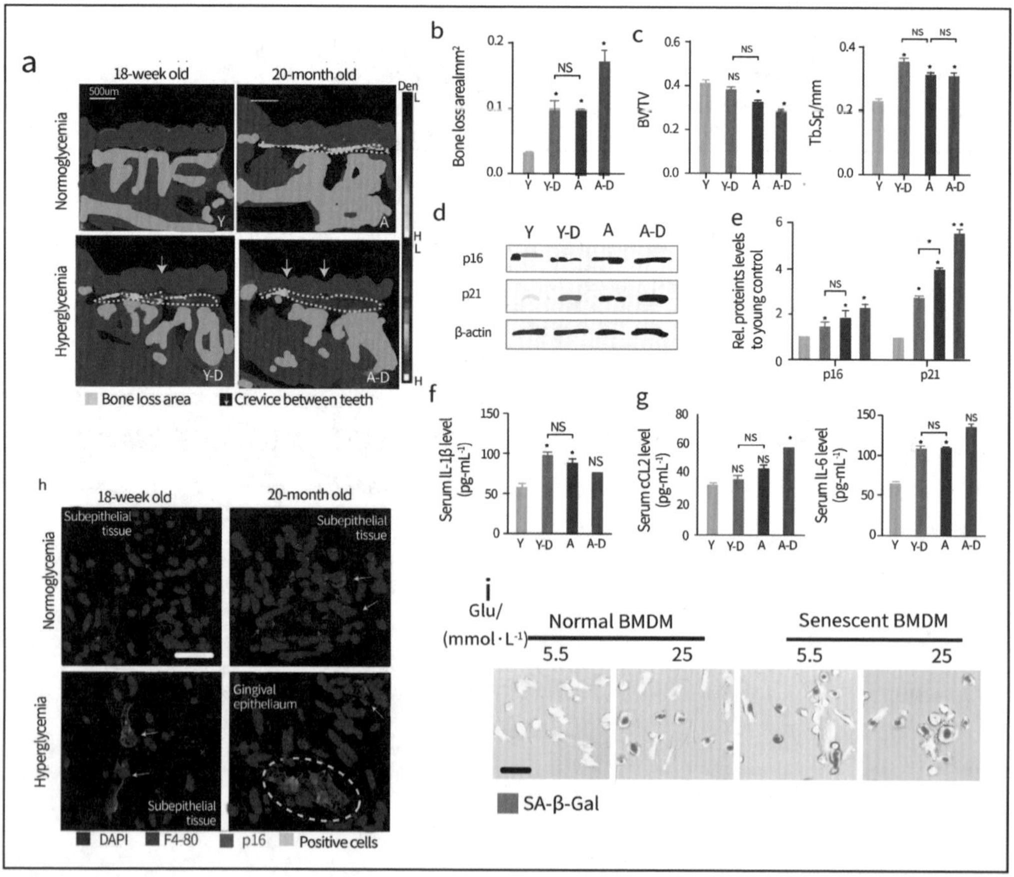

然后通过高糖和LPS诱导，发现表达差异的*GLUT1*基因：

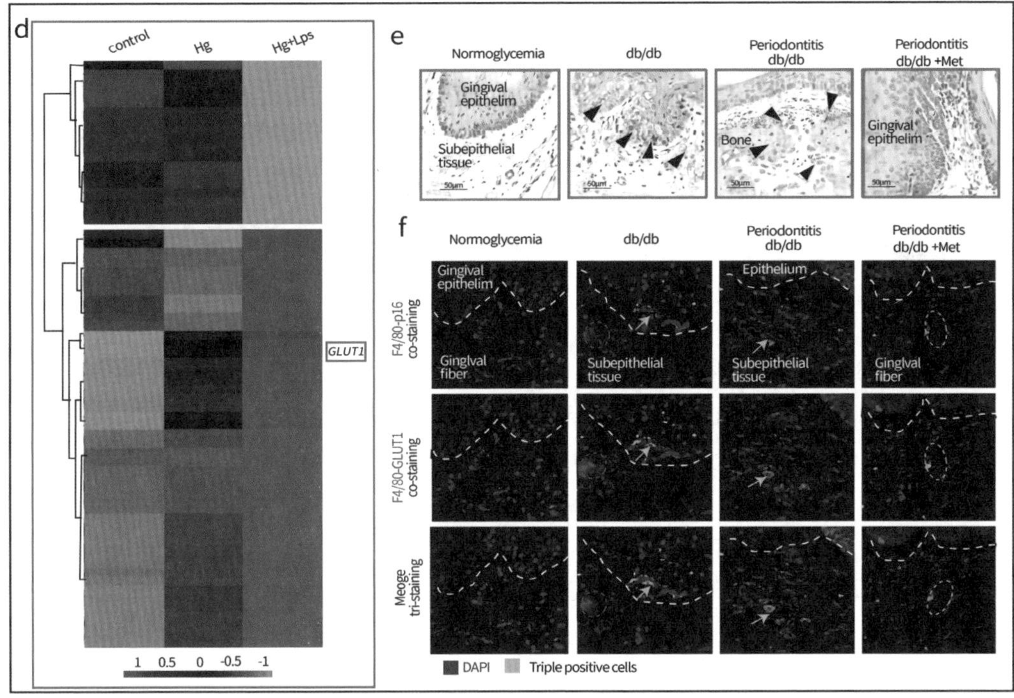

怎么说呢，你们发现这里的问题了吗？按照他们的思路，是糖尿病加上牙周炎诱导的高表达基因，应该就是需要研究的差异基因，但是这里缺少了一组非高糖且加LPS诱导的分组。如果没有加这组分组，筛选差异基因，很可能找到的*GLUT1*就是LPS诱导导致高表达的。

可是我们回到文章最初的表型分析的话，会发现，最初的表型和LPS完全没关系，用的是糖尿病和年老两个表型：

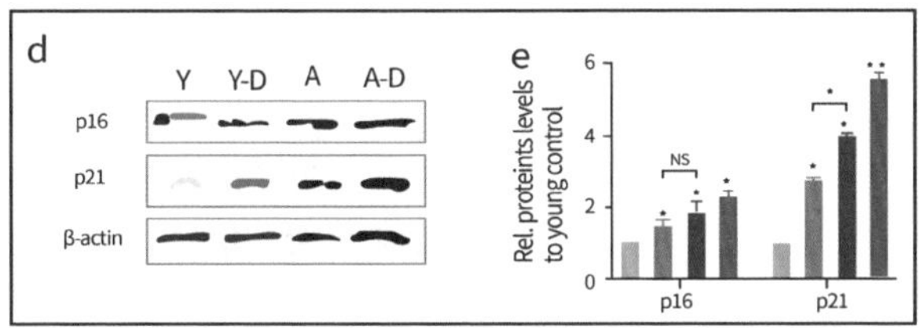

要么只能理解为LPS是诱导巨噬细胞激活的，也就是产生牙周炎之后，才会导致*GLUT1*高表达，然后导致牙周炎……是不是仿佛解释了什么，又仿佛什么都没说……

估计他们由于这个差异表达的基因是*GLUT1*，和葡萄糖转运相关，又是LPS激活的，才押宝压在这个上面。然后机制研究的操作就更迷惑了，他们用了PPI分析：

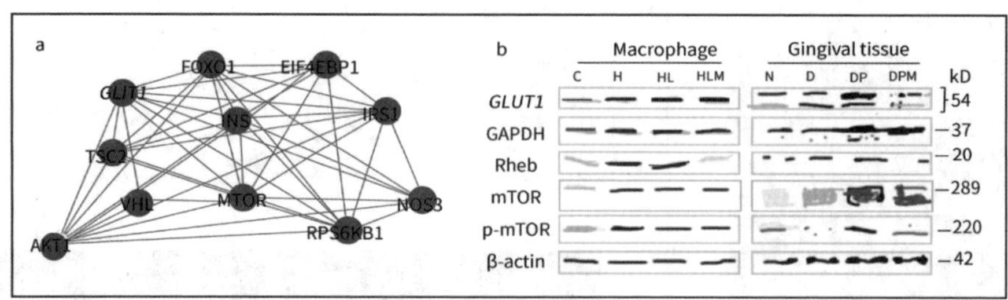

其实生信分析也不是不可以，但PPI分析应该结合验证才能说明问题，而这里并没有验证结合，而是验证了*GLUT1*和mTOR激活表达相关性……为啥要选mTOR呢？其实思路很直接，因为mTOR和*GLUT1*相关，且mTOR调控了细胞衰老信号通路：

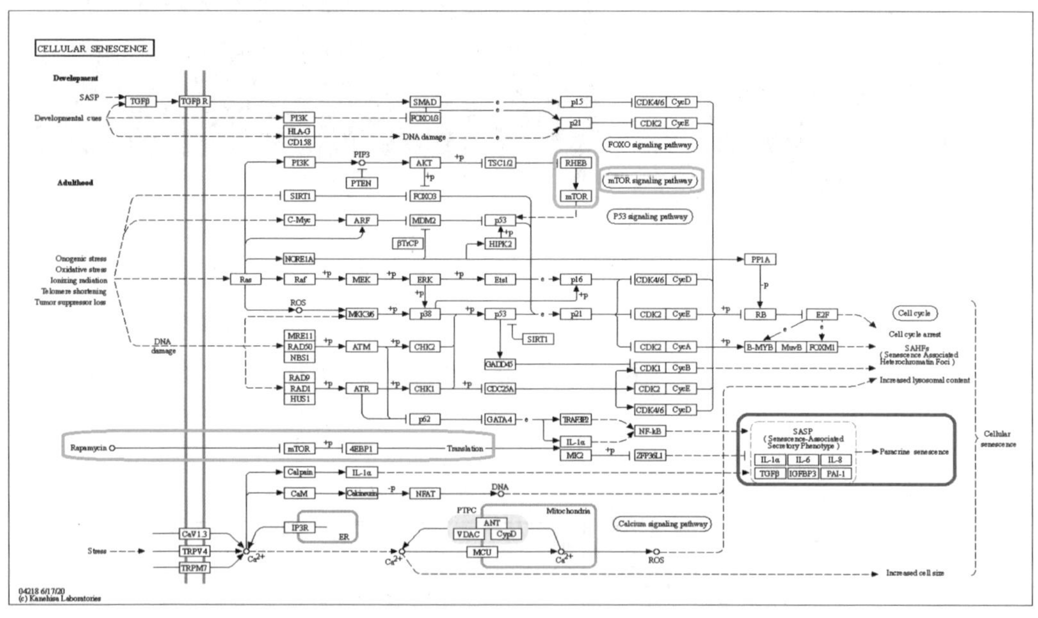

之前他们使用SASP作为细胞衰老的信号，这个确实也是mTOR诱导激活的：

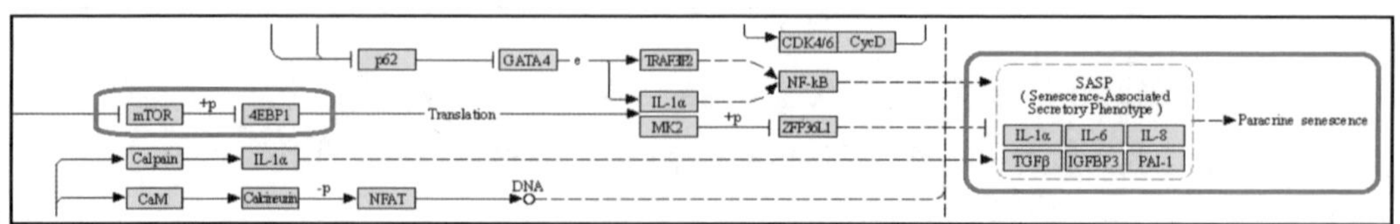

但mTOR同时也能诱导激活p21下游的细胞衰老信号通路：

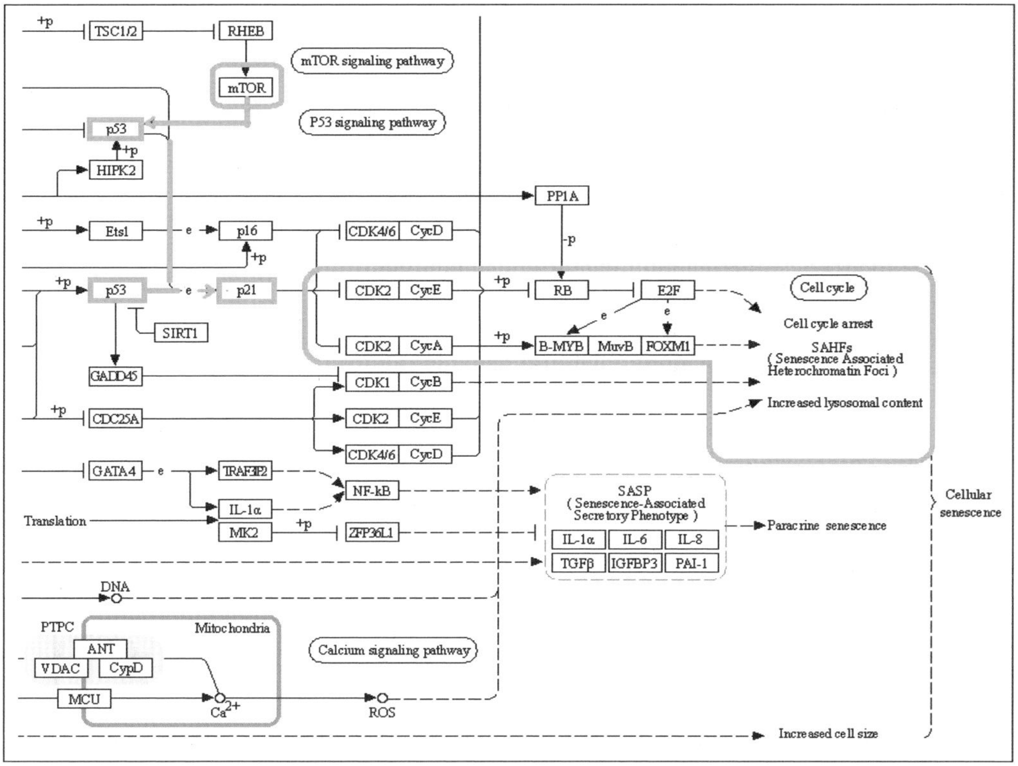

于是他们分析了*GLUT1*敲除后，对于细胞衰老信号通路中mTOR的抑制，以及LPS和高糖诱导的细胞衰老激活，会被雷帕霉素（mTOR抑制剂）抑制：

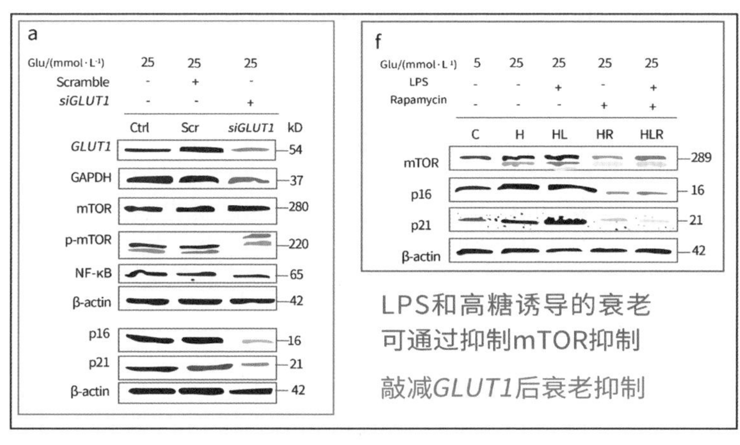

LPS和高糖诱导的衰老可通过抑制mTOR抑制

敲减*GLUT1*后衰老抑制

但这能说明是*GLUT1*通过mTOR调控了细胞衰老的过程？当然不能。*GLUT1*能调控mTOR信号通路，并不代表*GLUT1*只调控mTOR信号通路。同时拉掉mTOR这个总闸，其实细胞衰老被抑制是正常的。

所以最后这个示意图，这真不好说到底是咋推理出来的。*GLUT1*和高糖的关系不明确，是巨噬细胞衰老激活了SASP诱导了牙周细胞的衰老以及骨质流失。而*GLUT1*和mTOR之间的关联是怎么出来的呢……

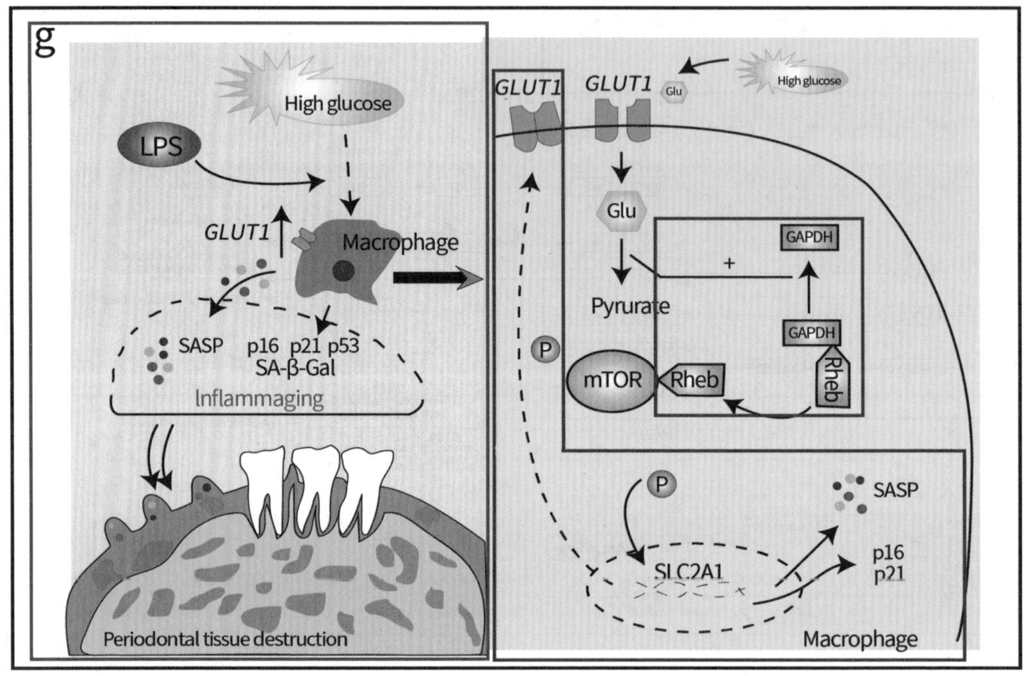

刚开始还挺像模像样的，到最后就打了一手稀里糊涂的烂牌。就给你们讲到这里吧，祝你们心明眼亮。

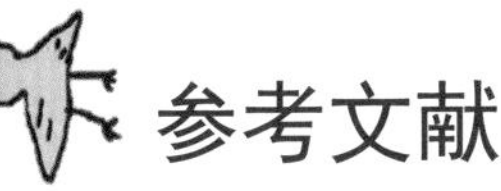

参考文献

[1] CLAPHAM D E. Calcium signaling[J]. Cell, 2007, 131(6): 1047-1058.

[2] SONG Z, WANG Y, ZHANG F, et al. Calcium signaling pathways: key pathways in the regulation of obesity[J]. International Journal of Molecular Sciences, 2019, 20(11): 2768.

[3] GUO X W, ZHANG H, HUANG J Q, et al. PIEZO1 ion channel mediates ionizing radiation-induced pulmonary endothelial cell ferroptosis via Ca^{2+}/calpain/VE-cadherin signaling[J]. Frontiers In Molecular Biosciences, 2021, 8: 725274.

[4] WU J, MINIKESA M, GAO M, et al. Intercellular interaction dictates cancer cell ferroptosis via NF2-YAP signalling[J]. Nature, 2019, 572(7769): 402-406.

[5] AIRIAU K, VACHER P, MICHEAU O, et al. TRAIL triggers CRAC-dependent calcium influx and apoptosis through the recruitment of autophagy proteins to death-inducing signaling complex[J]. Cells, 2021, 11(1): 57.

[6] REIS C R, CHEN P H, BENDRIS N, et al. TRAIL-death receptor endocytosis and apoptosis are selectively regulated by dynamin-1 activation[J]. Proceedings of the National Academy of Sciences of the United States of America, 2017, 114(3): 504-509.

[7] JIA W, PUA H H, LI Q J, et al. Autophagy regulates endoplasmic reticulum homeostasis and calcium mobilization in T lymphocytes[J]. The Journal of Immunology, 2011, 186(3): 1564-1574.

[8] YU P, ZHANG X, LIU N, et al. Pyroptosis: mechanisms and diseases[J]. Signal Transduction and Targeted Therapy, 2021, 6(1): 128.

[9] WANG S, LIU Y, ZHANG L, et al. Methods for monitoring cancer cell pyroptosis[J]. Cancer Biology & Medicine, 2021, 19(4): 398-414.

[10] HU J J, LIU X, XIA S, et al. FDA-approved disulfiram inhibits pyroptosis by blocking gasdermin D pore formation[J]. Nature Immunology, 2020,21(7): 736-745.

[11] GROOTJANS S, HASSANNIA B, DELRUE I, et al. A real-time fluorometric method for the simultaneous detection of cell death type and rate[J]. Nature Protocols, 2016, 11(8): 1444-1454.

[12] GARROD K R, MOREAU H D, GARCIA Z, et al. Dissecting T cell contraction in vivo using a genetically encoded reporter of apoptosis[J]. Cell Reports, 2012, 2(5): 1438-1447.

[13] FENG D D, GUO L, LIU J, et al. DDX3X deficiency alleviates LPS-induced H9c2 cardiomyocytes pyroptosis by suppressing activation of NLRP3 inflammasome[J]. Experimental and Therapeutic Medicine, 2021, 22(6): 1389.

[14] LI W, MAO X, WANG X, et al. Disease-modifying anti-rheumatic drug prescription baihu-guizhi decoction attenuates rheumatoid arthritis via suppressing toll-like receptor 4-mediated NLRP3 inflammasome Activation[J]. Frontiers in Pharmacology, 2021, 12: 743086.

[15] CONOS S A, CHEN K W, DE NARDO D, et al. Active MLKL triggers the NLRP3 inflammasome in a cell-intrinsic manner[J]. Proceedings of the National Academy of Sciences of the United States of America, 2017, 114(6): E961-E969.

[16] YΛO Y Y, LI C Y, QIAN F S, ct al. Ginscnosidc Rg1 inhibits microglia pyroptosis induced by lipopolysaccharide through regulating STAT3 signaling[J]. Journal of Inflammation Research, 2021, 14: 6619-6632.

[17] HONG Z, MEI J, LI C, et al. STING inhibitors target the cyclic dinucleotide binding pocket[J]. Proceedings of the National Academy of Sciences of the United States of America, 2021, 118(24): e2105465118.

[18] TAN Y Q, SUN R, LIU L, et al. Tumor suppressor DRD2 facilitates M1 macrophages and restricts NF-κB signaling to trigger pyroptosis in breast cancer[J]. Theranostics, 2021, 11(11): 5214-5231.

[19] ZHANG Z, ZHANG Y, XIA S, et al. Gasdermin E suppresses tumour growth by activating anti-tumour immunity[J]. Nature, 2020, 579(7799): 415-420.

[20] ZHANG J Y, ZHOU B, SUN R Y, et al. The metabolite α-KG induces GSDMC-dependent pyroptosis through death receptor 6-activated caspase-8[J]. Cell Research, 2021, 31(9): 980-997.

[21] DECOUT A, KATZ J D, VENKATRAMAN S, et al. The cGAS-STING pathway as a therapeutic target in inflammatory diseases[J]. Nature Reviews Immunology, 2021, 21(9): 548-569.

[22] JIANG M, CHEN P, WANG L, et al. cGAS-STING, an important pathway in cancer immunotherapy[J]. Journal of Hematology&Oncology, 2020, 13(1): 81.

[23] HOPFNER K P, HORNUNG V. Molecular mechanisms and cellular functions of cGAS-STING signalling[J]. Nature Reviews Molecular Cell Biology, 2020, 21(9): 501-521.

[24] LIU Z, WANG M M, WANG X, et al. XBP1 deficiency promotes hepatocyte pyroptosis by impairing mitophagy to activate mtDNA-cGAS-STING signaling in macrophages during acute liver injury[J]. Redox Biology, 2022, 52: 102305.

[25] ZHANG W, LI G, LUO R, et al. Cytosolic escape of mitochondrial DNA triggers cGAS-STING-NLRP3 axis-dependent nucleus pulposus cell pyroptosis[J]. Experimental and Molecular Medicine, 2022, 54(2): 129-142.

[26] ZHENG S, HUANG K, XIA W, et al. Mesenchymal stromal cells rapidly suppress TCR signaling-mediated cytokine transcription in activated T cells through the ICAM-1/CD43 interaction[J]. Frontiers in Immunology, 2021, 12: 609544.

[27] DUAN H X, JING L, JIANG X Q, et al. CD146 bound to LCK promotes T cell receptor signaling and antitumor immune responses in mice[J]. The Journal of Clinical Investigation, 2021, 131(21): e148568.

[28] TSVETKOV P, COY S, PETROVA B, et al. Copper induces cell death by targeting lipoylated TCA cycle proteins[J]. Science, 2022, 375(6586): 1254-1261.

[29] SAPORITO-MAGRINA C M, MUSACCO-SEBIO R N, ANDRIEUX G, et al. Copper-induced cell death and the protective role of glutathione: the implication of impaired protein folding rather than oxidative stress[J]. Metallomics, 2018, 10(12): 1743-1754.

[30] GAO W, HUANG Z, DUAN J F, et al. Elesclomol induces copper-dependent ferroptosis in colorectal cancer cells via degradation of ATP7A[J]. Molecular Oncology, 2021, 15(12): 3527-3544.

[31] DU W, GU M, HU M, et al. Lysosomal Zn^{2+} release triggers rapid, mitochondria-mediated, non-apoptotic cell death in metastatic melanoma[J]. Cell Reports, 2021, 37(3): 109848.

[32] XIA F, FU Y, XIE H, et al. Suppression of ATG4B by copper inhibits autophagy and involves in Mallory body formation[J]. Redox Biology, 2022, 52: 102284.

[33] CAMPISI J, FAGAGNA F D D. Cellular senescence: when bad things happen to good cells[J]. Nature Reviews Molecular Cell Biology, 2007, 8(9): 729-740.

[34] DI MICCO R, KRIZHANOVSKY V, BAKER D, et al. Cellular senescence in ageing: from mechanisms to therapeutic opportunities[J]. Nature Reviews Molecular Cell Biology, 2020, 22(2): 75-95.

[35] WANG Q, NIE L L X, ZHAO P F, et al. Diabetes fuels periodontal lesions via GLUT1-driven macrophage inflammaging[J]. International Journal of Oral Science, 2021, 13(1): 11.